人性的社会解读

东山 著

RENXING DE
SHEHUI JIEDU

敦煌文艺出版社

图书在版编目（CIP）数据

人性的社会解读 / 东山著. -- 兰州：敦煌文艺出版社，2017.3（2022.1重印）

ISBN 978-7-5468-1036-2

Ⅰ．①人… Ⅱ．①东… Ⅲ．①人性－研究 Ⅳ．①B82-061

中国版本图书馆CIP数据核字（2017）第036564号

人性的社会解读

东　山　著

责任编辑：张家骝

装帧设计：石　璞

敦煌文艺出版社出版发行

地址：（730030）兰州市城关区读者大道568号

邮箱：dunhuangwenyi1958@163.com

博客（新浪）：http://blog.sina.com.cn/lujiangsenlin

微博（新浪）：http://weibo.com/1614982974

0931-8773084(编辑部)　　　　0931-8773235(发行部)

北京一鑫印务有限责任公司印刷

开本 787 毫米×1092 毫米　1/16　印张 19　插页1　字数 282 千

2017 年 11 月第 1 版　2022 年 1 月第 2 次印刷

印数：3 301～5 300

ISBN　978-7-5468-1036-2

定价：62.00 元

内容提要

　　人类属性是自然关系的积累，是社会关系的总和，也是自我关系的沉淀。人性是认识人类属性的工具，也是承接三种关系的载体。本书想通过社会关系的解读，重新梳理和链接三种关系的相互作用，让人性这一古老的命题，在认识自然、认识社会和认识自我的过程中，发挥更多的思考价值和启发作用。社会已经和正在扮演重要的历史角色，自然和个人的价值应该在未来的发展中充分体现出来。从某种意义上说，社会是一部小说，个人是一篇故事，每个人既是导演又是演员，既是主角又是配角。

前言

社会文明已经产生几千年，工业文明已经产生几百年。凭借天文望远镜已经观察到宇宙的纵深，凭借电子显微镜已经观察到微粒的构成。地球已经没有未知地带，社会已经没有未知领域。截至目前还有一个盲区需要解读，这就是我们自己。

关于人性的认识。人性是一个古老的话题，但并没有更多的认知。它一直停留在固有概念和直观判断当中，没有确立应有的地位和作用。只要我们还会思考，就会发现很多问题。只要发现问题，就会有更多的疑问。认识了宇宙问题就应该思考社会问题，认识了社会问题就应该思考个人问题。认识客观世界比较容易，只要有科学的态度就会有客观的结果。认识主观世界并不容易，既缺乏科学的态度又缺乏客观的结果。距离主体越远评价越客观，距离主体越近评价越主观。人类诞生以来，为了生存一直忙碌于对大自然的认识。社会诞生以来，为了发展一直忙碌于对财富和权力的认识。自然知识提供了衣食住行，社会知识选择了进退留转。人类发展从自然盲区走向社会盲区，个人发展从社会盲区走向自我盲区。我们已经不知道自己是谁和为了谁，也不知道从哪里来到哪里去。自然地位特别崇高，人类存在似乎是多余的。

社会地位特别崇高，个人存在似乎是多余的。自然的绝对权威走向神灵，社会的绝对权威走向神圣。人类没有自己的属性，只是自然属性的延展。个人没有自己的属性，只是社会属性的延展。人类与自然是对应的主体，应该有自己的属性。个人与社会是对应的主体，应该有自己的属性。一部自然史就是认识人类的价值，一部社会史就是认识个人的价值。只有人类能够重新赋予自然的价值，只有个人能够重新赋予社会的价值。人类是自然的纽带，个人是社会的纽带。人类既具有自然属性，也具有社会属性。个人既具有社会属性，也具有自我属性。人类的自然属性必须得到满足，社会属性必须得到尊重。个人的社会属性必须得到尊重，自我属性必须得到满足。人类与自然的关系是共存共荣，个人与社会的关系是公平公正。在自然面前以人类为核心，在社会面前以个人为核心。确立人类的地位需要人性概念，确立个人的地位需要人性概念。人类是自然的主体，需要对自然关系重新梳理。个人是社会的主体，需要对社会关系重新梳理。人类具有主体地位才能热爱自然，个人具有主体地位才能热爱社会。人性是自然和社会的关系，也是现实与精神的关系。人类需要人性的自我链接，社会需要人性的相互链接。人类与自然的关系不能被历史颠倒，个人与社会的关系不能被现实颠倒。人类的定性不能过于狭隘，个人的定性不能过于狭义。美丑只是人类的部分表现，善恶只是个人的部分表现。人类不是低级动物而是高级动物，不是生理实体而是精神实体。动物属性不能颠覆精神标准，生理属性不能颠覆道德标准。人类是精神价值，个人是道德价值。人类是精神属性，个人是道德属性。人类有自我价值才能与自然对话，个人有自我属性才能与社会对话。人类经过社会过滤会走向虚拟化，个人经过现实过滤会走向概念化。人类的虚拟化为神灵留下想象空间，个人的概念化为社会留下想象空间。人类确立主体地位才能奠定历史顺序，个人确立主体地位才能奠定社会顺序。历史是人类的顺序，社会是个人的顺序。人类必须有主体思维，个人必须有主体行为。人类必须从历史中分离出来，个人必须从社会中分离出来。人类分离是评价历史的尺度，个人分离是评价社会的尺度。人类是人性的基础，个人是人性的表现。

关于个人的认识。人类因为人性而存在，个人因为人性而存在。人类被动物属性所否定，个人被社会属性所否定。人类史前并不是凶猛的动物，温和顺从决定了自然属性。进化需要知识和技能的分享，友爱互助成就了友好谦让。人类进入社会应该放大自我属性，但最终被社会所改变。社会进入发展应该放大人类属性，但最终被名利所改变。人类应该定性为美好，不然没有存在的意义。个人应该定性为善良，不然没有存在的必要。人类进入社会发生了思维方式的改变，个人进入社会发生了行为方式的改变。人类改变是权力的作用，个人改变是利益的作用。社会的主要功能是权力演变，个人的主要功能是利益演变。权力改变了人类的自然走向，利益改变了个人的自我走向。不同起点产生不同的逻辑，不同逻辑产生不同的结果。从自然推导是善良的结果，从社会推导是邪恶的结果。从人类推导是善良的结果，从个人推导是邪恶的结果。社会用简单的方法给个人定性，个人用简单的方法给社会定性。社会定性是非善即恶，个人定性是非好即坏。社会原本没有善恶，名利决定善恶。个人原本没有好坏，功利决定好坏。社会用善恶标准建立权力的逻辑，个人用好坏标准建立利益的逻辑。社会逻辑带来权力冲突，个人逻辑带来利益冲突。权力冲突绵延不断，利益冲突由来已久。人类的最大错误是造就了社会，社会的最大错误是造就了名利。人类与自然原本是统一的，因为社会争夺加剧了自然矛盾。个人与社会原本是统一的，因为名利争夺加剧了社会矛盾。人类只能局限于美丑善恶，社会只能局限于真假对错。社会的简单化导致个人冲动，个人的简单化导致社会冲动。社会利用个人情绪走向极端，个人利用社会情绪走向极端。社会极端是权力倾轧，个人极端是利益倾轧。社会倾轧是权力反复，个人倾轧是利益反复。社会模糊了是非界限，个人模糊了善恶标准。人类的自然属性荡然无存，个人的自我属性体无完肤。社会似乎为人类确定标准，但最终被名利所破坏。个人似乎为社会确定标准，但最终被功利所破坏。社会标准不过是权力的得失，个人标准不过是利益的得失。社会结论可能歪曲历史，个人结论可能歪曲现实。社会歪曲是为了巩固权力，个人歪曲是为了巩固利益。有了财富观念，自然是最大的受害者。有了权力观念，个人是最大的受害者。社会不允许质疑权力的合法性，个人不允许质疑利益的合法性。权力让个人屈服，利益让自然屈服。

面对自然必须制造财富神话，面对个人必须制造权力神话。财富神话是毁灭自然的理由，权力神话是毁灭个人的理由。社会崛起是人类的怪胎，个人发展是名利的怪胎。社会崛起颠覆了自然顺序，个人发展颠覆了社会顺序。社会用利益改自然属性，用权力改个人属性。社会可以造福也可以造孽，个人可以行善也可以作恶。社会强化利益是对自然的掠夺，强化权力是对个人的掠夺。人类没有能力改变历史的方向，个人没有能力改变社会的方向。人类只能跟随社会的改变，个人只能跟随现实的改变。社会改变走向自利，个人改变走向自私。社会自利是群体的贪婪，个人自私是欲望的贪婪。社会扭曲个人才能破坏自然法则，个人扭曲社会才能破坏自我法则。社会已经不是单纯的个人集合，个人已经不是单纯的生存集合。社会是权力的集合，个人是利益的集合。社会集合不需要尊重人性，个人集合不需要坚持人性。

关于社会的认识。社会本来是人类发展的阶段，但是进入社会已经丧失了自我。个人本来是社会发展的阶段，但进入社会已经丧失了自我。社会发展失去了个人平衡，个人发展失去了社会平衡。社会现象应该对应个人，个人现象应该对应社会。社会现象是个人的空间错位，个人现象是社会的时间错位。如果还有社会现象没有被发现，肯定是没有找到个人的对称点。如果还有个人现象没有被发现，肯定是没有找到社会的对称点。社会必须找到个人的对话渠道，这就是对人性的尊重。个人必须找到社会的对话渠道，这就是对人性的认知。社会需要人性作为复式结构，个人需要人性作为复式构成。能够把社会联系起来是人性的力量，能够把个人联系起来是人性的作用。社会失去人性走向单纯的权力，个人失去人性走向单纯的利益。社会是权力的单行道，个人是利益的直通车。社会是权力的同化和叠加，个人是利益的同化和叠加。社会需要扩大权力群体，个人需要扩大利益群体。社会因为权力改变了功能，个人因为利益改变了功能。社会现象几乎都是围绕权力展开的，个人现象几乎都是围绕利益展开的。社会因为权力产生人性的扭曲，个人因为利益产生人性的扭曲。社会扭曲是人性的黑暗，个人扭曲是人性的黑暗。社会放弃人性有权力目的，个人抛弃人性有利益目的。社会是脱离精神的过程，个人是脱离道德的过程。自然进化脱离了动物，社会进化造就了动物。自然动物比社会动物更可爱，社会动物比自然动物更可怕。历史潮水不断向社会涌去，最后造就了权力和利益的高峰。社会潮水不断向个人涌去，最后造就了本能和欲望的深渊。权力造就神仙皇帝，利益造就英雄偶像。社会标准是权力评价权力，个人标准是利益评价利益。社会既要集中权力又要集中利益，个人既要集中需求又要集中欲望。社会本来是道义概念，主要解决个人和群体不能解决的问题。个人本来是道德概念，主要解决群体和社会不能解决的问题。社会为了权力会背叛道义，个人为了利益会背叛道德。社会背叛是名利的倾轧，个人背叛是功利的倾轧。社会倾轧压垮个人，个人倾轧压垮社会。社会不会重视个人，个人不会重视精神。社会缺陷演变成个人功能，个人缺陷演变成社会功能。社会缺陷与个人高度重合，个人缺陷与社会高度重合。社会在放大个人缺陷，个人在放大社会缺陷。社会缺陷对个人进行逆淘汰，个人缺陷对社会进行逆淘汰。社会放弃个人导致权力至上，个人放弃社会导致利益至上。防止社会破坏必须锁定个人，防止个人破坏必须锁定社会。锁定社会是体制和法律的力量，锁定个人是道德和规则的力量。社会必须通过限制权力达到限制利益，个人必须通过限制利益达到限制欲望。社会不能寄托于理想，个人不能寄托于理性。社会需要恢复个人生态，个人需要恢复道德生态。社会要预留空间培育精神，个人要预留空间培养道德。社会不能改变了个人的价值取向，个人不能改变了社会的价值取向。社会没有能力逆转权力和利益的运行，个人没有能力逆转自然和社会的运行。改变社会只有限制权力，改变个人只有限制利益。社会改变是精神需要，个人改变是道德需要。社会是一种责任，个人是一种义务。社会责任是分享权力，个人义务是分享利益。分享权力必须建立个人的等距离，分享利益必须建立社会的等距离。社会越发展规则越必要，个人越发展道德越迫切。

关于载体的认识。人性就是关系，关系就是载体。个人载体是社会关系，社会载体是个人关系。个人是生理和精神的载体，社会是权力和利益的载体。个人精神是独立的，依靠关系延伸到社会。社会原则是独立的，依靠关系延伸到个人。个人通过关系实现需求，社会通过关系实现聚集。

个人需求会逐步放大，社会聚集会逐步浓缩。个人是社会的浓缩，社会是个人的浓缩。个人可以放大为全部社会，社会可以浓缩为全部个人。个人通过社会转化为功利属性，社会通过个人转化为名利属性。个人通过功利与社会结合，社会通过名利与个人结合。个人具有了社会属性，社会具有了个人属性。个人属性是社会切片，社会属性是个人切片。个人边界是社会构成，社会边界是个人构成。个人是社会的混合物，社会是个人的混合物。个人以精神为核心，社会以权力为核心。个人进入社会是自我消失，社会进入个人是自我消失。个人精神被社会置换，只剩下生命和生理系统。社会利益被个人置换，只剩下权力和运行系统。个人要找回自我必须向社会争取，社会要找回自我必须向个人争取。个人不出让权利，社会不可能拥有权力。社会不出让利益，个人不可能拥有利益。个人分解是为了进入社会，社会分解是为了进入个人。个人可以分解为职业，社会可以分解为职能。个人分解不可能完善，社会分解不可能完整。个人需要道德确立精神，社会需要原则确立制度。个人没有道德会丧失人性，社会没有原则会摧残人性。个人解决不了社会问题，道德解决不了制度问题。个人需要道德培养精神，社会需要原则培养道义。个人失去精神是生理对应名利，社会失去原则是权力对应利益。个人需要社会分离，社会需要个人分离。个人分离减少名利拥堵，社会分离减少功利拥堵。个人的残酷性是社会竞争，社会的残酷性是个人竞争。个人淡化利益让社会复位，社会淡化权力让个人复位。个人与社会结合为权力发声，社会与个人结合为利益发声。个人没有利益是圣人君子，社会没有权力是世界大同。个人理想是远离社会，社会理想是远离个人。个人最终回归自我，社会最终回归精神。个人最终回归道德，社会最终回归原则。个人道德是自我宗教，社会道德是相互宗教。个人道德是自我永恒，社会道德是相互永恒。个人必须为社会确立桩基，社会必须为个人确立桩基。个人桩基是社会前提，社会桩基是个人前提。个人前提是自重自省，社会前提是自警自励。个人分离是社会主体，社会分离是个人主体。个人文明还没有开始，社会文明已经达到极限。没有个人文明，社会发展失去了对称。社会依靠权力很难维持下去，个人依靠利益很难维持下去。个人文明需要重新塑造，社会文明需要重新创造。个人文明是社会平衡，社会文明是个人平衡。个人文明是自我感知，社会文明是相互感知。个人必须寻找文明的起点，社会必须寻找文明的终点。个人不能用现实取代社会关系，社会不能用名利取代个人关系。承认个人地位并不容易，承认社会地位比较容易。个人是社会思考的角度，社会是个人思考的角度。没有个人对称社会不可能思考，没有社会对称个人不可能思考。有个人的存在社会才能透明，有社会的存在个人才能透明。个人透明是社会文明，社会透明是个人文明。个人文明需要社会距离，社会文明需要个人距离。个人距离让社会反思，社会距离让个人进步。

探讨人性离不开自然与人类的历史轴线，也离不开社会与个人的现实坐标。历史诉说着久远的故事，现实演义着生动的画面。自然与人类已经退居幕后，社会和个人已经登台演出。社会是一个虚拟的概念，不能进行现实类比。个人是一个虚拟的角色，不能进行现实类比。社会是思考的角度，让我们的视野更宽广一些。个人是思考的角度，让我们的认识更具体一些。作者曾于2006年6月在甘肃民族出版社出版《人性论集》一书，此后又对人性问题进行了长时间思考。先后历时八年,四易其稿，三易其名，写就《人性的社会解读》一书。两本书内容和观点有联系也有重复，目的是想把有些问题说得清楚一些。由于作者水平有限，写了这本既不好看也不好懂的书。不好看是没有文学色彩，不好懂是问题枯燥。虽然想从社会角度解读人性，但并没有解决理论和实践的任何问题。在此作者诚恳建议，如果没有兴趣最好不要勉强阅读下去。作者始终坚持三点：一是人性的本质是善良的，不管经过多长时间的发展，最终必定还原为善良。二是人性的邪恶是环境造成的，限制环境比限制个人更加重要。三是人性问题迟早要引起社会的重视，只要个人觉悟起来，社会最终一定是美好的。

2014年9月于兰州

目录
Contents

一、人性的辨析

　　人性是人类的属性，也是个人的属性。既不能简单归结为动物属性，也不能简单归结为社会属性。社会分歧在于个人的认识，个人分歧在于人性的认识。社会认识被人为地拔高，个人认识被人为地贬低。贬低人性有社会目的，拔高人性有个人目的。

　　关于人性的争论。人性似乎是学术问题，其实是社会问题。似乎是个人选择，其实是社会选择。社会不可能做出结论，个人不可能做选择。即便有过讨论或争论，也不会涉及深层次含义。所谓观点不过是社会的一些看法，所谓争论不过是个人的一些议论。每当社会出现问题总要拷问个人，每当个人出现问题总要拷问人性。社会拷问产生是非对错，个人拷问产生美丑善恶。社会结论可能是个人情绪的宣泄，个人结论可能是社会情绪的宣泄。社会维护尊严会划分个人，个人维护尊严会划分社会。社会划分是为了建立现实逻辑，个人划分是为了建立虚拟逻辑。社会逻辑需要个人支点，个人逻辑需要社会支点。社会争论似乎是个人表现，其实是主体问题。个人争论似乎是善恶表现，其实是社会问题。人性可以争论，最后的结果必然被社会利用。人性不可以争论，最后的结果必然引起社会怀疑。社会善恶有自我原因，最终必然会追溯到个人。个人善恶有自我原因，最终必然会追溯到社会。社会是结果性追溯，个人是过程性追溯。社会是颠覆性结论，个人是否定性结论。社会没有办法逆向追究，只能追究个人责任。个人没有办法深度追究，只能追究人性责任。社会对人性的争论是在推卸责任，个人对人性的争论是在逃避责任。社会问题虽然有个人原因，但很多问题是名利引发的。个人问题虽然有道德原因，但很多问题是功利引发的。社会不可能是名利的直白，个人不可能是功利的直白。社会必须为名利寻找掩体，个人必须为功利寻找掩体。社会用人性的善恶转移个人视线，个人用人性的好坏转移社会视线。社会虚拟人性可以掩盖一切，个人实体人性可以代替一切。社会标准的宏观性是虚拟人性，个人标准的微观性是具体人性。社会必须回避自身问题，个人必须回避社会问题。人性既牵动社会神经，也涉及具体对象。既有社会的敏感性，也有对象的神秘性。社会不争论有难言之隐，个人不争论有难言之意。全盘肯定人性会产生社会悖论，全盘否定个人会产生道德悖论。社会有问题会寻找责任主体，个人有问题会寻找责任客体。社会不希望成为被怀疑的对象，个人不希望成为被否定的对象。社会问题必须由个人承担，个人问题必须由人性承受。社会可以怀疑或否定个人，个人可以怀疑或否定人性。社会怀疑带来理念的混乱，个人怀疑带来理性的混乱。社会需要说明自己的正确，个人需要证明自己的正确。社会总以为自己是正确的个人是错误的，个人总以为自己是正确的别人是错误的。社会的局限性是贬低人性，个人局限性是贬低别人。社会必须维持其正确性，个人必须维持其正常性。社会不需要争论，过多争论会动摇自身的地位。个人需要争论，只有争论才能引起社会的关注。社会允许争论是想利用人性，不允许争论是不想利用人性。社会不可能与个人分享成果，但一定让个人分担过错。个人不可能与社会分享成功，但一定让社会承担过失。社会需要人性的挡箭牌，个人需要人性的垃圾桶。社会批评人性并没有具体对象，个人批判人性并没有具体责任。社会批评是不合理的现象做出合理解释，个人批评是合理的现象做出不合理解释。

关于人性的存在。人性似乎是虚拟的存在，不会引起个人的重视。人性似乎是多余的存在，不会引起社会的重视。有人类就应该有人性，有个人就应该有人性。有精神就应该有人性，有道德就应该有人性。人性的主要载体是精神，精神的主要载体是道德。人类的作用不能被偶像所代替，个人的作用不能被社会所代替。人类需要社会载体，也需要自我载体。需要现实过程，也需要精神过程。人类独立于动物主要是精神的作用，个人独立于社会主要是意识的作用。人类是自然与社会的介质，个人是物质与精神的介质。人类是独立的自然存在，个人是独立的社会存在。人性让人类独立，精神让个人独立。人类必须用道德保障人性的存在，社会必须用制度保障个人的存在。人类的精神空间非常有限，时刻面临着本能的压缩。个人的精神空间非常有限，时刻面临着社会的压缩。人类必须要有独立的属性，这就是人性。个人必须要有独立的属性，这就是人格。个人对人性很难定位，有可能被社会所改变。社会对人性很难定位，有可能被现实所改变。个人定位有可能以动物为参照，社会定位有可能以名利为参照。个人参照会贬低人性，社会参照会扭曲人性。个人参照是动物属性的基本提升，社会参照是名利属性的基本压缩。个人降低标准是自我放纵，社会提高标准是管理严苛。历史当中只重视社会不重视人类，现实当中只重视名利不重视个人。没有人类的地位人性不会存在，没有个人的地位人性不会存在。人性首先是人类的地位，然后是人类的作用。首先是个人的地位，然后是个人的作用。人性一旦形成会作用于社会，也会作用于个人。作用于社会就是人性化，作用于个人就是人格化。人性化是社会追求的目标，人格化是个人追求的目标。人性化是精神对物质的解释，也是个体对整体的解释。人格化是自我对现实的理解，也是道德对精神的理解。历史没有为人类预留位置，需要神仙皇帝的更迭演义。社会没有为个人预留位置，需要权力利益的快速繁殖。权力和利益会剥蚀人性，动物和本能会剥蚀人性。社会已经代替了人类，现实已经代替了个人。人性需要社会的缝隙，让精神的阳光投射进来。人性需要个人的缝隙，让道德的雨露渗透进来。个人地位不能确立，必然被社会所代替。自我精神不能确立，必然需要外部移植。自我没有精神不可能产生信心，相互没有精神不可能产生信任。社会不能窒息个人活力，个人不能窒息精神活力。有个人独立才有社会底线，有精神独立才有道德底线。社会必须经过个人过渡，个人必须经过精神过渡。个人过渡是社会的缓冲地带，精神过渡是本能的缓冲地带。社会必须阻止名利的彻底结合，个人必须阻止本能的彻底结合。社会不能用名利颠覆个人，个人不能用本能颠覆精神。社会颠覆是名利动物，个人颠覆是本能动物。社会不上升到精神没有存在的意义，个人不上升到道德没有存在的必要。社会是个人的表现空间，个人是精神的表现空间。社会既要满足个人的现实需要，也要满足精神需要。个人既要体现社会的要求，也要体现自我要求。社会排斥个人是为了贬低精神，个人排斥精神是为了贬低道德。精神决定着社会存在，道德决定着个人存在。精神决定着社会空间，道德决定着个人空间。社会是自上而下的建立，个人是自下而上的建立。社会建立必须跨越精神领域，个人建立必须跨越道德领域。

关于人性的本质。人类为美好而繁衍，个人为美好而存在。人类的价值是创造美好，个人的价值是追求美好。社会创造美好实现个人价值，个人创造美好实现社会价值。社会美好向个人转化，个人美好向社会转化。追求美好把个人联系起来，实现美好把社会联系起来。回忆美好把历史联系起来，向往美好把未来联系起来。社会在寻找美好的结果，个人在寻找美好的过程。离开美好不能解释社会原因，放弃美好不能解释个人原因。社会美好是精神的永恒，个人美好是道德的永恒。社会是美好精神的接力，个人是美好道德的接力。社会是美好精神的集合，个人是美好道德的集合。社会用精神覆盖个人，个人用道德覆盖社会。社会行为必须接受精神支配，个人行为必须接受道德支配。社会精神源于个人上升为道德，个人道德源于社会上升为精神。个人需要现实世界的连接，更需要精神世界的连接。社会需要现实世界的运行，更需要精神世界的运行。个人连接产生相互信任，社会连接产生相互尊重。去掉个人关系社会发生断裂，去掉道德关系精神发生断裂。精神能将人类联合起来，道德能将个人联合起来。社会是一种共建模式，个人是一种共享模式。社会通过精神延伸到个人心灵，个人通过道德延伸到社会核心。社会参照个人是曲线运行，个人参照精神是曲线运行。精神力量会阻滞社会倒退，道德力量会阻滞个人倒退。社会需要精神的摩擦系数，个人需要道德的摩擦系数。社会是还原个人的过程，个人是还原精神的过程。社会还原需要借助精神力量，个人还原需要借助道德力量。社会需要个人作为第三方力量，个人需要精神作为第三方力量。社会必须阻止名利的直接反应，个人必须阻止本能的直接反应。阻止名利需要强大的社会精神，阻止本能需要强大的个人道德。社会必须要有足够的精神空间，个人必须要有足够的道德空间。社会合理性是个人空间的分配，个人合理性是精神空间的分配。社会走向名利不会与个人分享，走向现实不会与精神分享。个人走向功利不会与社会分享，走向本能不会与道德分享。社会是名利的直行，个人是功利的直行。社会是名利的直白，个人是功利的直白。社会受到批判是名利的本能化，个人受到批判是需求的本能化。名利本能会调动生理本能，动物本能会调动社会本能。社会要阻止个人反应必须建立缓冲地带，个人要阻止社会反应必须建立缓冲地带。社会缓冲是制度的屏障，个人缓冲是道德的屏障。社会制度必须有道德保障，个人道德必须有制度保障。社会不能诱惑个人的改变，个人诱惑社会的改变。防止社会诱惑必须加固体制，防止个人诱惑必须加固道德。法治是社会文明，德治是个人文明。社会文明必须依托个人，个人文明必须依托社会。有规则社会才能存在，有道德个人才能存在。有精神社会才有意义，有道德个人才有意义。社会面向个人才能创造精神，个人面向精神才能创造道德。少数人是创造，多数人是承接。短时间是创造，长时间是承接。社会必须丰富精神内涵，个人必须丰富道德内容。社会需要重新打造精神世界，个人需要重新打造道德世界。精神世界需要个人不断添加，道德世界需要社会不断添加。社会是精神的多样性，个人是道德的多样性。社会需要精神的长度，个人需要道德的长度。社会是精神的集中模式，个人是道德的集中模式。社会集中公平正义，个人集中平等自由。

关于人性的使用。人性是从正面建立，也是从反面使用。人类的价值被神灵所忽视，个人的价值被社会所忽略。社会只认可人类的物质属性而否定精神属性，只认可个人的物质价值而否定精神价值。社会使用物质性，个人使用本能性。社会使用必须破壳去核，个人使用必须乔装打扮。人性是社会的工具，也是个人的道具。社会工具就是对名利的推崇，个人道具就是对功利的推崇。社会没有人性可以无所顾忌，个人没有人性可以为所欲为。社会就是要直接利用本能，个人就是要直接利用名利。名利最容易引起社会共鸣，本能最容易引起个人共鸣。社会利用本能会产生群体效应，个人利用名利会产生社会效应。社会规则过于严密个人无机可乘，个人道德过于坚定社会无机可乘。社会放弃规则是向个人开放，个人放弃道德是向社会开放。社会与个人交换资源，个人与社会交换原则。社会交换的对象就是名利，个人交换的对象就是功利。社会名利是个人本能的聚集，个人功利是社会本能的聚集。社会本能的参照就是动物，个人本能的参照就是名利。名利产生社会逻辑，功利产生个人逻辑。社会逻辑与个人需求相交叉，个人需求与社会逻辑相交叉。虽然方向不一致但内容是吻合的，虽然层次不一致但空间是吻合的。现实交叉不可能为精神预留空间，精神淡化不可能为道德预留空间。社会与个人是现实的结合，个人与社会是现实的复合。现实结合并不需要中间环节，现实复合不需要过渡地带。社会只能利用而不会使用人性，本能只能利用而不会使用人性。社会尊重人性会建立原则，个人尊重人性会建立道德。社会是反复建立和破坏的过程，个人是反复建立和丧失的过程。社会自身并不产生理性，参照物就是人性。个人自身并不产生理性，参照物就是精神。社会出现问题是利益的直接对冲，个人出现问题是本能的直接对冲。如果社会是物质建立就是物质毁灭，如果个人是本能建立就是本能毁灭。社会似乎是高尚的，面对名利并不高尚。个人似乎是高尚的，面对本能并不高尚。限制社会是防止原则的破坏，限制个人是防止道德的破坏。有制度保障才有个人空间，有精神家园才有道德底线。社会必须是物质与精神的双重载体，个人必须是本能与道德的双重载体。社会载体就是个人，个人载体就是精神。所有行为都是社会的，限制名利和完善制度非常重要。所有行为都是个人的，限制欲望和塑造道德非常必要。社会既可以高大也可以渺小，个人既可以行善也可以作恶。社会同时蕴藏着创造与破坏的力量，个人同时蕴藏着高尚与卑鄙的力量。约束社会主要是针对个人，约束个人主要是针对社会。社会必须面向个人重新确定运行理念，个人必须面向精神重新确定运行理念。社会必须重新认识人性，个人必须重新认识自我。社会必须完成个人的初始化，个人必须完成道德的初始化。社会走向个人是艰难的过程，个人走向道德也是艰难的过程。社会是时间逻辑的支配，个人是空间逻辑的支配。社会必须用物质的同化产生精神同化，个人必须用精神的同化产生物质同化。社会必须有精神寄托，个人必须有道德寄托。社会空心化是赤裸裸的名利，个人空心化是赤裸裸的本能。社会应该是个人的双向运行，个人应该是精神的双向运行。分离人性是为了建立社会文明，分离精神是为了建立个人文明。社会文明应该是解放人性，个人文明应该是解放精神。

二、人性的成立

人性在概念中可以成立，现实中很难成立。在精神中可以成立，行为中很难成立。在文学作品中可以成立，理论成果中很难成立。人类存在取决于理性，社会发展取决于理性。人性是自我成立也是相互成立，社会是自我发展也是相互发展。

关于自然的成立。地球上原本没有人类，自然的力量造就了人类。人类原本没有人性，精神的力量造就了人性。人类是长期进化的结果，人性是长期发展的结果。从动物到人类是自然进化，从动物属性到人类属性是社会进化。人类进化需要知识和技能的分享，社会进化需要意识和精神的分享。从动物到人类是意识的转折，从人类到社会是精神的转折。意识是人类的催化剂，精神是社会的催化剂。具有人类意识才能脱离动物状态，具有人类精神才能脱离低级状态。人类文明的沉淀主要是意识，社会文明的沉淀主要是精神。人类文明主要体现在人性当中，社会文明主要体现在个人当中。有人性不可能再倒退为动物，有文明不可能再倒退为野蛮。人类的自我意识是动物区别，社会的自我意识是群体区别。自然进化的结束是社会进化，意识进化的结束是精神进化。人类借助群体的力量摆脱自然束缚，个人借助社会的力量摆脱动物束缚。群体力量产生了从众心理，社会力量产生了服从心理。人性是个人成立的主要依据，也是社会成立的主要依据。没有人性的建立动物不可能过渡为人类，没有人性的发展人类不可能过渡为社会。动物是重复生存的过程，人类是重复发展的过程。人类继承了动物的本能，这就是以生存为核心的群体行为。人类发展了动物的本能，这就是以发展为核心的社会行为。人类生存既是本能的扩大也是意识的扩大，社会发展既是个体的组合也是群体的组合。自然逻辑必然被社会逻辑所取代，生理需求必然被精神需求所取代。人类必须完成从生存到发展的双重任务，必须实现从生理到精神的双向演变。人性改变了动物的价值取向，精神改变了社会的价值取向。人类必须完成精神的演变，个人必须完成道德的演变。动物逻辑在人性前面发生逆转，群体逻辑在精神前面发生逆转。人性是脱离动物的主要环节，精神是脱离本能的主要环节。人性是改造人类的工具，精神是改造社会的工具。从动物到人类是自然分离，从意识到精神是人性分离。跨越动物需要人性桥梁，跨越野蛮需要精神桥梁。人类的高级属性就是人性，人性的高级属性就是精神性。人类进化始终保留本能的底色，社会进化始终保留本性的底色。人类行为受制于本能的转化，社会行为受制于本性的转化。人类转化需要社会空间的过渡，社会转化需要精神空间的过渡。人类始终徘徊在动物与社会之间，社会始终徘徊在精神与现实之间。人性需要反复的建立和巩固，精神需要反复的培养和强化。从低级到高级状态是精神的表现，从高级到低级状态是本能的表现。人类在精神上是高级的，在本能上是低级的。社会在理念上是高级的，在现实上是低级的。精神并不能阻止本能的倒退，理念并不能阻止现实的倒退。人类有道德阻力才能坚持下去，社会有精神阻力才能坚守下来。人类必须防止动物属性的反弹，社会必须防止野蛮属性的反弹。人类必须对动物属性重新整合，社会必须对人类属性重新整合。没有人性人类不可能成长，没有精神社会不可能成熟。

关于社会的成立。人类进化必然进入社会状态，社会发展必然进入名利状态。社会是个人的强制性选项，名利是社会的强制性选项。个人在社会面前没有更多的自由，社会在名利面前没有更多的自由。人类进化是动物与社会的博弈，社会进化是个体与群体的博弈。社会发展必然向名利倾斜，个人发展必然向本能倾斜。名利是强化社会的力量，本能是强化个人的力量。人性既要经受社会和个人的考验，也要经受名利和本能的考验。社会考验是名利的变性，个人考验是本能的变形。社会产生是从个体到群体的过程，社会发展是从权力到利益的过程。群体的力量会形成权力，群体的需求会形成利益。权力会通过利益进行循环，个体会通过群体进行循环。数量的增加会激活权力，需求的增加会激活利益。名利是社会的基本运行，本能是个人的基本运行。社会能力就是激活更多的名利，个人能力就是激活更多的本能。社会强化名利才能巩固自己的地位，个人强化本能才能发挥自己的作用。社会发展是在利用人类的本能，发展到一定程度就会变成名利的本能。人类发展是在利用自己的本能，发展到一定程度就会变成社会的本能。社会本能最终会转化成为个人本能，个人本能最终会转化成为社会本能。动物本能必然与社会相结合，社会本能必然与个人相结合。社会与个人的统一是名利发挥主导作用，个人与社会的统一是本能发挥主导作用。社会主导必须强调精神服从，个人主导必须强调自我意志。社会为了名利并不需要个人，个人为了本能并不需要社会。社会需要名利的直接扩大，个人需要本能的直接扩大。社会不需要精神的结转，个人不需要道德的结转。精神不过是社会的佐餐，道德不过是个人的佐餐。社会觉悟会伴随精神的痛苦，个人觉悟会伴随道德的痛苦。社会痛苦是精神分裂，个人痛苦是道德分裂。人性的存在是艰难的，精神的存在是困难的。人性只能悬浮在社会当中，精神只能悬浮在个人当中。人性必须依附于社会，精神必须依附于个人。社会创造人性是为了平衡名利，个人创造精神是为了平衡本能。社会创造了人性又破坏了人性，个人培养了精神又破坏了精神。社会与个人是主动对接，个人与社会是被动对接。社会对接会形成普遍的人性，个人对接会形成特殊的人性。社会功能是放大需求和欲望，个人功能是实现需求和欲望。人性在社会当中很难把握，可能会部分或全部流失。人性在自我当中很难把握，可能会部分或全部放弃。社会是加工或改变的过程，个人是丢弃或保留的过程。人性的好可能是自然状态的发展，人性的坏可能是社会状态的发展。社会改变标准让人性处于失衡状态，个人坚守标准让人性处于平衡状态。社会目的是为了发展，个人目的是为了生存。社会给个人分配职业角色，个人给社会分配职能角色。社会用名利改变个人角色，个人用本能改变社会角色。社会角色是权力和利益的差别，个人角色是体力和智力的差别。正当需求是个人的需要，不正当需求是社会的需要。有名利就有争斗，有争斗就有善恶。有本能就有表现，有表现就有美丑。社会选择的空间无限扩大，个人选择的空间无限延长。社会可以左右个人，个人不可以左右社会。名利可以改变社会，社会可以改变个人。社会是名利的战场，个人是欲望的斗士。

关于个人的成立。个人以本能为核心，需要在社会和自然当中交换能量。社会以名利为核心，需要在自然和个人当中交换能量。个人本能受意识的操控，社会名利受精神的操控。阻断个人循环需要道德介入，阻断社会循环需要制度介入。个人必须接受严格的品行训练，社会必须接受严格的人性训练。个人有品行才有精神，社会有人性才有理性。人性是社会形成也自我形成，是社会使用也是自我使用。人性在社会当中就是原则，在个人当中就是使用。社会必须以建立原则为出发点，个人必须以实施人性为出发点。建立人性离不开社会原则，践行人性离不开个人努力。社会原则是人性的框架，个人努力是人性的要求。社会除了宣示名利还要宣扬人性，个人除了展示名利还要展示精神。没有社会框架人性不可能建立，没有精神框架人性不可能产生。毁灭人性是社会力量，毁灭精神是个人力量。单纯的人性不可能存在，单纯的精神不可能存在。人性的存在需要社会条件，人性的发展需要个人条件。社会条件就是体制和法律的保障，个人条件就是道德和精神的养成。社会不提供条件个人无能为力，个人不提供条件社会无能为力。人性是社会与个人的结合，也是行为与规范的结合。社会可以从体制和法律上主导人性，个人可以从道德和规范上主导人性。社会在主导以外还可以引导，个人在实施以外还可以推动。社会任务是创造环境，个人任务是具体行为。没有人性社会失去根基，没有社会人性失去框架。社会目的是培养人性，个人目的是实施人性。社会不能代替个人的地位，个人不能代替社会的作用。社会越位导致人性的庸俗，个人越位导致人性的低俗。社会突破人性的外围才能深入到本能的核心，个人突破精神的包围才能深入到社会的核心。社会抛弃人性是想与本能直接交换，个人抛弃精神是想与名利直接交换。人性独立是社会的电阻，精神独立是个人的电阻。创造与拓展名利是社会需要，创造与拓展精神是个人需要。名利从社会方向改变人性，本能从自我的方向改变人性。名利的快速发展必须有人性的制动，本能的快速发展必须有精神的制动。社会必须对人性做出正确解释，个人必须对精神做出正确理解。社会的极端化是单纯走向名利，个人的极端化是单纯走向本能。名利没有节制是社会危机，本能没有节制是个人危机。名利属性并不是人性，本能属性并不是人性。在名利的博弈中可以丧失人性，在本能的博弈中可以丧失人性。物质的改变是精神摧毁，精神的改变是行为摧残。社会不能用名利胁迫人性，个人不能用本能胁迫人性。社会必须与人性进行交换，人性必须与精神进行交换。社会交换是人性的出让，人性交换是精神的出让。社会走向人性是精神的嬗变，人性走向社会是物质的嬗变。社会必须为人性提供物质条件，人性必须为社会提供精神条件。社会必须面向人性打开精神缺口，人性必须面向社会打开物质缺口。社会必须为人性留下精神空间，人性必须为社会留下物质空间。精神空间是对物质的过滤，物质空间是对精神的过滤。社会被人性所理解就是理想，个人被人性所理解就是理性。社会原则对人性至关重要，个人行为对精神至关重要。社会必须还原人性的形式，个人必须还原人性的内容。

关于精神的成立。社会区别在于原则，个人区别在于精神。社会核心是建立原则，个人核心是建立精神。社会在名利面前没有原则，个人在本能面前没有精神。社会是权力主导下的利益运行，个人是本能主导下的生理运行。名利运行让个人作用消失，生理运行让精神作用消失。人性在社会当中很难集中，精神在个人当中很难集中。人性在社会当中很难独立，精神在本能当中很难独立。建立人性是社会困难，行使人性是个人困难。社会对个人的溶解是放大本能，个人对社会的溶解是放大欲望。社会发展可能以牺牲个人为代价，个人发展可能以牺牲精神为代价。社会发展的根本任务是拓展名利，个人发展的根本任务是拓展本能。社会延伸是名利的触角，个人延伸是欲望的触角。调动本能是社会动力，调动欲望是个人动力。社会的名利性让个人追随，个人的功利性让社会追随。名利是社会的直通车，不需要精神站点和停靠。功利是个人的直通车，不需要道德站点和停靠。社会发展必须减少精神阻力，个人发展必须减少道德阻力。社会评判是名利的标准，个人评判是功利的标准。社会失去名利有可能解体，个人失去功利有可能解体。社会要健康发展必须回归个人，个人要健康发展必须回归精神。名利是社会的基础，精神是个人的基础。纯粹的名利是社会倒退，纯粹的功利是个人倒退。社会倒退是群体动物的争夺与厮杀，个人倒退是个体动物的欺骗与狡诈。社会要生存下去必须实现人性联合，个人要生存下去必须实现精神联合。社会必须实现人性的纵向联合，个人必须实现人性的横向联合。社会与自然的竞争已经结束，建立人性的信任是根本任务。个人与社会的竞争已经结束，建立个人的信任是根本任务。社会没有人性不可能建立相互信任，个人没有精神不可能建立相互合作。个人精神可以上升到社会，社会精神可以分享到个人。只要有人性社会就不可能中断，只要有精神个人就不可能中断。社会必须信仰人性，个人必须信仰精神。社会信仰是群体的感召力，个人信仰是行为的感召力。异体信仰必然转化为自体信仰，精神移植必然转化为精神创造。社会文明的沉淀会创造人性，人性文明的沉淀会创造精神。有人性才能信任社会，有精神才能信任别人。确立人性的概念为社会奠定框架，确立精神的概念为个人奠定框架。建立人性社会才有意义，建立精神个人才有意义。社会愿望必须在人性当中实现，个人愿望必须在社会当中实现。人性在社会面前并不神秘，社会在个人面前并不神圣。社会现象是人性的推导，个人现象是社会的推导。社会是人性的扩大版，个人是社会的缩小版。社会必须为人性服务，个人必须为社会服务。社会没有超越人性的任务，人性没有超越社会的任务。社会的主要任务是培养和管理人性，人性的主要任务是推动和改造社会。社会必须公平公正地满足人性，个人必须公平公正地对待社会。社会是个人创造的，平等参与就是平等分享。个人是社会创造的，共同创造就是共同分享。共同创造是社会义务，共同分享是个人权利。社会是相互认知和自我认知，个人是自我认知和相互认知。社会是一个世界，个人是一个世界。物质是一个世界，精神是一个世界。社会需要个人的世界，个人需要精神的世界。

三、人性的成分

人性中包含多种成分，各种成分相互依存。单一的人性很难存在，单一的表现很难坚持。复合的内容是多重表现，复杂的成分是对立结构。辨别人性必须从结构入手，评价人性必须从成分入手。建立人性需要各种内容，解析人性需要各种成分。

关于善恶的区分。善恶看起来是人性的概念，其实是社会概念。看起来是社会概念，其实是名利的概念。名利把善恶强加给社会，社会把善恶强加给个人。社会被名利掌控，个人被社会掌控。社会不过是名利的工具，个人不过是社会的工具。社会不可能决定自己的属性，个人不可能决定自己的存在。符合名利要求就是社会的善良，符合社会要求就是个人的善良。不符合名利要求就是社会的邪恶，不符合社会要求就是个人的邪恶。名利不关心社会状况，只关心自己的存在。社会不关心个人状况，只关心自己的得失。在名利状态下善恶就是多少，在社会状态下善恶就是得失。看起来是社会衡量，其实是名利的衡量。看起来是精神标准，其实是现实的标准。名利不能改变的时候，需要社会改变。社会不能改变的时候，需要人性改变。人性不能改变的时候，需要个人改变。有名利社会不可能改变，有得失个人不可能改变。社会必须实现名利的要求，个人必须实现社会的要求。社会标准必须向名利移动，个人标准必须向社会移动。权力总是有得有失，这是社会的善恶。利益总是有得有失，这是个人的善恶。用精神标准衡量社会并不确切，用道德标准衡量个人并不确定。名利不可能是绝对的均衡，个人不可能是绝对的善恶。名利的争夺不可能停止，人性的争论不可能结束。本来是名利的争斗，却演变成为社会的主题。本来是社会的争斗，却演变成为人性的主题。没有得到也就没有失去，没有善良也就没有邪恶。名利不想承担责任会推卸给社会，社会不想承担责任会推卸给个人。人性是虚拟的对象却要承受舆论压力，精神是虚拟的存在却要承担现实责任。社会占有名利受到尽情歌颂，人性一无所有受到无情批判。社会享用名利必须学会隐藏，人性受到指责必须学会承担。社会出现问题首先指责人性，人性出现问题首先指责个人。社会问题似乎是人性善恶造成的，人性问题似乎是个人善恶造成的。社会创造了名利才有善恶，个人创造了社会才有得失。占有名利是社会功能，分配名利是个人功能。占有名利不能保证社会公正，分配名利不能保证个人公平。得到的总是少数人，失去的总是多数人。名利不平衡需要社会填补，社会不平衡需要个人填补。名利不平衡是社会善恶，社会不平衡是个人善恶。社会是积累善恶，个人是释放善恶。社会善恶不能评价，个人善恶不能放过。社会善恶取决于权力，个人善恶取决于利益。社会用权力评价个人，个人用利益评价社会。社会权力催生暴力，个人利益催生手段。社会不可能抗拒权力的诱惑，个人不可能抗拒利益的诱惑。社会是权力的反复无常，个人是利益的反复无常。精神不可能支撑起社会，道德不可能支撑起个人。人性承担不了社会责任，社会承担不了名利责任。善恶看起来是个人行为，其实是社会反映。社会看起来是理性的化身，其实是名利的化身。社会强化名利就得区分善恶，个人强化功利就得服从善恶。社会需要善恶逻辑，个人需要善恶推导。对人性的批判其实是对社会的批判，对社会的批判其实是对名利的批判。名利不反思社会也不会反思，社会不反思人性也不会反思。

关于美丑的区分。美丑看起来是人性概念，其实是动物概念。看起来是精神标准，其实是行为标准。人类虽然进化为高级动物，但本能上还是低级动物。社会虽然发展为高级形式，但本能上还是低级形式。社会可以用善恶来衡量，本能只有用美丑来衡量。社会必须要有人性的反省能力，人性必须要有本能的反省能力。社会反省就是名利的距离，个人反省就是本能的距离。社会抗拒名利是善恶的定格，个人抗拒本能是美丑的定格。社会对名利要有审视能力，个人对本能要有审视能力。社会审视是精神标准，个人审视是道德标准。社会不能审视是放弃原则，个人不能审视是放弃道德。社会审视是对名利的修正，个人审视是对本能的修正。社会必须建立名利的审查程序，个人必须建立本能的审查程序。社会审查的工具就是人性，个人审查的工具就是精神。人性必须在社会当中扮演重要角色，精神必须在个人当中扮演重要角色。人性能够发挥作用就是理想的社会，道德能够发挥作用就是理性的个人。精神表现是人性的内容，本能表现是动物的内容。精神主导是人性的行为，本能主导是动物的行为。人类既然进化就再不能倒退为动物，人性既然建立就再不能倒退为本能。善恶是社会的控制线，美丑是动物的控制线。人性必须对社会有抗辩能力，精神必须对动物有抗辩能力。社会不能失去善恶的辨别，个人不能失去美丑的辨别。社会走向邪恶是放弃原则，个人走向邪恶是放弃道德。人性是个人精神的放大，社会是个人原则的放大。社会在原则面前不能轻易放弃自我，个人在精神面前不能轻易放弃自我。社会原则是对名利的管控，个人精神是对本能的管控。社会管控就是原则，个人管控就是道德。社会失去精神是原则的混乱，个人失去精神是道德的混乱。社会混乱是名利的无序，个人混乱是本能的无序。名利支配人性是社会行为，本能支配人性是动物行为。社会失去人性是名利的过程，个人失去人性是动物的过程。完全的名利化是社会丑陋，完全的动物化是个人丑陋。动物无所谓善恶，在人性面前必须有善恶。动物无所谓美丑，在人性面前必须有美丑。人性沦丧是社会的丑恶，道德沦丧是个人的丑恶。社会跟随名利会走向丑恶，个人跟随本能会走向丑恶。名利必须用原则进行隔离，本能必须用道德进行隔离。社会没有原则诱使个人邪恶，个人没有原则诱使社会邪恶。社会必须防止意识的动物化，个人必须防止行为的动物化。社会的动物化是集体丑陋，个人的动物化是具体丑陋。美丑是个人标准也是社会标准，是自我警戒也是社会警戒。社会要造就人性就得让精神独立，个人要造就人性就得让道德独立。人性独立是社会屏障，精神独立是行为屏障。社会的合理性在于限制，个人合理性在于规范。人性必须从精神上放大，精神必须从道德上放大。精神放大就是人格，道德放大就是品行。人性必须理解为精神实体，精神必须理解为道德实体。精神可以实现社会嫁接，道德可以实现个人嫁接。精神成果可以巩固社会，道德成果可以巩固个人。社会有善恶个人才有美丑，个人有善恶社会才有美丑。培养人性是社会需要，辨别美丑是个人需要。普通的人要有人性，特殊的人更要有人性。普通的人要有美丑，特殊的人更要有美丑。社会不能为了名利让人性动物化，个人不能为了欲望让人性生理化。社会回归动物是可怕的群体，个人回归动物是可怕的野兽。

关于真假的区分。社会始终在真假之间徘徊，个人始终在虚实之间徘徊。社会参照人性就是真实性，参照名利就是虚假性。个人参照精神就是真实性，参照本能就是虚假性。社会是名利和人性的双重参照，个人是本能和精神的双重参照。表现精神而隐藏名利是社会虚假，表现道德而隐藏本能是个人虚假。社会走向名利是长期的过程，个人走向本能是短期的过程。社会是名利的惯性运行，个人是本能的惯性运行。社会不可能把真实目的告诉个人，个人不可能把真实目的告诉社会。社会是由浅入深的表现，个人是由表及里的表现。社会必须借用精神表现属性，个人必须借用道德表现属性。精神不可能改变社会属性，道德不可能改变个人属性。社会是借用精神而使用名利，个人是借用道德而使用本能。精神与现实对接是社会假性，道德与本能对接是个人假性。社会必须用名利调动个人激情，个人必须用本能调动社会激情。社会精神徘徊最终走向名利，个人道德徘徊最终走向本能。社会必须用精神来掩盖名利，个人必须用道德来掩盖本能。名利是社会的直接表现，本能是个人的直接表现。精神是社会的庇护所，道德是个人的庇护所。人类是高级动物，不可能把丑陋的东西直接表现出来。社会是高级形式，不可能把邪恶的目的直接展现出来。名利需求可以用精神的形式表达，本能需求可以用社会的形式表达。手段和目的是分离的，内容和形式是分开的。情商可以演变为智商，欲望可以演变为手段。越是善良的越简单，越是邪恶的越复杂。公正的必然公开，自私的必然阴暗。越是邪恶的东西手段越隐蔽，越是阴损的东西手段越高明。在名利的环境下很难见到真实的社会，在本能的环境下很难见到真实的个人。社会的深层必然是名利的涌动，个人的深层必然是本能的渴望。社会是猜想的过程，个人是猜谜的过程。阳光可以掩盖黑暗，迂回可以掩盖目的。社会文明是名利的不同解读，个人文明是本能的不同解读。对社会的期望值不能过高，对个人的期望值不能过高。名利的本性会反映在社会当中，动物的本性会反映在个人当中。精神淡化不了名利的本性，道德淡化不了动物的本性。用名利来判断社会无所谓对错，用本能来判断个人无所谓美丑。个人表现取决于社会现实，社会表现取决于个人素质。现实的社会需要虚拟的补偿，现实的个人需要虚拟的补充。社会现实会放大个人本能，个人现实会放大社会本能。社会放大是失真的过程，个人放大是失真的过程。社会需要理论的创造，个人需要语言的修饰。理论与社会是分离的，语言与行为是脱节的。社会的根本意图不可能公开，个人的真实想法不可能暴露。名利的外延是说教的空间，本能的外延是装饰的空间。理论与精神是虚拟的对接，名利与本能是现实的对接。社会侵占了人性的空间，本能腐蚀了人性的内容。人性在社会中是扭曲的表现，精神在本能中是虚拟的作用。社会不承认名利就得创造理论，个人不承认本能就得创造精神。社会有着强烈的现实目的，个人有着明显的功利动机。扭曲精神才能与社会吻合，扭曲道德才能与现实吻合。社会需要名利来聚集人性，个人需要本能来聚集人性。社会聚集会产生效应名利，个人聚集会产生功利效应。在名利前面社会不可能抗拒，在功利前面个人不可能抗拒。打破名利的枷锁才能解放社会，打破功利的枷锁才能解放个人。

关于好坏的区分。社会是动态的过程，个人是动态的表现。社会动态是善恶的连接，个人动态是好坏的连接。社会不可能保持一种属性，个人不可能保持一种状态。社会有高峰也有低谷，个人有善良也有邪恶。社会是名利的运动，个人是本能的运行。名利的取舍是社会连接，本能的取舍是个人连接。名利让社会颠簸，利益让个人曲折。在名利面前社会不可能停顿下来，在功利面前个人不可能停止下来。社会运行是为了创造更多的名利，个人运行是为了创造更多的需求。社会运行是自我的肯定，个人运行是自我的表扬。批判别人才能表扬自己，否定历史才能肯定现实。社会标准是名利的改变，个人标准是需求的改变。社会不可能参照人性的标准，个人不可能参照精神的标准。社会通过名利显示强大，个人通过社会显示强大。名利改变了社会的价值观，需求改变了个人的价值观。社会差别是名利的多少，个人差别是功利的多少。社会不可能通过名利消除差别，个人不可能通过功利消除差别。社会必须通过名利体现差别，个人必须通过功利体现差别。名利是衡量社会的工具，功利是衡量个人的工具。名利是社会转化的动因，功利是个人转化的动因。社会是由好变坏的过程，个人是由坏变好的过程。社会不约束权力会走向反面，个人不约束利益会走向反面。权力是社会的腐蚀剂，利益是个人的腐蚀剂。善良不一定会对接善良，邪恶一定会对接邪恶。社会拥有权力难以保持理想状态，个人拥有利益难以保持理性状态。权力没有制约是对社会的侵害，利益没有制约是对个人的侵害。社会稳定需要权力的制衡，个人稳定需要利益的制衡。权力的背后必定是利益，利益的背后必定是欲望。权力的变化必然涉及利益，利益的变化必然涉及个人。防止社会变化必须限制权力，防止个人变化必须限制利益。社会变化让个人无所适从，现实变化让精神无所适从。社会之间是权力的冲突，个人之间是利益的冲突。权力冲突是社会矛盾，利益冲突是个人矛盾。社会动荡是权力的原因，个人动荡是利益的原因。社会不可能扮演道义的角色，个人不可能扮演道德的角色。道义与名利会发生冲突，道德与现实会发生冲突。社会问题个人不可能拯救，个人问题道德不可能拯救。在名利面前社会不可能有更多的选择，在现实面前个人不可能有更多的选择。社会倾斜产生个人压力，个人倾斜产生社会压力。社会压力是精神的破碎，个人压力是道德的破碎。社会演变是循环的过程，个人演变是连续的过程。社会不能自我调节，个人不能自我选择。触动权力是社会善恶，触动利益是个人好坏。社会不能触动权力，个人不能触动利益。精神只是社会的润滑剂，道德只是个人的调节器。社会不可能为精神做出牺牲，个人不可能为道德做出牺牲。社会是权力的牺牲品，个人是利益的牺牲品。少数人破坏会起到示范作用，多数人抗拒会起到阻滞作用。善恶只是前后对接，好坏只是条件反射。善良的横向运动总是缓慢的，邪恶的纵向运动总是迅速的。善良只能调动暂时的情绪，邪恶却能保留储存下来。善良不一定使用智慧，邪恶必定使用手段。社会不可能一劳永逸，个人不可能一成不变。社会时刻面临着名利的变化，个人时刻面临着功利的变化。社会时刻面临着名利的堕落，个人时刻面临着道德的堕落。正确总是暂时的，错误却是永远的。社会永远处于变化之中，个人永远处于变化之中。

四、人性的本能

人性是一种本能，社会是一种本能。人类是自然本能，社会是人造本能。自然本能受生理支配，社会本能受名利支配。自然本能是生存需要，社会本能是发展需要。个人本能可以转变为社会本能，社会本能可以转化为个人本能。

关于本能的产生。个人一般不承认自己是本能的，其实本能无时不在。社会一般不承认自己是本能的，其实本能无处不在。个人行为不是由看得见的人说了算，而是由看不见的人说了算。社会行为不是由理论决定的，而是由现实决定的。人类进化虽然脱离了动物状态，但动物本能并没有根本改变。社会进化虽然脱离了低级状态，但名利本能并没有根本改变。人类是生存的本能，社会是发展的本能。人类是自然的本能，社会是人造的本能。自然本能需要社会提升，社会本能需要自然改造。人类生存离不开本能，社会条件激活本能。人类发展离不开本能，社会环境强化本能。个人活动是本能的表现，社会活动是本能的体现。自然本能是生理需要，社会本能是名利需要。自然本能是简单的重复，社会本能是复杂的重复。自然本能被社会所改造，社会本能被自然所改造。个人通过本能寻找社会路径，社会通过本能寻找个人路径。个人依靠本能与社会对接，社会依靠本能与个人对接。个人网络是社会本能的构建，社会网络是个人本能的构建。个人本能造就社会现象，社会本能造就个人现象。个人可以改变行为方式，但不可能改变思维方式。社会可以改变理论进程，但不可能改变现实进程。人类需要基础本能，社会需要加工本能。人类需要前期本能，社会需要后期本能。个人需要低级本能，社会需要高级本能。个人本能是客观存在，社会本能是客观需要。个人本能需要合理的解释，社会本能需要合理的说明。对个人认识不能人为地拔高或降低，对社会认识不能人为地缩短或延长。个人标准是人类行为，社会标准是人性行为。人类是高级动物必须有低级需求，社会是高级形态必须有低级过程。个人不需要过度美化形象，社会不需要过度强化形象。个人不管怎样美化都离不开生理系统，社会不管怎么强化都离不开名利系统。生理本能是生命的需要，名利本能是社会的需要。生命需要食物和群体，名利需要群体和利益。食物可以转化为利益，群体可以转化为权力。合作可以转化为和谐，竞争可以转化为斗争。个人本能是自然条件的转化，也是社会条件的转化。社会本能是自然条件的转化，也是个人条件的转化。在自然条件下可以分享食物，在社会条件下不可能分享利益。在自然条件下可以分享能力，在社会条件下不可能分享权力。个人存在最终转化为社会形态，社会存在最终转化为个人形态。个人本能是低级到高级的过程，社会本能是简单到复杂的过程。个人没有办法阻止社会的演变，社会没有办法阻止名利的演变。个人走向社会必须强化本能，社会走向名利必然强化本能。个人是本能的两极分化，社会是本能的两极分化。个人分化聚集社会欲望，社会分化聚集个人欲望。个人是本能的定位，社会是功能的定位。个人本能转化为社会功能，社会功能转化为个人本能。个人有本能的合作就有本能的对抗，社会有本能的创造就有本能的破坏。个人本能改变了社会行为，社会本能改变了个人行为。个人本能刺激了社会需求，社会本能刺激了个人需求。个人本能是递增的过程，社会本能是递增的结果。个人本能是社会索取，社会本能是个人索取。

关于本能的发展。社会在本能的发展，个人在本能的跟随。社会是本能的变形，个人是本能的变性。社会需要个人添加，个人需要社会添加。社会添加是本能的膨胀，个人添加是本能的膨化。社会膨胀是名利的聚集，个人膨化是需求的聚集。名利上升为社会本能，需求上升为个人本能。社会本能必然主导个人，个人本能必然服从社会。社会是主动改变，个人是被动改变。社会改变聚集个人需求，个人改变聚集社会需求。社会聚集无限的能量，个人聚集无限的能力。社会是连续聚集，个人是连续推动。社会本能是逐步扩大，个人本能是逐步放大。社会本能不可阻挡，个人本能不可遏制。社会是从弱到强的推动，个人是从低到高的推动。社会想尽一切办法调动本能，个人使用一切手段调动本能。社会是本能的重力加速，个人是本能的引力加速。社会本能需要全方位扩展，个人本能需要全方位拓展。社会发展必须恢复到本能的位置，个人发展必须引导到本能的状态。社会动力是滚动发展，个人动力是持续推动。社会本能需要个人力量，个人本能需要社会力量。社会力量是多种本能的组合，个人力量是多种需求的组合。社会本能激发个人活力，个人本能激发社会活力。社会强化权力，个人产生权力的本能。社会强化利益，个人产生利益的本能。社会强化规则，个人产生规则的本能。社会强化道德，个人产生道德的本能。社会是本能的源泉，个人是本能的泉眼。社会在重复个人本能，个人在重复社会本能。社会重复需要个人响应，个人重复需要社会响应。社会响应是个人输送，个人响应是社会输送。社会本能需要个人循环，个人本能需要社会循环。社会循环反射个人信息，个人循环反射社会信息。社会反射放大个人本能，个人反射放大社会本能。社会放大产生虚拟能量，个人放大产生虚拟能力。社会是名利和欲望的本能，个人是功利和欲望的本能。社会欲望与个人发生冲突，个人欲望与社会发生冲突。社会是本能的冲突，个人是本能的矛盾。社会对个人本能进行打压，个人对社会本能进行打压。社会矛盾都是低级的，个人矛盾都是低俗的。有本能的合作就有本能的冲突，有本能的友爱就有本能的憎恨。社会本能让个人丧失理性，个人本能让社会丧失理性。社会转向是个人的本能，个人转向是社会的本能。社会代替个人本能，个人代替社会本能。社会进入本能无所谓好坏，个人进入本能无所谓优劣。社会规律是本能的主导，个人规律是本能的推导。社会进退是本能决定的，个人进退是本能决定的。社会逃脱不了本能的制约，个人逃脱不了本能的命运。社会是本能的周期率，个人是本能的圆周率。社会本能是个人加工，个人本能是社会加工。社会加工是重新切割，个人加工是重新组合。社会是切割的成本，个人是组合的成本。社会切割是名利加工，个人组合是需求加工。自然变异造就个人，个人变异造就社会。社会本能是自然变异，个人本能是社会变异。社会是个人的分子式，个人是社会的原子核。社会本能在裂变个人，个人本能在裂变社会。社会是本能的燃烧，个人是本能的助燃。社会在名利面前蠢蠢欲动，个人在欲望面前骚动不安。社会对名利有无限的向往，个人对功利有无限的渴求。社会本能激起个人欲望，个人本能激起社会欲望。社会已经不是发展的需要，个人已经不是生存的需要。社会已经是不合理的存在，个人已经是不合理的现象。

关于本能的表现。个人不是概念的组合，社会不是理念的组合。个人是底层决定顶层结构，社会是顶层决定底层结构。个人本能是全方位产生，社会本能是全方位表现。个人汇集社会本能，社会汇集个人本能。个人本能通过社会行为表现出来，社会本能通过个人行为表现出来。个人本能需要社会创造，社会本能需要个人创造。个人在社会中放大，在自我中收缩。社会在个人中放大，在自我中收缩。个人收缩为生命，再收缩为本能。社会收缩为利益，再收缩为权力。本能是个人的收缩点，权力是社会的收缩点。个人在本能面前是普通的，社会在权力面前是普通的。对个人评价不能过分，对社会评价不能过高。个人很难跨越本能的门槛，社会很难跨越本能的围栏。个人走向本能被社会豢养，社会走向本能被个人豢养。个人是社会的动物，社会是个人的宠物。个人与社会进行本能的合作与对抗，社会与个人进行本能的合作与对抗。个人合作是利益分享，社会合作是权力分享。个人对抗是利益冲突，社会对抗是权力冲突。个人用本能划定利益范围，社会用本能划定权力范围。个人是本能的守护，社会是本能的看护。个人不能触碰本能的神经，社会不能触碰本能的法眼。只要个人存在强化本能是必然的，只要社会存在强化本能是必需的。个人可以放弃利益但不能放弃生存，可以放弃生存但不能放弃生命。社会可以放弃个人但不能放弃利益，可以放弃利益但不能放弃权力。生命是个人的守护神，权力是社会的守护神。认识个人的焦点就是生命，认识社会的焦点就是权力。个人是本能的机械运动，社会是本能的机械运行。调动个人本能才有活力，调动社会本能才有动力。持久的动力来自本能，持久的表现来自本能。本能就是现实，现实就是本能。个人需要本能的激励，社会需要本能的鼓励。个人激励是本能的自私，社会鼓励是本能的自利。善良需要本能，邪恶需要本能。前进需要本能，后退需要本能。个人限制本能设置了道德，社会限制本能设置了原则。个人似乎是道德的却没有操守，社会似乎是原则的却没有底线。个人很难战胜本能走向高尚，社会很难战胜本能走向公正。个人时刻面临着道德堕落，社会时刻面临着现实堕落。个人堕落是社会的加速度，社会堕落是名利的加速度。自然本能并不可怕，社会本能异常可怕。为了竞争可以加害对手，为了发展可以不择手段。为了权力可以尔虞我诈，为了利益可以弄虚作假。美好的精神逐步丧失，美好的道德逐步陷落。个人要强化本能，社会必然强化本能。社会要强化本能，个人必然强化本能。个人强化是人格分裂，社会强化是精神分裂。个人分裂还原为低级动物，社会分裂还原为低级形态。人类是自然的高级动物，也是社会的低级动物。社会是人类的高级形态，也是名利的低级形态。本能的社会造就了本能的个人，本能的权力造就了本能的利益。个人是本能的爱和本能的恨，社会是本能的好和本能的坏。个人本能是真实的，社会本能是虚假的。个人本能是继承的，社会本能是创造的。有本能的可爱就有本能的可恨，有本能的可敬就有本能的可怕。个人本能颠覆了社会职能，社会本能颠覆了个人功能。个人本能走向动物的实体化，社会本能走向名利的实体化。个人已经不能容纳精神，社会已经不能容纳原则。个人不过是具有高级智慧的低级动物，社会不过是具有高度文明的低级形态。

关于本能的使用。社会在使用本能，个人在使用本能。社会并不神秘，一切现象都可以还原为本能。个人并不神圣，一切现象都可以归结为本能。社会一旦被本能激活就不可能回归精神，个人一旦被本能激活就不可能回归道德。社会需要本能的扩张，个人需要本能的膨胀。社会膨胀需要个人插入，个人膨胀需要社会插入。社会插入是个人的怪胎，个人插入是社会的怪胎。社会怪胎是本能的异化，个人怪胎是本能的异化。社会不限制会制造更多的怪胎，个人不限制会制造更多的怪物。自然本能需要有限的食物和空间，社会本能需要无限的权力和利益。自然本能需要有限的合作，社会本能需要无限的对抗。自然本能是对自然的利用，社会本能是对自然的破坏。自然本能是生存和繁衍的需要，社会本能是占有和欲望的需要。社会改变了个人本能，个人改变了社会本能。限制名利可以改变社会，限制欲望可以改变个人。消除名利不可能做到，限制名利可以做到。消除欲望不可能做到，限制欲望可以做到。无限的名利是社会残酷，无限的欲望是个人冷酷。社会本能不是自然的复制，个人本能不是动物的复制。社会不能完全接受名利的支配，个人不能完全接受动物的支配。社会对本能的使用必须要有限制，个人对本能的使用必须要有限度。社会必须防止本能的反弹，个人必须防止本能的还原。社会差别在于还原的层级，个人差别在于还原的层次。社会还原必须为个人留下足够的空间，个人还原必须为社会留下足够的空间。社会空间让个人反省，个人空间让社会反省。社会反省是个人的理性，个人反省是社会的理性。社会理性可以制止个人本能，个人理性可以制止社会本能。完全的社会本能让个人毁灭，完全的个人本能让社会毁灭。社会必须放弃部分权力和利益让个人存活，个人必须放弃部分权力和利益让社会存活。社会的生命力取决于空间还原，个人的生命力取决于时间还原。本能是自下而上的形成，也是自上而下的作用。有社会操控就有自我失控，有名利操控就有社会失控。社会需要体制的隔离，个人需要制度的隔离。社会不能是本能的直接传导，个人不能是本能的直接反应。社会突破原则和精神才能调动个人本能，个人突破法律和体制才能调动社会本能。社会层次是名利的深度，个人层次是欲望的深度。名利是社会的催化剂，欲望是个人的催化剂。阻止社会本能必须设置体制和法律的障碍，阻止个人本能必须设置道德和原则的障碍。社会没有障碍是名利的疯狂，个人没有障碍是欲望的疯狂。社会疯狂会孤注一掷，个人疯狂会不顾一切。本能操控社会是本质的退化，操控个人是道德的退化。社会是本能的受益者也是受害者，个人是本能的受益者也是受害者。社会膨胀扭曲个人本能，个人膨胀扭曲社会本能。社会滞涨需要个人消化，个人滞涨需要社会消化。社会不能消化就得弄虚作假，个人不能消化就得尔虞我诈。社会的额罗奉承是为了掩盖本能，个人的歌舞升平是为了掩盖本能。社会放大不仅是美好还有邪恶，个人放大不仅是真实还有虚假。动物本能就是体能，人类本能就是智慧。社会改变了人类本能，人类改变了社会本能。围绕名利可以展开争夺，围绕争夺可以施展手段。围绕手段可以实施阴谋，围绕阴谋可以实施邪恶。社会用名利诱惑个人，个人用欲望诱惑社会。名利让社会站起来又倒下去，欲望让个人站起来又倒下去。

五、人性的底线

人性应该有底线，社会应该有底线。动物不需要底线，动物群体不需要底线。个人是社会底线，社会是个人底线。个人底线取决于道德，社会底线取决于规则。个人道德取决于意识，社会规则取决于行为。个人混乱从意识开始，社会混乱从行为开始。

关于底线的建立。人类作为自然存在不需要底线，作为社会存在必须建立底线。个人作为单式存在不需要底线，作为复式存在必须建立底线。自然主导是行为的变化，社会主导是意识的变化。自然状态是平面组合，社会状态是立体组合。人类扩大了社会群体，也丰富了社会内容。社会扩大了个人能力，也改变了个人诉求。自然法则已经结束，社会法则已经开始。自然区分是大小强弱，社会区分是美丑善恶。社会范围的扩大需要个人界定，个人范围的扩大需要社会界定。自然运行不需要界定，社会运行必须要界定。个人状态不需要界定，群体状态必须要界定。人类活动已经不是自我方式，社会活动已经不是自然方式。人类在社会状态下已经发生改变，社会在个人状态下已经发生改变。人类具有社会能力就得受到社会约束，社会具有个人能力就得受到个人约束。人类可以开放高线，但必须封闭底线。社会可以无限发展，但必须有限运行。人类借助社会具有无限能力，社会借助个人具有无限能力。人类与自然的博弈结束以后，必然进行社会博弈。社会与人类的博弈结束以后，必然进行个人博弈。自然博弈是生存的需要，社会博弈是发展的需要。人类具有社会能力必须建立自然底线，社会具有个人能力必须建立道德底线。突破自然底线人类要受到惩罚，突破社会底线个人要受到惩罚。自然底线是共存共荣，社会底线是共建共享。人类在自然面前不能为所欲为，个人在社会面前不能胡作非为。限制社会主要是防止对自然的破坏，限制个人主要是防止对群体的破坏。社会不能有无限的能力，个人不能有无限的欲望。社会文明是相互限制，个人文明是自我限制。社会必须为个人建立底线，个人必须为社会建立底线。自然从来都是被动的，社会底线就是它的生命线。社会从来都是被动的，个人底线就是它的生命线。人类借助社会力量可能征服自然，个人借助社会力量可能征服同类。防止人类征服必须建立自然规则，防止个人征服必须建立社会规则。社会是人类的载体也是个人的载体，是完善的重点也是限制的重点。社会环节一旦出现问题，必定是人类和自然的灾难。个人环节一旦出现问题，必定是社会和群体的灾难。建立社会底线保障人类和自然的安全，建立个人底线保障社会和群体的安全。人类的安全取决于社会，社会的安全取决于个人。人类的自然空间必须得到合理划分，个人的社会空间必须得到合理划分。划分自然空间必须有社会规则，划分个人空间必须有相互规则。社会对待自然必须是利益的公平，对待个人必须是权力的公平。个人对待自然必须是权利的公平，对待社会必须是利益的公平。利益不公平是少数人操控，权力不公平是少数人掌控。利益不公平对自然没有底线，权力不公平对个人没有底线。面对自然防止利益的破坏，面对个人防止权力的破坏。社会必须约束个人的利益，个人必须约束社会的权力。社会没有约束，个人底线起不到任何作用。个人没有约束，社会底线起不到任何作用。人类必须进入社会，限制社会至关重要。社会必须进入个人，限制个人至关重要。社会必须引导和限制个人，个人必须引导和限制社会。

关于底线的破坏。个人建立底线不容易，破坏很容易。社会建立底线不容易，破坏很容易。个人并不完美，高线和低线同时存在。社会并不完美，理想与现实同时存在。个人是相对的存在，有底线才有修养。社会是相对的存在，有底线才有文明。个人为社会注入活力，有正义就有邪恶。社会为个人注入能力，有善良就有邪恶。个人纰漏是社会恶习，社会纰漏是个人恶习。善良的表现大体相同，邪恶的表现各有不同。善良是形式的重复，邪恶是内容的翻新。个人有底线才能保持社会稳定，社会有底线才能保持个人稳定。个人反复让社会动荡，社会反复让个人动荡。个人反复是社会曲折，社会反复是个人曲折。个人没有底线是鼓励丑陋，社会没有底线是允许丑恶。个人必须提高底线，社会必须巩固底线。个人不能默许道德破坏，社会不能默许规则破坏。个人在理论上有底线，行为上并没有底线。社会在理论上有底线，行动上并没有底线。个人没有底线是可怕的行为，社会没有底线是可怕的作为。个人的可怕是动物行为，社会的可怕是动物思维。个人面对自己有底线，面对社会没有底线。社会面对自己有底线，面对个人没有底线。只要有利益和私有，个人底线很难建立。只要有权力和占有，社会底线很难建立。个人总想突破社会底线攫取所有的利益，社会总想突破个人底线攫取所有的权力。利益让个人不得安宁，权力让社会不得安宁。个人不安是如何面对社会，社会不安是如何面对历史。道德解决不了个人的所有问题，理论解决不了社会的所有问题。道德的绝对化是个人误区，理论的绝对化是社会误区。个人底线需要道德的力量，社会底线需要规则的力量。个人底线是道德的延伸，社会底线是规则的延伸。个人道德沦丧让社会失陷，社会规则沦丧让个人失陷。个人丧失道德让社会产生投机心理，社会丧失原则让个人产生投机心理。个人投机是功利的倾斜，社会投机是名利的倾斜。个人倾斜是底线下滑，社会倾斜是底线移动。个人下滑放松社会要求，社会移动放松个人要求。规则的刚性变成弹性，道德的圆满变成残缺。个人残缺让社会圆满，社会残缺让个人圆满。个人圆满是社会的量化宽松，社会圆满是个人的量化宽松。个人圆满是社会亏损，社会圆满是个人亏损。个人亏损需要社会弥补，社会亏损需要个人弥补。个人减亏需要道德和规则的复位，社会减亏需要体制和法律的复位。个人价值在于合法性，社会价值在于合理性。个人突破底线会失去价值，社会突破底线是负面价值。个人必须保障社会的公平，社会必须保障个人的公正。个人底线是社会保障，社会底线是个人保障。个人底线牢固社会才能坚持，社会底线牢固个人才能坚守。个人不能挑战社会底线，社会不能挑战个人底线。个人挑战是道德败坏，社会挑战是规则败坏。个人是社会的内部底线，社会是个人的外部底线。个人破坏让社会内泄，社会破坏让个人外泄。个人有很多缺陷需要社会定力，社会有很多缺陷需要个人定力。个人充满利益道德非常脆弱，社会充斥权力规则非常脆弱。个人脆弱是出轨运行，社会脆弱是脱轨运行。个人从突破底线到放弃底线，社会从颠覆底线到改写底线。个人放弃底线有利益目的，社会改写底线有权力目的。个人没有底线是社会垃圾，社会没有底线是个人垃圾。

对个人不能理想化，纯粹的理想是社会危害。对社会不能理想化，纯粹的理想是个人危害。

关于底线的作用。社会原本没有好坏，有底线才有好坏。个人原本没有善恶，有底线才有善恶。底线是社会的生命线，也是个人的生命线。社会没有深奥的学问，就是底线的反向设计。个人没有深奥的道理，就是底线的反向执行。社会底线是个人福音，个人底线是社会福音。社会文明是底线以上的平均线，个人文明是底线以上的平均值。文明的对接是底线延长，文明的对话是底线对接。社会不能失去文明的交流，个人不能失去文明的对话。社会底线划定文明的范围，个人底线确定文明的内容。社会不能以破坏底线创造辉煌，个人不能以破坏底线创造文明。社会不能是习惯性的破坏，个人不能是习惯性的践踏。社会没有底线会吞噬个人，个人没有底线会吞噬社会。社会消化不良是个人粪便，个人消化不良是社会粪便。社会不能放纵个人，个人不能放纵社会。社会必须为个人兜底，个人必须为社会兜底。屏蔽社会让个人安分守己，屏蔽个人让社会安分守己。社会必须维护法律的尊严，个人必须维护道德的尊严。法律容易被权力击穿，道德容易被利益击穿。社会必须接受体制的约束，个人必须接受法律的约束。体制是社会法律，道德是个人法律。社会必须有体制的自律，个人必须有道德的自律。社会不能自律会危及个人，个人不能自律会危及社会。社会底线是为了容纳个人，个人底线是为了容纳社会。社会底线是为了保护个人，个人底线是为了保护社会。社会底线是相互保护，个人底线是自我保护。社会底线是个人公平，个人底线是社会公正。社会必须保护个人的权利和利益，个人必须维护社会的完整与稳定。社会不能用极端的方法对付个人，个人不能用极端的方法对付社会。社会走向极端会危害个人，个人走向极端会危害社会。使用极端又反对极端是社会病态，反对极端又使用极端是个人病态。社会走向极端是权力的病态，个人走向极端是利益的病态。社会病态是底线的破坏，个人病态是底线的改变。社会文明是一种环境，个人文明是一种素质。社会必须要有基本结构，个人必须要有基本要求。社会结构是体制决定的，个人结构是道德决定的。社会结构是规则的信仰，个人结构是道德的信仰。规则是遵守的力量，道德是信仰的力量。制度不健全是社会漏洞，道德不健全是个人漏洞。社会破坏的主要对象是制度，个人破坏的主要对象是道德。制度刚性是社会底线，道德刚性是个人底线。制度破损是社会缺陷，道德破损是个人缺陷。社会缺陷必定诱发个人投机，个人缺陷必定诱发社会投机。严密规则让社会无机可乘，严密道德让个人无机可乘。规则是社会问题，道德是个人问题。规则是使用问题，道德是坚守问题。相互判断是规则标准，自我判断是道德标准。社会必须厘清个人的许可，个人必须厘清道德的许可。社会坚强才有个人坚守，社会理性才有个人理性。社会是个人支撑，个人是社会支撑。社会是个人庇护，个人是社会庇护。有底线才有边线，有边线才有框架。有框架才有规则，有规则才有形状。破坏底线会殃及边线，破坏框架会危机文明。社会没有底线是暴力的渊薮，个人没有底线是邪恶的温床。社会底线是虚拟的，需要体制和法律的巩固。个人底线是虚拟的，需要道德和规则的健全。社会原则是限制权力和利益，个人原则是限制本能和欲望。社会不能用名利标准改变个人，个人不能用功利标准改变社会。

关于底线的发展。人类面对自然是生存关系，面对社会是发展关系。个人从自然配比发展到利益配比，社会从个人配比发展到权力配比。人类是动物的时候，自然就是底线。个人是动物的时候，群体就是底线。人类进入社会，群体就是底线。个人进入社会，自我就是底线。个人底线决定文明的成立，社会底线决定文明的发展。上层空间越大文明的程度越高，下层空间越大文明的层次越低。底线是文明的标准也是文明的定格，是文明的基数也是文明的余数。个人必须建立在道德之上，社会必须建立在规则之上。个人必须形成道德高地，社会必须形成规则高地。个人发展必须为社会提供参照，社会发展必须为个人提供参照。个人不仅是自我参照，还应该是自然和社会的参照。社会不仅是自我参照，还应该是自然和个人的参照。个人参照扩大社会功能，社会参照扩大个人功能。个人功能必须有社会定位，社会功能必须有个人定位。随着个人范围的扩大，不能用简单的善恶标准来衡量。随着社会范围的扩大，不能用简单的好坏标准来衡量。个人正在转变为社会行为，社会正在转变为个人行为。个人必须使用社会标准，社会必须使用个人标准。个人标准是遵守规则，社会标准是遵守道德。个人面对心灵必须遵守道德，面对自然和社会必须遵守规则。社会面对名利必须遵守规则，面对个人和自然必须遵守道德。个人用道德为社会指明方向，社会用规则为个人指明方向。个人道德必须向社会转移，社会规则必须向个人转移。个人发源于道德必须完善于规则，社会发源于规则必须完善于道德。个人文明从道德向规则过渡，社会文明从规则向道德过渡。个人与社会是规则的重合，社会与个人是道德的重合。个人重合不能是道德伤害，社会重合不能是规则伤害。个人必须是道德的自我添加和规则的相互添加，社会必须是规则的自我添加和道德的相互添加。个人在道德面前必须有辨别能力，社会在规则面前必须有判别能力。道德识别个人，规则识别社会。道德养育个人，规则养育社会。个人转移是道德输送，社会转移是规则输送。个人输送是道德的重新组合，社会输送是规则的重新重合。个人组合是选择更多的道德，社会组合是选择更多的规则。道德需要规则的裁判，规则需要道德的裁判。个人需要道德的多层捆绑，社会需要规则的多层捆扎。道德培养个人的羞耻感，规则培养社会的畏惧感。道德是个人的底线，规则是社会的底线。道德是社会的边线，规则是个人的边线。道德对应规则建立个人框架，规则对应道德建立社会框架。个人框架必须与社会吻合，社会框架必须与个人吻合。个人的局限性是建立道德又破坏道德，社会的局限性是建立规则又破坏规则。个人发展必须从道德到规则再到法律，社会发展必须从规则到法律再到体制。个人面对利益很难坚守底线，社会面对权力很难坚持底线。个人底线是自觉也是逼迫，社会底线是理论也是实践。个人必须以道德为核心建立边界，社会以规则为核心建立边界。道德锁定个人行为，体制锁定权力行为。个人必须敬畏道德，社会必须敬畏规则。把多数人交给道德，把少数人交给规则。对多数人进行教育，对少数人进行惩罚。文明是多数人的认知，规则是多数人的遵守。个人不作恶社会没有机会，社会不作恶个人没有机会。健康的社会比健康的个人更重要，健全的个人比健全的社会更迫切。

六、人性的否定

人性是肯定和否定的存在，社会是肯定和否定的存在。任何人都有缺点，不可能达到完美的程度。任何社会都有缺陷，不可能达到完善的程度。肯定是文明的维系，否定是文明的警示。过度肯定是自我病态，过度否定是相互病态。

关于个人的否定。每个人是统一的，时刻面临着社会的同化。每个人是矛盾的，时刻面临着社会的异化。个人标准是社会的差异化，社会标准是个人的差异化。个人标准是社会代言，社会标准是自我代言。个人原本是自我存在，最终被社会所取代。社会原本是自我存在，最终被名利所取代。个人肯定是自我的力量，否定是社会的力量。社会肯定是自我的力量，否定是名利的力量。肯定是意识的再次觉醒，否定是意识的再次沉睡。个人必须感知自己的存在，社会必须感知自己的价值。个人必须充满自信，社会必须充满信心。个人不能被社会所左右，社会不能被名利所左右。个人信心就是自我精神，社会信心就是自我原则。个人为社会提供精神，社会为个人提供原则。只有精神才能面对原则，只有原则才能面对精神。个人必须自我肯定，社会应该赋予力量。社会必须自我肯定，个人应该赋予力量。个人肯定是精神对道德的奖励，社会肯定是原则对精神的奖励。个人可以游走于社会空间，但不能游离于道德空间。社会可以游走于名利空间，但不能游离于原则空间。个人的自我肯定是道德表现，自我否定是现实表现。社会的自我肯定是精神行为，自我否定是名利行为。个人可以徘徊，但最终必须回归道德。社会可以徘徊，但最终必须回归原则。个人不可能摆脱社会环境，社会不可能摆脱名利环境。个人必须是自我定格，社会必须是相互定格。个人可以有多面性，自我认知必须是唯一性。社会可以是多样性，相互认知必须是唯一性。个人肯定是道德价值，社会肯定是道义价值。个人道德是意志坚定，社会道义是信念坚强。个人在社会博弈中不能丢失自我，社会在名利博弈中不能丢失原则。自我博弈是道德考验，相互博弈是原则考验。个人优点是道德至上，社会优点是原则至上。个人并不完美，需要道德的再造。社会并不完美，需要原则的再造。个人必须肯定优点否定缺点，社会必须发扬长处克服短处。个人优劣会轮番呈现，社会长短会轮番出现。人生不可能是直线的，社会不可能是直线的。个人必须面对社会做出选择，社会必须面对名利做出选择。个人选择必须是正确的，社会选择必须是全面的。个人必须是自我肯定，社会必须是相互肯定。个人肯定是精神的形成，社会肯定是原则的形成。自我肯定是人格的力量，社会肯定是人性的力量。个人不能是人格分裂，社会不能是精神分裂。自我肯定是主动形成，相互肯定是主导形成。个人必须发挥主动作用，社会必须发挥主导作用。个人要有道德深度，社会要有精神深度。个人要有美好预期，社会要有美好未来。不管社会如何否定，个人必须要有美好形象。不管名利如何否定，社会必须要有美好形象。个人形象是自我塑造，社会形象是相互塑造。个人道德是自我欣赏，社会精神是相互欣赏。个人要欣赏社会美德，社会要欣赏个人美德。自我审视要有美感，相互审视要有美观。个人地位需要自我评价，社会地位需要相互评价。个人主导是精神的表现，社会主导是人性的表现。肯定优点必须承认缺点，否定缺点必须承认优点。正面表现必须有正面作用，反面表现必定有反面回应。

关于社会的否定。人类不可能跨越社会阶段，个人不可能跨越群体阶段。社会形成是人类的平行，社会发展是个人的爬行。社会形成是肯定的力量，发展是否定的力量。肯定是初始的过程，否定是行进的过程。肯定是精神的作用，否定是现实的作用。过度肯定会纵容社会，过度否定会厌倦社会。社会对待个人有两面性，对待名利有两面性。对待个人既讨好又打压，对待名利既推崇又回避。社会肯定会吸引更多的个人，否定会失去更多的个人。肯定会吸收更多的名利，否定会失去更多的名利。社会需要更多的权力，这就是个人跟随。社会需要更多的利益，这就是个人追随。社会原始意义是道义的，发展意义是名利的。社会对自己的肯定并不是道义而是名利，对自己的批评并不是名利而是道义。社会总想得到名利的实惠，而不受道义的指责。个人总想得到社会的实惠，而不受道德的指责。

社会矛盾是在名利和个人之间做出选择，个人矛盾是在精神和现实之间做出选择。社会选择是名利的逼迫，个人选择是现实的逼迫。社会肯定是为了掩盖名利的意图，个人肯定是为了掩盖现实的意图。社会自我肯定有虚假性，个人自我肯定有虚假性。社会要从否定的角度认识本质，个人要从否定的角度认识本性。社会否定个人是为了获得权力，个人否定社会是为了获得利益。社会必须用权力建立个人关系，个人必须用利益建立社会关系。社会关系对内是开放的，对外是封闭的。对内是融合的，对外是排斥的。个人关系对自己是开放的，对别人是封闭的。对自己是融洽的，对别人是排斥的。社会可以扮演多重角色，既可以正义也可以邪恶。个人可以扮演多重角色，既可以善良也可以邪恶。社会管理并不难，难的是如何理解社会。个人管理并不难，难的是如何理解个人。对社会理解不能简单化，对个人理解不能简单化。社会用权力维护各种关系，个人用利益维护各种关系。社会维护充满排斥的力量，个人维护充满排斥的力量。社会否定主要是消除权力的威胁，个人否定主要是消除利益的威胁。社会用权力把利益联系起来，个人用利益把权力联系起来。面对个人分化社会使用武力，面对社会分化个人使用暴力。有权力就有暴力，有暴力就有反抗。权力主导社会必然充满暴力，利益主导个人必然充满功利。权力没有规则会走向暴力，利益没有规则会走向功利。权力的联合会带来权力的排斥，利益的联合会带来利益的排斥。权力的社会并不稳定，利益的个人并不和谐。权力可以巩固关系，也可以破坏关系。利益可以巩固感情，也可以破坏感情。联合的力量来自群体，排斥的力量来自个体。社会由权力组织起来，又由权力分解开来。个人由利益联合起来，又由利益分解开来。感情可以联合，利益可以拆解。群体可以联合，个体可以拆解。有归属就有排斥，有排斥就有联合。利益一旦确立归属，对其他利益都是排斥的。权力一旦确立归属，对其他权力都是排斥的。社会的自我保护是巩固权力，个人的自我保护是巩固利益。社会巩固会排斥个人作用，个人巩固会排斥社会作用。社会用权力构筑利益的高地，个人用利益构筑权力的高地。权力异常脆弱，利益异常脆弱。权力容易断裂，利益容易撕裂。权力断裂导致社会垮台，利益断裂导致个人垮台。社会断裂是整体否定，个人断裂是局部否定。社会始终处于危险的堆积，个人始终处于危险的追随。

关于相互的否定。个人关系看起来是融合的，其实潜藏着矛盾。社会关系看起来是融洽的，其实暗藏着矛盾。个人可以用感情表达关系，其实感情的背后就是利益。社会可以用友情表达关系，其实友情的背后就是权力。只要不涉及利益，任何个人关系都可以共存。只要不涉及权力，任何社会关系都可以共存。个人需要感情的联合，更需要利益的联合。社会需要友情的合作，更需要权力的合作。个人关系是利益的连接，社会关系是权力的连接。利益关系既浓厚又淡薄，权力关系既坚强又脆弱。利益关系是个人的排斥，权力关系是社会的排斥。联合是外在的表现，排斥是内在的表现。个人很难处理利益关系，社会很难处理权力关系。个人关系恶化必定有利益的原因，社会关系恶化必定有权力的原因。个人最难调和的是利益关系，社会最难调和的是权力关系。个人再强大也要面对社会，社会再强大也要面对个人。个人要弱化社会力量是不可能的，社会要弱化个人力量是不可能的。个人必须面对自我肯定与相互否定，社会必须面对个人肯定与相互否定。个人必须减少社会对峙，社会必须减少个人对峙。减少个人对峙是分享利益，减少社会对峙是分享权力。个人不分享会激化社会矛盾，社会不分享会激化个人矛盾。个人始终受到利益的威胁，社会始终受到权力的威胁。个人威胁会收缩为利益的本能，社会威胁会收缩为权力的本能。个人本能会恶化群体关系，社会本能会恶化个人关系。过度使用利益是权力的混乱，过度使用权力是利益的混乱。个人对峙会强化利益，社会对峙会强化权力。个人关系紧张让社会不得安宁，社会关系紧张让个人不得安宁。个人不能自以为是，社会不能自娱自乐。个人必须考虑社会的合理存在，社会必须考虑个人的合理存在。个人必须考虑社会的合理诉求，社会必须考虑个人的合理诉求。个人不能攫取所有的利益，社会不能攫取所有的权力。个人肯定社会是分享利益，社会肯定个人是分享权力。个人必须维护社会权力，社会必须维护个人利益。个人否定社会是挑战权力，社会否定个人是挑战利益。个人挑战带来社会打压，社会挑战带来个人打压。个人有无限利益是社会缺陷，社会有无限权力是个人缺陷。个人缺陷需要道德说明，社会缺陷需要理论说明。个人缺陷让道德繁荣，社会缺陷让理论繁荣。个人陷入肯定否定的道德怪圈，社会陷入肯定否定的理论怪圈。个人之间充满猜疑，社会之间充满猜忌。个人之间充满矛盾，社会之间充满戾气。个人融合必须付出更多的代价，社会融合必须付出更多的努力。个人必须从自我欣赏走向相互欣赏，社会必须从自我肯定走向相互肯定。任何个人都不是唯一的，任何社会都不是唯一的。个人不过是自我表现与相互展现，社会不过是自我展现与相互表现。个人的孤芳自赏让社会难以承受，社会的孤芳自赏让个人难以承受。个人必须参照社会修改坐标，社会必须参照个人修改坐标。个人对社会改变是缓慢的过程，社会对个人改变是缓慢的过程。个人不能用简单的否定树立威信，社会不能用简单的否定树立权威。个人必须保持社会的亲近感，社会必须保持个人的亲近感。个人亲近是利益的合作，社会亲近是权力的合作。个人合作产生道德，社会合作产生原则。个人要以健康的心理对待社会，社会要以健康的心理对待个人。个人必须从社会当中获得信心，社会必须从个人当中获得信念。

关于精神的否定。社会的所有现象都可以追溯到精神，个人的所有行为都可以还原为精神。社会精神是联合也是排斥，个人精神是合作也是对立。社会精神既是现实占有也是虚拟占有，个人精神既是现实分割也是虚拟分割。人类发展到今天，社会精神已经不是空白地带。社会发展到今天，个人精神已经不是空白地带。社会精神可以吸收但不能排斥，个人精神可以借鉴但不能对立。只要有社会现象继续存在，精神必然会分割为多维空间。只要有个人现象继续存在，精神必然会分割为多种层次。社会精神是现实分割，个人精神是社会分割。社会现实有固定的势力范围，精神也有固定的势力范围。打破固有现实并不容易，打破固有精神也不容易。现实会产生强大的阻力，精神会产生强大的阻力。现实阻力可以用权力或利益进行改变，精神阻力很难找到改变的力量。社会具有现实的顽固性，个人具有精神的顽固性。社会权力虽然强大，但对改变精神并没有信心。个人利益虽然强大，但对改变精神并没有把握。现实是独立的世界，精神是独立的世界。现实世界可以划定边界，精神世界可以划定边界。社会可以用现实的力量相互较量，也可以用精神的力量相互较量。个人可以用现实的能力相互角逐，也可以用精神的能力相互角逐。社会现实边界是有限的，精神边界是无限的。个人现实能力是有限的，精神能力是无限的。社会必须要稳定精神，个人必须要稳定情绪。对精神不要过度否定，对个人不要过度刺激。相互肯定会产生友好的力量，相互否定会产生仇恨的力量。仇恨的种子很难腐烂，愤怒的烈火很难扑灭。仇恨的记忆异常深刻，愤怒的伤疤难以愈合。社会矛盾会在精神中聚集，个人矛盾会在意识中聚集。社会矛盾有可能转化为精神冲突，个人矛盾有可能转化为意识冲突。社会必须是适度的存在，个人必须是适度的发展。社会必须是相对的存在，个人必须是相对的行为。适度的社会有利于精神平衡，适度的个人有利于心理平衡。过度的精神刺激会产生社会过敏，过度的心理刺激会产生行为过敏。社会的过激行为是精神刺激，个人的过激行为是心理刺激。承认优点是一种自信，承认缺点是一种勇气。社会不能颠覆常识，个人不能颠覆常理。精神的建立不能依靠洗脑，意识的建立不能依靠洗礼。社会需要健康的精神，个人需要健康的心态。邪恶的精神不能左右社会，邪恶的意识不能左右个人。社会必须是优点参考缺点，个人必须是善良参考邪恶。不能为了寻找最好的，首先寻找最坏的。不能为了创造最好的，首先创造最坏的。社会应该回归简单，个人应该回归单纯。过度的爱就是过度的恨，过度的美就是过度的丑。社会出现问题不能埋怨个人，个人出现问题不能埋怨社会。社会不能恶性循环，个人不能恶性轮回。社会必须要有平衡的思维，个人必须要有平衡的心态。社会没有绝对的正义，个人没有绝对的正确。相互否定必然是自我否定，相互仇视必然是自我仇视。精神空虚必然被不健康的精神所代替，意识空虚必然被不健康的意识所代替。畸形的精神会导致畸形的社会，畸形的意识会导致畸形的人生。社会不能走向精神极端，个人不能走向心理极端。社会必须用正常思维审视自己，个人必须用正常思维审问自己。社会不应该充满谎言，个人不应该充满怨言。社会不应该让个人产生心理障碍，个人不应该让社会产生精神障碍。

七、人性的对话

人性在对话中建立，也在对话中消失。人类要学会与自然对话，社会要学会与个人对话。个人要学会自我对话，自我要学会心灵对话。精神对话解决精神问题，物质对话解决物质问题。精神对话是物质的演变，社会对话是个体的演变。

关于自然的对话。人类首先确定自然关系，然后确定自我关系。首先与自然对话，然后与自我对话。不管人类怎么发展，与自然的关系不会改变。不管社会怎么发展，对自然的依赖不会结束。自然是人类共同的家园，地球是人类共同的母亲。人类不可能陪伴到地球消失，但可以延长自己的寿命。人类不过是自然的片段，个人不过是社会的片段。自然允许是人类的过程，自然否决是人类的终结。人类没有超越自然的能力，也没有颠覆自然的能力。自然任何的微小变化，都有可能改变人类的进程。人类改造不了自然，充其量是利用或破坏自然。人类初期是无助的婴儿，需要自然的哺育与呵护。人类中期是调皮的孩子，需要自然的食物和家园。人类后期是凶恶的霸主，需要自然的臣服和屈辱。人类的进程从自然开始到自然结束，从利用开始到破坏结束。人类不过是自然的寄居，也不过是自然的过客。自然决定着人类的时间限度，也决定着人类的空间限度。天文毁灭没有办法阻止，人为毁灭可以延缓滞后。人类不能有征服自然的想法，也不能有破坏自然的企图。人类能力的不断增强，就是自然能力的不断下降。几十亿年的长期积累，几百年有可能消耗殆尽。自然的皮肤遭到破坏，自然的肌肉遭到蚕食。自然的骨髓会被抽取，自然的心脏会被摘取。植被和矿藏可以变成资源，石油和气体可以变成财富。凡是有价值的都可以变成财富，凡是财富都可以变成掠夺的对象。技术进步是为了开发自然，能力提高是为了征服自然。人类已经从自然的朋友变成敌人，从自然的仆人变成主人。在自然面前是凶恶的敌人，在自我面前也是凶恶的敌人。自我的成功是自然的失败，自然的失败是自我的惩罚。依附自然会产生崇拜，依托自然会产生尊重。利用必然伴随破坏，开发必然伴随征服。人类一旦从自然当中独立出来，自然的噩梦就已经开始。自然的价值一旦被发现，自然的噩运就不会结束。人类有两种功能是动物不具备的，就是如何发现财富和占有财富。发现财富是自然矛盾，占有财富是相互矛盾。自然当中蕴藏着巨大的财富，也就变成了最大的破坏对象。在没有财富概念的时候，自然是交流和崇拜的对象。在具有财富概念以后，自然是利用和破坏的对象。利用自然是人类的本能，破坏自然是人类的本性。从感恩到施虐是自然的过程，从合作到施暴是社会的过程。人类首先虐待自然，然后虐待自己。没有能力的时候会爱护自然，具有能力的时候会施虐自然。人类已经不需要自然呵护，只需要对自然的征服。精神崇拜已经没有必要，利益崇拜变得非常重要。自然就是奴役的对象，所谓的对话就是强行介入。自然崇拜变成自我崇拜，精神崇拜变成物质崇拜。自然没有痛苦，不开发就是痛苦。人类没有痛苦，不占有就是痛苦。财富让自然毁灭，欲望让自我毁灭。与自然的对话就是下达命令，与自然的分享就是尽情掠夺。人类不可能有长远的观念，不可能把财富留给后人。财富会缩短自然进程，占有会缩短人类进程。在自然条件下人类可能是自利的，在社会条件下人类就是自私的。自利还可以让自然继续存活，自私必定让自然走向毁灭。

关于自我的对话。自然对话的结束就是自我对话，动物对话的结束就是人性对话。自然分离自我，现实分离精神。自我作用于自然，精神作用于现实。人类是整体的认知，自我是个体的认知。整体可以相互辨认，个体也可以相互辨认。形体上可以辨认，功能上也可以辨认。社会是人性的串联，个体是人性的并联。社会可以用人性对话，个人可以用人性对话。有人性就有对话，有对话就有互动。社会对话形成整体的人性，个人对话形成个体的人性。社会对话产生了人类的精神，个体对话产生了人类的意识。社会精神是相互的纽带，个人精神是自我的纽带。相互纽带是社会关系，自我纽带是个人关系。社会在实体关系下隐藏着虚拟关系，个人在实体行为下隐藏着虚拟行为。虚拟关系支配实体关系，虚拟行为支配实体行为。意识的接纳形成自我，精神的接纳形成社会。自我对话是心灵的沟通，相互对话是精神的沟通。完整的道德具有完整的人格，完全的精神具有完全的心灵。自我对话决定自我属性，相互对话决定相互属性。精神的内涵决定着群体，心灵的内涵决定着个体。社会需要个人对话，个人需要社会对话。社会对话产生综合性，个人对话会产生具体性。社会对话是提取人性，个人对话是提炼人性。社会对话形成人性的基本要求，个人对话确定人性的基本单位。人类已经不是动物，可以开展人性的对话。社会已经不是动物群体，可以开展精神的对话。人类对话是人性的过程，社会对话是精神的过程。社会文明是精神的结果，人性文明是道德的结果。良好的个体造就良好的社会，良好的社会造就良好的个体。自我对话必须面对精神，精神对话必须面对道德。社会对话必须面对个人，个人对话必须面对规则。人性是自觉也是自信，是建立也是养成。社会必须培养个人，个人必须培养精神。自律是个人的基础，自强是个人的动力。自我认可才能相互认可，相互认可才能自我认可。自我标志是具体的人性，相互标志是社会的人性。自我造就个人现象，相互造就社会现象。自我行为是具体形象，相互行为是社会形象。自我必须表现人性，社会必须体现人性。个人行为必须让社会接纳，社会行为必须让个人接纳。物质接纳必须体现精神原则，精神接纳必须体现物质原则。社会任务是提升人性，个人任务是扩大人性。社会要体现人性的要求，个人要体现社会的要求。社会为个人提供标准，个人为社会提供内容。社会对品行进行辨别，个人对行为进行辨别。社会辨别依据精神，个人辨别依据道德。社会精神是个人的合成，个人精神道德的合成。没有道德不可能有精神，没有精神不可能有原则。道德的解体会还原为动物，精神的解体会还原为个体。社会能够成立是精神的作用，个人能够成立是道德的作用。人类不能废除道德还原为动物，社会不能废除精神还原为本能。人性是升级的过程，精神是升华的过程。人类只能进化不能退化，社会只能进步不能退步。人类的进步是道德定位，社会的进步是精神定位。个人必须在道德中循环，社会必须在精神中循环。自我对话是道德管理，社会对话是精神管理。自我放纵是对社会的破坏，意识放纵是对行为的破坏。道德破坏是人性的放纵，意识破坏是行为的放纵。自我对话是道德要求，主要作用于心灵。社会对话是原则要求，主要作用于群体。自我能够管理会减轻社会负担，自我能够免疫会减轻社会压力。

关于相互的对话。社会结果是相互对话，个人结果是相互对话。社会对话把个人联系起来，个人对话把行为联系起来。社会不能对话是僵化状态，个人不能对话是僵硬状态。社会不能对话濒临灭亡，个人不能对话濒临死亡。社会拒绝对话会积累矛盾，个人拒绝对话会积累问题。和谐的社会是对话的结果，和谐的个人是对话的结果。对话是社会的主要功能，也是个人的主要功能。社会的主要任务是与个人对话，个人的主要任务是与社会对话。社会必须听取个人意见，个人必须听取社会意见。个人必须听取相互意见，相互必须听取个人意见。正确的集中就是正能量，错误的集中就是负能量。畅通渠道可以化解矛盾，堵塞渠道可以积累矛盾。物质矛盾需要精神对话，精神矛盾需要物质对话。社会矛盾需要个人沟通，个人矛盾需要相互沟通。和谐营造善良，敌对造就邪恶。善良是相互的启发，邪恶是相互的传导。善良的人性是常数，邪恶的人性是变数。美好的人性需要开放，邪恶的人性需要隐蔽。美好的人性可以全方位对话，邪恶的人性可能是特定输送。阳光对话是多数的响应，阴暗对话是少数的回应。正常的对话是良性循环，不正常的对话是恶性循环。良性互动总是缓慢的，恶性互动总是快速的。良性对话总是顺畅的，恶性对话总是曲折的。对话造就了文明也造就了秩序，造就了社会也造就了个人。文明的形象是外在的对话，文明的本质是内在的对话。社会总是喜欢文明的社会，个人总是喜欢文明的个人。社会能够接纳文明的个人，个人能够接纳文明的社会。能够让个人感动的是善良，能够让社会感动的是正义。社会文明要体现高贵的品质，个人文明要体现高贵的素质。庸俗的社会令人作呕，低俗的个人令人反感。社会不能用赤裸裸的本性进行对话，个人不能用赤裸裸的本能进行对话。社会的本性就是名利，个人的本能就是功利。社会的本性会调动本能，个人的本能会调动本性。社会本性会扭曲个人，个人本能会扭曲社会。社会脱离本质会面目狰狞，个人脱离本质会俗不可耐。社会本质就是公平正义，个人本质就是善良美好。离开真善美人性没有价值，走向假丑恶社会没有价值。社会必须用核心价值与个人对话，个人必须用核心内容与社会对话。社会能够对话的就是公平正义，个人能够对话的就是善良美好。必须把社会的精神挖掘出来，再组成一个虚拟的社会。这个社会可以存放所有的灵魂，也可以寄托所有人的梦想。必须把个人的精神挖掘出来，再组成一个虚拟的个人。这个人可以实现所有的社会理想，也可以寄托所有的社会梦想。实体社会是寻找虚拟社会的过程，实体个人是寻找虚拟个人的结果。社会的最高境界是回归精神，个人的最终感悟是回归道德。表层的对话是需求的过程，深层的对话是心灵的过程。社会必须有深层的对话，个人必须有深层的表达。精神感悟是社会结果，道德感悟是个人结果。名利是社会的本能，功利是个人的本能。社会不能只满足名利的需求，个人不能只满足生理的需求。社会的悲哀是生物化，个人的悲哀是生理化。社会堕落丧失个人对话功能，个人堕落丧失社会对话功能。社会对话是文明的接纳，个人对话是文明的眷顾。社会对话还原个人的尊严，个人对话还原社会的尊严。社会必须畅通对话的渠道，个人必须敞开对话的大门。社会畅通是和平友好，个人畅通是和睦友爱。

关于社会的对话。社会通过对话建立个人关系，个人通过对话建立社会关系。社会对话唤起个人的良心，个人对话唤起社会的良知。美好的精神存在于人性，美好的故事发源于人性。精神的觉悟是人性的崇拜，人性觉悟是社会的崇拜。社会是最终的觉悟，人性是最终的信仰。社会觉悟是人性的对话，人性信仰是社会的对话。社会应该敬畏人性，人性应该敬畏精神。社会要敬仰人性的美好，人性要敬仰自我的美好。打开人性的窗口会发现美好的本质，打开心灵的窗口会发现明亮的人性。把精神挖掘出来就是上帝，把人性挖掘出来就是圣贤。人性不应该借助天堂再回归人间，信仰不应该借助客体再回归主体。心灵就是天堂，美好就是信仰。天堂属于所有的个人，美好属于所有的社会。个人的真诚对话就是美好，社会的真诚对话就是信仰。社会价值是个人的衡量，个人价值是社会的衡量。社会对话是必需的过程，个人对话是必要的过程。人性决定社会的价值，社会决定人性的价值。贬低个人社会失去价值，贬低社会个人失去价值。人性高大其他才能渺小，人性具有价值其他才能贬值。人性的价值就是发现真善美，社会的价值就是弘扬真善美。贬低人性抬高社会并不可取，贬低精神抬高神灵也不可取。社会不能被个人毁灭，人性不能被社会毁灭。社会是发现人性的过程，个人是使用人性的过程。个人不一定伟大，人性一定是伟大的。社会不一定伟大，人类一定是伟大的。被忽略的人性就在身边，最有价值的存在就是自己。人类的觉悟是人性的觉醒，社会的觉悟是人类的觉醒。人性是最后的对话，社会是最后的觉醒。人类的永恒是人性的永恒，人性的永恒是精神的永恒。个人不能依靠本能延续，社会不能依靠名利运行。人性是社会的灵魂，精神是个人的灵魂。社会具有灵魂会继续发展，个人具有灵魂会继续存在。社会盈余会流向个人，个人盈余会流向社会。社会是人性的流动，个人是人性的留存。共同盈余到共同支出，共同减少到共同亏损。社会稳定必然是精神的充盈，个人稳定必然是道德的充盈。社会初期是在储存人性，中期是在支出人性。社会后期是在亏损人性，末期是在泯灭人性。个人是储存使用的过程，一旦彻底亏损就会走向反面。社会变化是人性的盈亏，个人变化是人性的多少。社会拥有精神会增加弹性，个人拥有精神会增加韧性。社会的充盈会润滑个人，个人的充盈会润滑社会。社会失去水分产生个人摩擦，个人失去水分产生社会摩擦。空壳的社会不敢让个人触碰，空壳的个人不敢让社会触碰。干枯的社会怕个人点燃，干枯的个人怕社会点燃。脆弱的社会容易倒塌，脆弱的个人容易摔跤。没有人性社会只是工具，没有精神个人只是工具。社会没有对话会失去人性，个人没有对话会失去精神。社会是利益的工具，个人是技术的工具。社会是整体的机器，个人是零散的部件。社会有多少需求，个人就有多少工具。个人有多少需求，社会就有多少工具。社会的独立性越来越强，个人的独立性越来越差。社会的能力越来越强，个人的能力越来越差。社会是物化的过程，个人是质化的过程。社会是物质的快速增长，个人是本能的快速追随。社会利用名利开辟道路，个人利用本能寻找方向。社会已经不需要精神对话，个人已经不需要道德对话。物质的加速度让社会不能停止，需求的加速度让个人不能停息。

八、人性的过程

　　人性是被动建立和主动发展，社会是被动建立和主动发展。个人是生命的过程，生存决定发展。社会是发展的过程，物质决定精神。个人有产生就有结束，社会有高潮就有低谷。个人是精神与现实的双重过程，社会是历史与现实的双重结果。

　　关于变化的过程。宇宙每天都在变化，我们只能认识一个角落。世界每天都在变化，我们只能认识一个部分。自然是一个过程，世界是一个过程。社会是一个过程，个人是一个过程。凡是在过程中开始的，必定在过程中结束。凡是认为永恒的，必定是永恒的破灭。社会不可能是永恒的，因为历史只是过程。个人不可能是永恒的，因为社会只是过程。过程会跌宕起伏，结果却默默无闻。思维的错误是把过程当成结果，现实的错误是把结果当成过程。历史承载了社会过程，社会承载了个人过程。历史是事件的连接，个人是事业的连接。历史向社会集中，社会向个人集中。个人向过程集中，过程向结果集中。社会是单向的过程，时光不可以逆转。个人是单向的过程，结果不可以逆转。社会进程必须慎终追远，个人进程必须谨言慎行。社会必须为历史负责，个人必须为社会负责。社会尽到责任具有历史地位，个人尽到责任具有社会地位。历史进程很长只能是点的选择，社会进程很长只能是面的选择。历史选择体现在高峰点上，社会选择体现在高峰面上。历史是点的放大，社会是面的放大。历史不允许社会无限放大，社会不允许个人无限放大。社会放大是历史的歪曲，个人放大是社会的歪曲。社会只是过程，不可能有无限的空间。个人只是过程，不可能有无限的作为。历史复杂是社会不透明，社会复杂是个人不透明。历史的天空被社会笼罩，社会的天空被个人笼罩。自上而下观察是永恒的，自下而上观察是短暂的。社会不想结束过程会极力夸大自己，个人不想结束过程会极力夸大自我。社会夸大是想阻断历史，个人夸大是想阻断现实。社会不想把自己看作是过程，夸大过程是想代替历史。个人不想把自己看作是过程，夸大过程是想代替现实。社会面向自己很简单，面向公众很复杂。个人面向自己很简单，面向社会很复杂。社会过于重视自己，个人过于重视自我。社会必须寻找短暂的参照，个人必须寻找低矮的比照。短暂的参照会反衬长久，低矮的比照会映射高大。社会其实很虚伪，个人其实很虚荣。社会不想承认一般的过程，个人不想承认一般的作为。社会不能因为一般的作为影响伟大，个人不能因为一般的作为影响高大。社会不能因为过程而怀疑永恒，个人不能因为过程而怀疑平庸。每一个社会都要伟大，历史容纳不下。每一个人都要高大，社会容纳不下。社会是制造假说的过程，个人是制造假象的过程。社会短板就是创造假设，个人短板就是制造假象。社会在曲曲折折中写就历史，个人在起起落落中写就现实。传颂的节点并不多见，忽略的节点比比皆是。社会总想把自己渲染得无与伦比，个人总想把自己打扮得花枝招展。社会渲染是有用意的，个人渲染是有目的的。社会渲染是为了迷惑个人，个人渲染是为了迷惑社会。社会失去过程是雾里看花，个人失去过程是捉摸不透。社会在制造迷局，个人在制造谜语。社会服从现实需要，个人服从现实选择。社会用理想代替现实，个人用理想代替人生。社会是现实的过程必然有历史解释，个人是现实的过程必然有社会解读。永恒的社会是历史悖论，永恒的个人是社会悖论。

关于个人的过程。个人无论多么复杂都是生命的过程，生命无论多么复杂都是生存的过程。没有生命个人不可能展开，没有生存生命不可能寄托。生命的开始就是人性的开始，生命的结束就是人性的结束。人性就是生命性，生命就是生存性。人性其实很简单，是围绕生命展开的生存过程。社会其实很简单，是围绕生存展开的发展过程。生命是最宝贵的，必须得到呵护与尊重。生存是最可贵的，必须得到保证与保障。人性的主要载体是生命，生命的主要载体是生存。生命是生产的过程，生存是生活的过程。身体健康是生命的过程，吃饱穿暖是生存的需要。安全稳定是生存的过程，幸福和谐是发展的需要。从生活开始又从生活结束，从奋斗开始又从奋斗结束。个人离不开生命和生存，社会离不开生存和发展。以个人为核心是生命的过程，以社会为核心是发展的过程。生命的轴线决定生存，社会的轴线决定发展。个人以生命为坐标，延伸出生存空间。社会以生存为坐标，延伸出发展空间。个人的延伸必须进入到社会，社会的延长必须进入到个人。生命是延长的过程，社会是延伸的过程。社会必须保护和延长生命，个人必须保护和延长社会。社会必须为个人提供保障，个人必须为社会提供保障。个人需求是简单的，社会需求是复杂的。还原为生命是简单的，还原为社会是复杂的。社会有造就人性的功劳，也有破坏人性的罪责。人性原本没有那么复杂，是社会功能让它复杂起来。人性原本没有那么多爱恨，是社会爱恨复杂了人性。社会是人性的提纯器，也是人性的搅拌机。生存的意义非常简单，发展的意义非常复杂。个人功能非常简单，社会功能非常复杂。为了生存自然条件可以满足多数人，为了发展自然条件只能满足少数人。所谓的幸福并不是生存的实体过程，而是欲望的虚拟过程。人类有许多致命的弱点，每一个弱点都会影响到个人和社会进程。人类总想以财富和群体作为幸福的追求，总是把有限的过程当成永恒的过程。对于许多人来说并没有那么多追求，是社会欲望改变了人生诉求。社会进入名利是复杂的过程，个人进入欲望是复杂的过程。社会复杂是名利的不平衡，个人复杂是欲望的不平衡。爱恨交加是利益的得失，美丑善恶是利益的再现。许多利益个人并不需要，许多权力社会并不需要。失去个人诉求没有利益，失去社会诉求没有权力。利益已经脱离了生存的需要，权力已经脱离了社会的需要。避免社会纷争应该减少权力，避免个人纷争应该减少利益。权力异化了社会，利益异化了个人。权力给社会附加了很多功能，利益给个人附加了很多功能。社会爱恨是利益的颠簸，个人爱恨是利益的曲折。社会是自我解脱的过程，个人是自我解放的过程。社会还原于个人就是生活，个人还原于生活就是生存。社会不需要更多的权力，个人不需要更多的利益。生活的欲望容易满足，社会的欲望不容易满足。人性恶化不是生活问题，社会恶化不是生存问题。道德可以解决生活层面的问题，很难解决社会层面的问题。生活需求无可厚非，名利需求不能鼓励。生命有保障才能够思考生存问题，生活有保障才能思考社会问题。社会不可能存在神话，个人不可能存在神性。尊重人性是社会前提，遵循人性是社会规律。生命的过程必须更加精彩，生活的过程必须更加全面。社会必须老老实实面对个人，个人必须实实在在面对社会。

关于社会的过程。任何社会都是过程，任何过程都会结束。社会是形成也是消失的过程，是壮大也是削弱的过程。社会自身并没有意义，是名利的附加具有了意义。社会的生命力源于名利，社会的周期律源于名利。名利开始社会也开始，名利结束社会也结束。名利是有周期性的，社会是有周期性。社会依托于名利，名利循环于周期。社会是名利的循环，名利是周期的循环。名利膨胀的时候会欣欣向荣，名利衰败的时候会一落千丈。社会是制造名利的机器，也是售卖名利的市场。个人是争取名利的主角，也是占有名利的配角。创造一旦过剩就会僵化，占有一旦过剩就会保守。为多数人服务会充满活力，为少数人服务会充满暴力。占有名利需要付出代价，巩固名利需要付出成本。社会不可能把既得利益转让给个人，个人不可能把既得利益转让给社会。社会发展是对个人的剥夺，个人发展是对社会的剥夺。矛盾可以调和会暂时维持平衡，矛盾不能调和会发生冲突。社会一旦具有欲望不可能满足，个人一旦具有欲望不可能满意。社会欲望改变了个人诉求，个人欲望改变了社会诉求。社会是诱导性改变，个人是现实性改变。社会在追求更多的利润，个人在追求更多的财富。社会是共同的欲望，个人是自我的欲望。社会欲望导入虚拟经济，个人欲望导入虚拟循环。虚拟经济是社会泡沫，虚拟欲望是个人的泡沫。经济必然走向虚拟，欲望必然走向绝望。经济危机会影响权力，权力危机会影响社会。权力是社会的载体，经济是权力的载体。经济不可能持续高速，社会不可能持续发展。经济的高速度并不是个人需要，社会的高强度并不是个人需求。财富被少数人操控，权力被少数人利用。社会发展是消失个人的过程，个人发展是消失精神的过程。社会发展必然从理性到非理性，个人发展必然从理智到非理智。社会不可能考虑个人的需要，个人不可能考虑精神的需要。社会必须解决为谁服务的问题，个人必须解决怎么服务的问题。物质可以让社会崩溃，欲望可以让个人崩溃。物质的社会是有时限的，物质的个人是有时间的。物质的断裂让社会崩溃，需求的断裂让个人崩溃。物质需要更多的物质，欲望需要更多的欲望。物质需要是欲望的聚集，欲望需要是手段的聚集。原则可以换取利益就出卖原则，灵魂可以换取利益就出卖灵魂。社会可以用原则进行交换，个人可以用灵魂进行交换。名利缩短了社会进程，欲望缩短了个人进程。利益缩短了自然进程，自然缩短了人类进程。社会可以承受暂时不会崩溃，个人可以承受暂时不会错乱。社会是物质的承受而不是精神的承受，个人是欲望的承受而不是意志的承受。社会过程最终被利益所切断，个人过程最终被欲望所切断。社会是财富的寄生也是财富的奴隶，个人是财富的奴隶也是财富的寄生。社会积累总有结束的时候，个人占有总有结束的时候。社会崩溃是积累的结束，个人崩溃是占有的结束。财富是少数人支配多数人，权力是少数人主宰多数人。权力决定社会的兴衰，利益决定个人的成败。社会是权力的得失，个人是利益的得失。社会的生命周期取决于权力，生理周期取决于利益。权力的起起落落决定了社会的生命周期，经济的快快慢慢决定了社会的生理周期。社会的生命周期在缩短，生理周期在延长。虚拟经济可以挽救社会，虚拟愿望可以鼓舞个人。社会不能崩溃，个人不能绝望。

关于历史的过程。人类是历史的过程，社会是人类的过程。任何过程都不是结果，任何结果都不是过程。人类社会是漫长的，具体社会是短暂的。人类社会是时间概念，具体社会是空间概念。人类社会是漫长的过程，具体社会是短暂的过程。人类只能在空间上留下一些痕迹，社会只能在时间上留下一些痕迹。历史是自然的记录，自然是社会的记录。地球的片段创造了人类，人类的片段创造了社会。自然书写人类的历史，人类书写社会的历史。社会可以解读历史，个人可以解读社会。社会解读是各取所需，个人解读是各抒己见。社会总想代替历史，个人总想代替社会。社会是历史的错位，个人是社会的错位。社会解读必然是历史的缺陷，历史解读必然是社会的缺陷。任何社会都是历史的片段，任何个人都是社会的片段，社会必须为历史负责，个人必须为社会负责。社会问题需要历史消化，历史问题需要时间消化。历史是积累优点的过程，也是消化缺点的过程。社会优点会在历史中积累，缺点也会在历史中积累。优点多了会选择正确的方向，缺点多了会选择错误的方向。社会方位由历史确定，个人方位由社会确定。社会是历史的惯性，个人是社会的惯性。历史结果是被动的，过程是主动的。社会结果是被动的，过程是主动的。社会逃脱不了历史的制约，个人逃脱不了社会的制约。历史为社会划定了红线，社会为个人划定了红线。社会突破红线会被历史问责，个人突破红线被会社会问责。历史原则社会必须遵循，社会原则个人必须遵循。社会之外不可能有社会，历史之外不可能有历史。社会是回报历史的过程，个人是回报社会的过程。社会必须为历史增光添彩，个人必须为社会尽职尽责。体现历史责任是社会价值，体现社会责任是个人价值。社会出现问题是放弃历史责任，个人出现问题是放弃社会责任。历史不可以重写，社会不可以重来。社会不能消耗历史的能量，个人不能消耗社会的能量。社会不能增加历史的负担，个人不能增加社会的负担。社会必须尊重历史，个人必须尊重社会。社会不能随意改写历史，个人不能随意改写社会。物质文明总会走向破灭，精神文明总会走向繁荣。社会可以留下更多的物质财富，历史可以留下更多的精神财富。社会没有浓缩历史的能力，个人没有浓缩社会的能力。社会不应该终结历史，个人不应该终结社会。社会续写历史就要尽到责任，个人续写历史就要尽到义务。切断历史是社会的歪曲，切断社会是个人的歪曲。社会必须坚持历史原则，个人必须发扬历史精神。物质的满足总是有限的，精神的满足总是无限的。物质存在是生理周期，精神存在是生命周期。物质是现实的循环，精神是历史的循环。人性必须沉淀为精神，社会必须沉淀为历史。人性的精神会注入历史，社会的精神会注入人性。历史是精神的积累，社会是现实的积累。社会必须寻找人性的源头，人性必须寻找精神的源头。现实可以折断历史，精神可以续接历史。物质是历史的单行道，精神是历史的双行道。社会是时空的循环，人性是精神的循环。物质必须有社会背景，精神必须有历史背景。社会记录了物质的变迁，历史记录了精神的变迁。不管社会走得多远，最终必须回归人性。不管人性走得多远，最终必须回归精神。物质形式可以破灭，精神形式可以重复。社会可以承载物质文明，个人可以承载精神文明。

九、人性的回归

人性是交付的过程，也是回归的过程。交付社会就得回归个人，交付现实就得回归精神。面对自然人类已经走得很远，面对个人社会已经走得很远。面对精神现实已经走得很远，面对生存发展已经走得很远。人类需要自然的回归，社会需要个人的回归。

关于自然的回归。人类从自然当中分离出来，最终还得回归自然。自然错位产生人类，人类错位产生社会。社会错位产生名利，名利错位产生善恶。自然分离是必要的，自然回归是必需的。自然分离是暂时的，自然回归是终久的。人类是自然的许可，社会是人类的许可。人类成就了社会，也激化了自然矛盾。社会成就了个人，也激化了群体矛盾。人类与自然并没有矛盾，社会带来了矛盾。个人与社会并没有矛盾，名利带来了矛盾。自然矛盾是生存到发展的转化，社会矛盾是个人到群体的转化。自然存储能力是有限的，承受能力也是有限的。自然不是万能的，超出固有承受会带来系统的崩溃。社会不是万能的，超出个体承受会带来系统的崩溃。人类总想提高自己的能力，社会总想发挥自己的作用。自然既承担了个体的需求，也承担了社会的需求。既承受着物质的压力，也承受着技术的压力。人类总以为自然是全能的，想方设法予以开采掠夺。社会总以为人类是全能的，想方设法予以开发提高。人类与自然经历了默契合作的阶段，也经历了矛盾对抗的过程。自然是人类的主要矛盾，社会是个人的主要矛盾。人类已经把自然变成虚拟的存在，社会已经把个人变成虚拟的存在。人类与自然的实体关系已经变成虚拟关系，个人与社会的实体关系已经变成虚拟关系。虚拟自然是为了财富，虚拟个人是为了权力。自然只能满足人类的生存需要，不可能满足欲望的需要。只能满足适度的发展，不可能满足过度的发展。人类面对自然充满贪婪，面对利益充满短视。面对财富充满野心，面对权力充满野性。自然从最大的强者变成最大的弱者，从最大的富有变成最大的贫穷。人类的初期给自然留下温馨，中期给自然留下和谐。后期给自然留下伤痛，末期给自然留下灭绝。自然对人类从友好走向愤怒，从痛恨走向报复。人类对自然态度的转变，也是自然对人类态度的转变。人类是自然最大的敌人，财富是人类最大的敌人。人类在自然面前不会觉悟，欲望在财富面前不会醒悟。只要有财富就不会停止追逐，只要有欲望就不会停止脚步。动物利用自然会获得长久，人类破坏自然不会长久。只要动物没有被人类赶尽杀绝，未来的天下必定又回归动物。人类在自然面前已经没有德性，在财富面前已经没有德行。人类的进步就是自然的退步，社会的进步就是个人的退步。自然被人类所践踏，个人被欲望所践踏。自然不会时刻报复人类，但总会有报复的时刻。可以暂时忍受人类的伤害，但不会永远忍受伤痛。社会发展是自然的代价，个人发展是社会的代价。自然没有自我修复的能力，也没有自我恢复的能力。对于人类的欠账会一并清算，对所有的伤口会一并愈合。自从人类诞生以来一直在寻找相互对手，自从社会诞生以来一直在寻找自然对手。如果人类没有自我毁灭，必定被自然毁灭。如果个人没有自我毁灭，必定被社会毁灭。回归自然可以让人类寿命得到相对延长，也可以让社会仇恨得到适度化解。回归自然就得热爱自然，利用自然就得敬畏自然。自然是最终的决定力量，社会是最终的决定结果。自然是人类的纽带，态度决定一切。社会是个人的纽带，行动决定一切。

关于社会的回归。人类是背叛自然的过程，社会是背叛人类的过程。人类没有原始的善恶，只有社会善恶。社会没有原始的善恶，只有名利善恶。个人没有原始的善恶，只有行为的善恶。人类发展必然进入社会，社会发展必然进入名利。名利发展必然进入善恶，善恶发展必然进入个人。社会逻辑在一步步错位，个人逻辑在一步步扭曲。社会进入名利不可能是精神实体，个人进入社会不可能是道德实体。如果社会是名利的实体，个人必定是功利的实体。如果社会受到的名利支配，个人必定受到功利的支配。如果社会走向自利，个人必定走向自私。如果社会走得很远，个人必定走得更远。社会表现是个人的拉力，个人表现是社会的拉力。社会表现必定有个人原因，个人表现必定有社会原因。不能把所有的社会问题都归罪于个人，不能把所有的个人问题都归罪于道德。社会不过是个人的条件反射，个人不过是社会的背景反射。社会是大舞台，个人是小角色。社会是大背景，个人是小景点。社会本来为个人服务，最终远离了个人。发展本来为生存服务，最后远离了生存。社会需要个人的权力，更需要个人的利益。个人不需要社会的权力，但需要社会的利益。权力是个人形式的异化，利益是社会内容的异化。权力既远离了个人也远离了社会，利益既远离了生存也远离了发展。社会发展是名利交付的过程，个人发展是社会交付的过程。名利强大的时候社会必须交付，社会强大的时候个人必须交付。社会是名利的附属品，个人是社会的附属品。社会不可能决定自己的命运，只能由名利来决定。个人不可能决定自己的命运，只能由社会来决定。社会不过是名利的小舟，个人不过是社会的沙粒。名利可以重新组装社会，社会可以重新组装个人。完整的社会被名利撕破，完整的个人被社会撕破。社会移位是精神的破碎，个人移位是道德的破碎。只要是名利主导，社会就是重新组装的过程。只要是社会主导，个人就是重新组装的过程。名利不需要社会的完整，社会不需要个人的完整。完整的社会对名利没有意义，完整的个人对社会没有意义。社会在名利面前越走越远，个人在功利面前越走越远。名利可以把社会改装成为机器，功利可以把个人改装成为机器。社会需要名利的驱动，个人需要功利的驱动。社会在名利面前失去自主，个人在功利面前失去自尊。社会出卖原则才能获得更多的名利，个人出卖良心才能获得更多的利益。社会需要名利的嫁接，个人需要功利的嫁接。社会是版块的冲压，个人是零件的组合。社会是名利的兴奋点，个人是功利的兴奋点。社会兴奋需要名利的刺激，个人兴奋需要功利的刺激。社会兴奋必然产生更多的空虚，个人兴奋必然产生更多的失落。社会需要更多的满足，个人需要更多的刺激。社会需要更多的贪婪，个人需要更多的贪欲。获得整个世界社会不可能满足，获得整个社会个人不可能满足。社会被欲望拖进深渊，个人被欲望拖进泥潭。社会是名利的暗箱，个人是欲望的暗箱。社会必须对名利暗箱操作，个人必须对功利暗箱操作。名利剥夺社会自由，功利剥夺个人自由。社会转化成为名利才能存在，个人转化成为功利才能生存。社会转化丧失原则，个人转化丧失道德。社会对立是名利的转化，个人对立是实现的转化。社会在制造差距，个人在服从差距。社会是名利的代言人，个人是功利的代言人。

　关于个人的回归。个人作用始终被社会所忽视，社会作用始终被名利所忽视。以社会为核心是历史的过程，以个人为核心是未来的过程。社会文明已经发挥到极致，个人文明还没有开始。社会作用必须弱化，个人作用必须强化。独立的个人有独立的精神，独立的人格有独立的创造。社会不可能把所有的人都统一起来，即便是高度统一也是社会假象。文明虽然是多元的，最终必然是一元的。每个人都是文明的发源点，每个人都是文明的展现点。个人在社会当中只是名利关系，在自我当中才是存在关系。社会被名利所取代，个人被社会所取代。社会必须从名利中解脱出来，个人必须从社会中解脱出来。社会解脱可以回归精神，个人解脱可以回归道德。社会不能充当名利的搬运工，个人不能充当社会的搬运工。社会必须为个人服务，个人必须为精神服务。名利主导是社会错误，功利主导是个人错误。名利不可能产生原则，功利不可能产生道德。名利让社会反复无常，功利让个人反复无常。社会反复是对个人的碾压，个人反复是对社会的碾压。社会碾压是名利的无情，个人碾压是功利的无情。社会必须为个人付出代价，个人必须为精神付出代价。社会代价是简化名利，个人代价是简化功利。简化名利是社会的痛苦，简化功利是个人的痛苦。社会痛苦是个人的欢乐，个人痛苦是社会的欢乐。社会过度索取让个人失去营养，个人过度索取让社会失去营养。聚集名利导致个人枯竭，聚集欲望导致精神枯竭。社会失去一部分名利会恢复生机，个人失去一部分欲望会恢复活力。社会注重名利个人必定注重功利，社会注重功利个人必定注重名利。真正的人格难以形成，真正的性情难以施展。名利让社会走向虚假，功利让个人走向虚假。名利不可能为个人负责，功利不可能为社会负责。切断名利的纽带让社会独立，切断功利的纽带让个人独立。名利是社会的加减过程，功利是个人的加减过程。社会被名利所困惑，个人被功利所困惑。减少名利是社会的解放，减少功利是个人的解放。社会是错位的发展，个人是越位的发展。社会错位进入名利，个人越位进入功利。社会背叛个人走向名利，个人背叛社会走向功利。社会责任是淡化名利，个人责任是淡化功利。回归个人让社会得到喘息，回归精神让个人得到喘息。完全的名利化让社会矛盾不可调和，完全的功利化让个人矛盾不可调和。社会独立是精神的自由，个人独立是道德的自由。精神自由是道德的觉悟，道德自由是精神的觉悟。精神觉悟是社会修养，道德觉悟是个人修养。社会不能完全交付名利，个人不能完全交付社会。社会的起点是个人，终点还是个人。个人的起点是精神，终点还是精神。社会不能抹杀个人的作用，个人不能抹杀精神的作用。社会问题是名利的放大，个人问题是功利的放大。名利会加剧社会冲突，功利会加剧个人冲突。社会矛盾会延伸到个人，个人矛盾会延伸到社会。社会矛盾是名利的激化，个人矛盾是功利的激化。被名利封闭的社会，必然爆发内部矛盾。被功利封闭的个人，必然爆发相互矛盾。社会要化解矛盾必须打开个人的枷锁，个人要化解矛盾必须打开社会的枷锁。回归个人会减轻社会压力，回归精神会减轻个人压力。回归个人是社会重塑，回归精神是道德重塑。社会不能炒作名利，个人不能炒作功利。社会不能用名利愚弄个人，个人不能用功利愚弄社会。

关于精神的回归。社会必须回归个人，个人必须回归精神。社会是外在的构成，个人是内在的构成。社会强大与物质有关，个人强大是与精神有关。失去物质关系社会不可能存在，失去精神关系个人不可能存在。社会重视物质就会忽视个人，个人重视现实就会忽视精神。面对个人存在，社会需要重新定义。面对精神存在，个人需要重新定义。社会定义是个人原则，个人定义是精神原则。社会需要个人重新把握，个人需要精神重新把握。社会可以塑造自我，个人作用必不可少。个人可以塑造自我，精神作用必不可少。社会是名利属性也是个人属性，个人是社会实体也是精神实体。社会必须向精神转移，个人必须向道德转移。社会是自然界定，个人是自我界定。社会需要个人秩序，个人需要道德秩序。社会可以确定名利的秩序，但最终取决于个人秩序。个人可以确定现实的秩序，但最终取决于精神秩序。社会可以建立现实逻辑，个人必须建立精神逻辑。社会逻辑是名利的推导，个人逻辑是精神的推导。社会推导是现实秩序，个人推导是精神秩序。社会脱离个人有名利的目的，个人脱离精神有现实的目的。社会必须还原个人，个人必须还原精神。社会认识个人才能尊重个人，个人认识自我才能珍视自我。每个人都是圣人君子，社会就是人间天堂。每个人都是魔鬼小丑，社会就是人间地狱。社会不能过于强势，个人不能过于弱势。社会凭借名利造就强势，个人凭借精神造就弱势。社会强势埋没了个人，个人弱势埋没了精神。社会没有个人是虚拟的强大，个人没有精神是虚拟的强势。物质文明是从个体到整体的过程，精神文明是从整体到个体的过程。社会文明已经非常强大，再发展下去不会有大的作为。个体文明还非常弱小，历史的转折还没有到来。个人不可能永远停留在社会当中，精神不可能永远停留在物质当中。社会发展为个人创造了条件，个人发展为社会创造了条件。社会不能过分强调自己的作用，个人不能过分强调社会的作用。社会应该为个人预留位置，个人应该为精神预留空间。社会可以取代个人但不能永远取代下去，物质可以取代精神但不能永远取代下去。个人的地位必须得到承认，个人的权利必须得到保障。任何政治口号都有社会背景，任何社会口号都有个人背景。社会必须敬重个人，个人必须尊重精神。管理是社会的权利，平等是个人的权利。集中是社会的权利，自由是个人的权利。社会不能有权力的巨大差距，个人不能有利益的巨大差距。权力的落差会埋葬社会，利益的落差会埋葬个人。社会不需要名利继续创造，个人不需要功利继续创造。社会没有必要扮演救世主，个人没有必要扮演救助者。社会没有必要迎合名利，个人没有必要迎合社会。社会迎合助长名利的疯狂，个人迎合助长功利的疯狂。社会通过个人完善达到自我完善，个人通过精神完善达到道德完善。社会不能过分夸大自己的作用，个人不能过分夸大自己的能力。历史开始的时候可能会选择社会，结束的时候会选择个人。社会开始的时候可能表现人性，结束的时候必须表现人性。拯救社会的只有个人，拯救个人的只有精神。个人不能主宰只能求助于社会，精神不能主宰只能求助于神灵。个人表现是社会的异体化，精神表现是现实的异体化。个人从社会中解放出来才能找到自己，精神从现实中解放出来才能找到未来。个人解放是漫长的，精神解放是漫长的。

十、人性的借助

　　人性需要借助，社会需要借助。个人需要借助自然和社会的力量，社会需要借助自然和个人的力量。个人借助拓展生存空间，社会借助拓展发展空间。个人是社会的延长，社会是历史的延长。个人是自我与社会的双向凝结，社会是历史与现实的双向凝结。

　　关于个人的借助。地球上原本没有生命，生命中原本没有人类。自然创造了人类，人类创造了社会。个人需要借助社会，社会更需要借助个人。个人需要借助历史，历史也需要借助个人。自然本来是主角，人类的强大降为配角。个人本来是主角，社会的强大降为配角。自然被人类所忽视，个人被社会所忽视。自然必须依靠人类提升价值，社会必须依靠个人提升价值。提升自然价值刺激了人类的疯狂，提升社会价值刺激了个人的疯狂。历史伴随着人类的疯狂，个人伴随着社会的疯狂。人类必须借助自然的力量，一旦借助就会遗忘。社会必须借助个人的力量，一旦借助就会遗忘。人类在自然面前是全能的神，社会在个人面前是全能的王。人类的自我崇拜最终演变为个人情节，社会的自我崇拜最终演变为现实情节。人类向社会节点集中，社会向个人节点集中。上升为英雄才能被历史关注，上升为偶像才能被社会关注。历史当中没有小人物，现实当中没有普通人。历史借助个人是虚无过程，社会借助现实是虚无历史。历史跳越了许多过程，社会跳越了许多环节。社会只能看到历史的背影，个人只能看到社会的背影。社会对历史是虚拟的理解，个人对社会是虚拟的理解。历史的逆向借助夸大社会作用，社会的逆向借助夸大个人作用。社会作用一旦被夸大，必定是主宰人类的力量。个人作用一旦被夸大，必定是主宰社会的力量。自然必须决定人类顺序，人类必须决定社会顺序。如其说自然借助了人类，不如说人类借助了自然。如其说个人借助了社会，不如说社会借助了个人。没有自然基数，人类的一切运算都等于零。没有个人基数，社会的一切运算都等于零。历史必须面向所有的人类，社会必须面向所有的个人。以人为本并不是政治口号，而是社会的基本运算。自然是人类的元单位，个人是社会的元单位。人类的借助必须重视自然，社会的借助必须重视个人。人类的顺向借助是爱护自然，逆向借助是破坏自然。社会的顺向借助是爱护个人，逆向借助是破坏个人。人类没有多少学问，就是保护和利用自然。社会没有多少学问，就是爱护和保障个人。人类要破坏自然很容易，保护自然不容易。社会要实现少数人的利益很容易，实现多数人的利益不容易。人类必须为自然负责，社会必须为个人负责。人类必须从自然的角度思考自然，社会必须从个人的角度思考个人。自然平衡的能力需要人类注入，个人的平衡能力需要社会注入。人类的过度借助让自然失去平衡，社会的过度借助让个人失去平衡。人类的恶性循环是过度利用自然，社会的恶性循环是过度利用个人。人类必须拉开自然的距离，社会必须拉开个人的距离。人类的距离让自然休养生息，社会的距离让个人休养生息。自然休养让人类继续借助，个人休养让社会继续借助。自然距离促使人类反省，个人距离促使社会反省。自然空间缩小是人类的噩梦，个人空间缩小是社会的噩梦。恢复自然让人类获得生机，恢复个人让社会获得生机。人类必须让自然有喘息的机会，社会必须让个人有喘息的机会。自然需要人类的文明，社会需要个人的文明。自然需要人类的素质，社会需要个人的素质。

关于社会的借助。社会是空间概念也是群体概念，是历史形成也是现实形成。借助区域形成空间，借助人口形成权力。借助经济形成利益，借助实力形成地位。小社会是小借助，大社会是大借助。因为能够借助所以做大，因为善于借助所以做强。社会一旦形成，必定是超越自然和个人的存在。社会一旦发展，必定是超越自然和个人的力量。借助自然应该感恩自然，借助个人应该感恩个人。利益的存在不会尊重自然，权力的存在不会尊重个人。具有权力就是权力的划分，具有利益就是利益的划分。具有权力就是权力的爱恨，具有利益就是利益的爱恨。历史是权力的循环，现实是利益的循环。权力循环让社会失去了基本的判断标准，利益循环让个人失去了基本的判断标准。社会标准是权力的欣赏与排斥，个人标准是利益的欣赏与排斥。社会标准很难具有公正性，个人标准很难具有客观性。

社会只能借助权力叠加权力，个人只能借助利益叠加利益。社会最终演变为权力的畸形，个人最终演变为利益的怪胎。社会畸形是权力的多重组合，个人怪胎是利益的多重组合。社会用权力维系个人，个人用利益维系社会。社会是权力的纽带，个人是利益的纽带。社会是权力的共同体，个人是利益的共同体。社会是权力的博弈，个人是利益的博弈。社会通过权力管理个人，个人通过利益管理社会。社会必须防止权力的断裂，个人必须防止利益的断裂。传统社会依靠权力，现代社会依靠利益。传统社会是权力的断裂，现代社会是利益的断裂。传统社会充满人情，现代社会充满冷漠。经济的快速发展打破了传统格局，也改变了社会和个人的固有观念。社会规则已经被利益所改变，个人规则已经被利益所改写。社会文明是面向权力建立的，一旦转向经济会有很长时间的不适应。权力的弱化让经济陷入混乱，经济的强化让权力陷入混乱。社会已经变成利用关系，个人已经变成利益关系。利用关系在重新组合社会，利益关系在重新组合个人。利用关系可以把社会联系起来，利益关系可以把个人联系起来。社会从权力分配变成利益分配，个人从权利需求变成利益需求。利益在绝对的流动，关系在绝对的改变。社会关系进入多变状态，个人关系进入多发状态。权力在重新考验社会能力，利益在重新考验个人能力。社会需要建立双重规则，个人需要建立双重理念。社会面向权力和利益需要重新调整规则，个人面向社会和自我需要重新调整理念。社会规则受到经济的巨大冲击，个人观念受到利益的巨大冲击。社会被不同的利益分割成不同群体，个人被不同群体分割成不同利益。社会权力很难打破，个人利益很难打破。社会权力很难融合，个人利益很难融合。社会不想分割权力，这是利益决定的。个人不想分割利益，这是权利决定的。权力的社会相对简单，利益的社会绝对复杂。社会不可能统一起来，个人不可能统一起来。利益不可能统一起来，思想不可能统一起来。社会是经济的多元化，个人是利益的多元化。社会已经从权力进入到经济的借助，个人已经从整体进入到分散的借助。经济促进了社会发展，也带来了社会转型。利益促进了个人发展，也带来了个人转型。社会已经不能借助权力解决一切问题，个人已经不能借助社会解决一切问题。社会系统正在弱化，个人系统正在强化。

社会必须学会与自然和个人和谐相处，个人必须学会与社会和群体和谐相处。

关于精神的借助。社会借助权力必须体现感情，个人借助利益必须体现情感。社会要长期运行必须借助个人，个人要长期存在必须借助精神。现实社会的背后必定是精神的社会，现实个人的背后必定是精神的个人。社会没有崩盘是精神的支撑，个人没有崩溃是道德的支撑。社会在实体运行的同时必须有精神的帮助，个人在现实运行的同时必须有道德的帮助。社会精神是历史筛选的过程，个人精神是社会筛选的过程。社会必须拥有强大的精神，个人必须拥有强大的道德。社会精神是个人道德的体现，个人精神是社会原则的体现。优秀的精神可以互动，恶劣的精神也可以互动。优秀的借助是更优秀，恶劣的借助是更恶劣。社会与个人是物质的互动，个人与社会是精神的互动。现实的互动可以凝聚精神，精神的互动可以合理现实。社会互动可以丰富个人精神，个人互动可以丰富社会精神。现实可以断裂但精神不能断裂，社会可以断裂但个人不能断裂。社会的载体就是个人，个人的载体就是精神。社会精神是松散的构成，个人精神是紧密的构成。社会必须依靠个人的加固，个人必须依靠社会的灌输。社会在寻找个人的平衡，个人在寻找精神的平衡。社会不被认可是精神的断裂，个人不被认可是实现的断裂。现实问题都有精神的原因，精神问题都有现实的原因。社会必须正确理解个人，个人必须正确理解精神。社会是个人的精神方位，个人是社会的精神定位。物质不能平衡只能依靠精神，社会不能平衡只能依靠个人。现实可以有差别，精神不能有差别。物质可以有差别，道德不能有差别。社会是个人的平等，个人是精神的平等。社会在精神前面是平等的，个人在道德面前是平等的。有精神平等才能消除社会差别，有道德平等才能消除个人差别。精神可以在社会之间流动，道德可以在个人之间流动。社会不可能平等，精神可以平等。个人不可能平等，道德可以平等。社会界限需要精神跨越，个人界限需要道德跨越。人类有了精神才能深度融合，社会有了精神才能深度交流。社会精神是美好的，可以在现实之外构筑另外一个社会。个人精神是美好的，可以在现实之外构建另外一个个人。社会必须用精神寄托未来，个人必须用精神寄托现实。社会借助精神是个人的完善，个人借助精神是社会的完善。世界上有无数美好的精神，社会可以尽情地借助。社会上有无数美好的精神，个人可以尽情地借助。美好的精神在不断增加，邪恶的精神才能不断减少。增加美好的精神不是为了消除邪恶，而是通过增量减少存量。社会精神就是原则，个人精神就是道德。精神是社会的溢价，道德是个人的溢价。社会溢价有存在的价值，个人溢价有学习的价值。社会价值可以用精神检验，个人价值可以用道德检验。如果社会与个人比拼名利，那么社会是渺小的。如果个人与社会比拼功利，那么个人是渺小的。世界之所以忽视社会，是社会的精神比重太小。社会之所以忽视个人，是个人的道德比重太小。社会要高大必须使用精神，个人要高大必须使用道德。精神是纵向的高大，道德是横向的高大。精神是横向的强大，道德是纵向的强大。社会高大不能被世界淹没，个人高大不能被社会淹没。高大的社会可以引起世界重视，高大的个人可以引起社会重视。社会必须占领精神的制高点，个人必须占领道德的制高点。社会必定是精神的永恒，个人必定是道德的永恒。

关于历史的借助。社会是历史的剪刀差，一切差别都会在时间中消失。个人是社会的剪刀差，一切差别都会在空间中消失。社会没有必要突出自己，个人没有必要突显自己。历史是对社会的俯视，个人是对社会的透视。历史是审判的过程，也是审美的过程。个人是观察的过程，也是关注的过程。社会不可能阻断历史，只能承接历史。个人不可能阻断社会，只能承接社会。历史留下了许多宝贵的财富，社会可以主动承接。社会留下了许多宝贵的财富，个人可以主动承接。物质可以存在也可以消失，精神可以建立但不会消失。真正为社会留下的只有精神家园，真正为个人留下的只有精神财产。历史留下的不过是残垣断壁，社会留下的不过是恩恩怨怨。时间会消磨一切物质形态，历史会记忆一切美好故事。社会借助历史要淡泊名利，个人借助精神要宁静致远。物质富有并不一定是精神富有，物质贫乏并不一定是精神贫乏。有权有钱的不一定高尚，没权没钱的不一定卑鄙。借助历史可以再造历史，借助社会可以再造社会。我们总是用现实的标准衡量一切，这样的衡量没有多少历史价值。现实说明依据功利标准，历史并不功利。现实判别依据得失标准，历史并没有得失。权力可以显赫社会，地位可以显赫个人。历史不会照顾社会的情绪，也不会照顾个人的感受。社会是历史的逆差，历史是社会的顺差。社会要证明自己必须放在历史的天平上，个人要证明自己必须放在道德的天平上。社会证明是在掩盖丑恶，个人证明是在掩盖丑行。社会过度证明是精神空虚，个人过度证明是道德空虚。人类文明历史悠久，社会只能部分承接。社会文明历史悠久，个人只能部分承接。社会突起终究要被历史削平，个人突起终究要被现实削平。社会原本没有差别，个人制造了差别。个人本来没有差别，社会制造了差别。社会突起不可能改变历史，起点和终点必须接入历史。个人突起不可能改变社会，起点和终点必须接入社会。社会文明有局限性，也有排他性。个人文明有局限性，也有排他性。社会文明必须借助历史的衡器，个人文明必须借助现实的衡器。社会文明是历史的平均值，个人文明是社会的平均值。社会文明必须消除历史差别，个人文明必须消除现实差别。历史是回归文明的过程，社会是回归文明的过程。历史文明就是重新确立个人地位，社会文明就是重新确立道德地位。历史借助社会营造了畸形文明，社会借助名利营造了畸形文明。历史文明的拥堵让社会急功近利，社会文明的拥堵让个人趋之若鹜。消除历史差别只能依靠社会觉悟，消除社会差别只能依靠个人觉悟。社会觉悟是自我消解的过程，个人觉悟是自我消化的过程。社会回归精神就是自我消解，个人回归精神就是自我消化。解决社会矛盾必须借助个人的力量，解决个人矛盾必须借助精神的力量。个人地位的提高可以降解权力的作用，数量的增多可以降解财富的盈余。社会没有名利就不可能产生更多的矛盾，个人没有欲望就不可能产生更多的纠结。名利引导社会走向矛盾，欲望引导个人走向矛盾。消除历史差别只能依赖所有的社会，消除社会差别只能依赖所有的个人。社会不能自娱自乐，个人不能自说自话。社会终究是人类的历史，人类终究是人性的历史。回归人类能消除社会周期，回归人性能消除个人周期。社会只是一种形式，人类才是内容。人类只是一种形式，人性才是内容。

十一、人性的传导

人性需要传导，社会需要传导。个人是社会的双向传导，社会是个人的双向传导。精神传导需要物质载体，物质传导需要精神载体。正向传导会产生正能量，反向传导会产生负能量。个人是空间的持续传导，社会是时间的持续传导。

关于传导的前提。社会是有能量的，有能量就有传导。个人是有能量的，有能量就有传导。社会具有能量会传导给个人，个人具有能量会传导给社会。社会能量是物质与精神的结合，通过物质推动精神。个人能量是精神与物质的结合，通过精神推动物质。每个人都是能量的产生点，每个社会都是能量的传播源。能量减少会发挥自我作用，能量增强会发挥相互作用。社会传导通过群体作用于个体，个人传导通过群体作用于社会。物质的力量是直接传导，精神的力量是间接传导。一个信号会变成多个信号，一个行动会变成无数行动。社会是连锁反应，个人是连锁反应。社会是群体能量的感应，个人是社会能量的感应。社会被群体能量所控制，个人被社会能量所控制。社会必须控制好群体，群体必须控制好个体。社会是个人的加温过程，个人是社会的加温过程。社会具有温度才能传导给个人，个人具有温度才能传导给社会。社会必须保持温度并寻找输出的机会，个人必须保持热度并寻找输送的机会。社会感动是个人的力量，个人感动是社会的力量。封闭的环境是缓慢的传导，开放的环境是快速的传导。社会开放是个人的测度，个人开放是社会的测度。社会开放增进个人传导，个人开放增进社会传导。社会的传导性决定个人，个人的传导性决定社会。社会局部升温比较容易，整体升温比较缓慢。局部升温产生有限的能量，整体升温产生无限的能量。社会并不希望个人过度热情，个人并不希望社会过度热烈。社会担心个人出现问题，个人担心社会出现问题。社会希望自我封闭，个人希望自给自足。社会开放怕影响权力，个人开放怕影响利益。社会不希望权力的分享，个人不希望利益的分享。社会封闭是权力的固化，个人封闭是利益的固化。打破权力的枷锁是社会痛苦，打破利益的枷锁是个人痛苦。禁锢个人是社会的自由，禁锢行为是权力的自由。社会必须阻止个人传导，个人必须阻止思想传导。管理没有能力的人更容易，管理没有思想的人更便捷。社会必须愚昧个人，个人必须弱化能力。社会必须有所作为，个人必须无所作为。社会有能力不需要个人，个人有能力不需要社会。历史没有什么奥妙，管理没有什么诀窍。阻止个人传导会减轻社会压力，阻止思想传导会减轻舆论压力。个人可以在封闭状态下自生自灭，社会可以在封闭状态下自娱自乐。历史禁锢社会几千年，社会禁锢个人几千年。历史的禁锢为社会服务，社会的禁锢为少数人服务。历史被社会利用，社会被少数人利用。历史禁锢是社会愚昧，社会禁锢是个人愚昧。普遍愚昧是多数人的无知，少数人崇拜是多数人的迷信。社会需要个人愚昧，个人需要思想愚昧。社会愚昧是权力的可怜，个人愚昧是利益的可怜。社会扼杀个人是为了壮大自己，个人缩小自己是为了壮大社会。社会需要权力，个人必须贡献权利。社会需要利益，个人必须贡献利益。个人贡献权利社会才能强大起来，个人贡献利益社会才能富足起来。社会有权力会高枕无忧，有利益会支配一切。社会对个人是权力的单向传导，个人对社会是利益的单向传导。社会传导是权力的压力，个人传导是利益的压力。

关于传导的条件。社会传导为个人创造了条件，个人传导为社会创造了条件。社会释放政治信号，个人就是政治集结。社会释放战争信号，个人就是战争集结。社会释放物质信号，个人就是物质集结。社会释放思想信号，个人就是思想集结。社会是大范围的传导，个人是小范围的传导。社会通过物质刺激个人，个人通过需求刺激社会。社会面临需求的压力，个人面临物质的压力。社会需求变成个人欲望，个人需求变成社会欲望。社会用物质诱导个人，个人用需求诱导社会。社会始终处于贫穷状态，物质信号历来都是强烈的。个人始终处于贫困状态，利益的信号历来都是强烈的。社会能够吸附个人是物质的力量，征服个人也是物质的力量。个人能够依附社会是物质的作用，推动社会也是物质的作用。社会是物质的磁场，个人是利益的磁场。物质能够把社会联系起来，利益能够把个人联系起来。失去物质社会有可能解体，失去利益个人有可能解体。社会必须借助物质强化自己，个人必须借助利益强化自己。社会必须走向物质的开放，个人必须走向利益的开放。社会开放是为了占有更多的物质，个人开放是为了占有更多的利益。受经济驱动社会必须开放，受利益驱动个人必须开放。社会不开放会走向没落，个人不开放会走向贫穷。社会开放必须有驾驭物质的能力，个人开放必须有驾驭财富的能力。社会缺乏能力是物质的灾难，个人缺乏能力是财富的灾难。物质的泛滥是社会退步，财富的泛滥是个人退步。物质形成社会的外壳，财富形成个人的外壳。社会与个人很难沟通，个人与社会很难合作。社会走向封闭僵化，个人走向骄傲自满。社会通过物质强大起来，又会通过物质弱化下去。个人通过财富强大起来，又会通过财富弱化下去。社会对财富既渴望又惧怕，个人对财富既渴望又矛盾。社会财富会挑战个人地位，个人财富会挑战社会地位。社会强大个人必须提供服务，个人强大社会必须提供服务。社会强大是个人的代价，个人强大是社会的代价。社会财富必然被个人所掌握，社会地位必然被个人所取代。社会快速发展是自我削弱的过程，个人快速发展是自我加强的过程。在利益面前社会不是唯一的力量，在权力面前个人不是唯一的力量。社会必须压制个人的力量，必须控制个人的财富。社会不允许个人过度膨胀，权力不允许利益过度膨胀。社会必然从封闭走向开放，也必然从开放走向封闭。个人必然从自我走向社会，也必然从社会走向自我。社会封闭是权力的作用，个人封闭是利益的作用。社会必须控制好个人，权力必须控制好财富。社会不可能完全控制个人，权力不可能完全控制财富。社会的周期性是个人决定的，权力的周期性是利益决定的。社会在个人面前会越走越远，权力在财富面前会越走越远。削弱个人的地位是为了强化社会地位，削弱财富的作用是为了强化权力作用。社会没有必要在个人前面反省，权力没有必要在财富面前反省。社会首先崇拜权力，然后崇拜财富。个人首先崇拜财富，然后崇拜权力。社会不能挑战权力，个人不能挑战利益。社会是权力的单向传导，个人是利益的单向传导。社会传导与个人并不协调，个人传导与社会并不匹配。社会传导不过是教训个人，个人传导不过是规劝社会。社会不可能完全开放，个人不可能完全服从。

社会是权力的摧残，个人是利益的摧残。社会是权力的愚昧，个人是利益的愚昧。

关于传导的标志。社会形成传导效应，个人形成传导效应。社会传导从幕后走向台前，个人传导从私密走向公开。文明必须是大众的，大众的必须是开放的。社会传导形成媒体，个人传导形成媒介。媒体是社会的工具，媒介是个人的工具。权力已经不是社会的隐私，利益已经不是个人的隐私。社会落后阻碍了传导，个人发展促进了传导。社会利用各种平台传播自己的意志，个人利用各种平台传播自己的想法。社会在媒体面前是公众的，个人在媒体面前是公开的。社会已经没有更多的隐藏，个人已经没有更多的隐私。社会想利用媒体却被媒体利用，个人想利用媒介却被媒介利用。一个社会的声音有可能影响世界，一个人的声音有可能影响社会。社会可以引导也可以误导个人，个人可以推动也可以歪曲社会。媒体是社会的放大镜，媒介是个人的放大镜。社会缺点可以在个人面前放大，个人缺点可以在社会面前放大。社会问题有可能变成个人问题，个人问题有可能变成社会问题。社会的局部放大让个人难以消化，个人的整体放大让社会难以消化。媒体在持续发酵社会，媒介在持续发酵个人。社会变成个人的一部分，个人变成社会的一部分。社会通过媒体缩短个人距离，个人通过媒介缩短社会距离。社会是媒体的重新塑造，个人是媒介的重新创造。社会变成超导体，逐步演变为透明的系统。个人变成半导体，逐步演变为半透明的系统。社会是媒体系统的存活，个人是媒介系统的存活。社会已经从岩体进入流体，个人已经从固化进入动画。社会已经不是疏离隔阂的独行者，个人已经不是自给自足的桃花源。社会一经发展是异体式的延伸，个人一经发展是异体式的演变。社会的快速发展进入个人病态，个人的快速发展进入社会病态。社会病态向个人传导，个人病态向社会传导。社会是名利的病态，个人是功利的病态。名利失衡是社会病态，功利失衡是个人病态。社会总想强大，个人总想强势。超越性是社会病态，优越性是个人病态。物质是社会病态，精神是个人病态。物质膨胀是精神病态，欲望膨胀是物质病态。名利的风险被社会所忽视，功利的风险被个人所忽视。社会是不可驾驭的怪物，个人是不可控制的怪兽。社会是控制系统的失灵，个人是操作系统的失灵。媒体把社会虚拟化，媒介把个人虚拟化。社会给个人传导错误的信息，个人给社会传导错误的信息。社会对个人的感情越来越复杂，个人对社会的感受越来越不同。社会已经不能相信个人，个人已经不能相信社会。社会的对立情绪在增多，个人的对立观点在增多。社会已经变成媒体结构，个人已经变成媒介结构。权力的传导变成利益的传导，情感的传导变成情绪的传导。社会从权力的关注变成利益的关注，个人从自身的关注变成社会的关注。社会传导从纵向变成平面，个人传导从平面变成纵向。社会信息个人不一定接受，个人信息社会不一定接受。社会的选择面在增大，个人的选择度在增多。物质泛滥伴随精神的泛滥，正当需求伴随欲望的需求。社会在不断扩容，个人在不断扩展。社会向个人释放能量，个人向社会释放能量。社会进入失控状态，个人进入失控状态。主流观点可以粉墨登场，非主流观点可以登台亮相。单向灌输变成双向传导，平面传播变成立体影响。社会必须在舆论中生存，个人必须在议论中生活。社会已经从静态走向动态，个人已经从固定走向流动。

关于传导的结果。社会的温度在增加，个人的温度在增加。社会变成个人的导体，个人变成社会的导体。物质变成欲望的导体，精神变成情绪的导体。文明是增值服务，邪恶也是增值服务。社会快速流动没有个人的缓冲地带，个人快速流动没有社会的缓冲地带。缩短社会距离个人不可能反省，缩短个人距离社会不可能反省。社会自主已经被个人所代替，个人自主已经被社会所代替。社会没有自主的能力，个人没有自主的力量。社会主导已经成为历史，个人主导才刚刚开始。社会主导是迷信盛行，个人主导是意识混乱。社会必须适应个人的变化，个人必须适应社会的变化。社会适应是一个漫长的过程，个人适应是漫长的结果。社会被媒体高度浓缩，个人被媒体高度放大。没有媒体社会已经不能存在，没有媒介个人已经不能存在。社会在等待关注，个人在等待关心。社会被媒体透视，个人被媒介透支。社会在探索屏蔽的模式，个人在探索回避的方法。社会给个人设置障碍，个人给社会设置障碍。社会用舆论控制个人，个人用意见影响社会。穿越时空是社会的能力，穿越现实是个人的能力。社会是名利的泛滥，个人是功利的泛滥。社会是名利的传导，个人是功利的传导。社会用名利泛滥个人，个人用功利泛滥社会。社会精神已经不能平衡，个人心理已经不能平衡。社会必须重新寻找平衡，个人必须重新寻找平衡。社会在寻找平面的极限，个人在寻找立体的极限。社会在寻找立体的极限，个人在寻找平面的极限。社会没有达到极限不会停止，个人没有达到极限不会停步。社会的包容在逐步减少，个人的耐心在逐步减少。微小的事件会引发社会问题，微小的言行会引发个人问题。社会进入焦躁不安的状态，个人进入焦虑不安的状态。社会担心名利的丢失，个人担心功利的丢失。社会担心名利的威胁，个人担心功利的威胁。社会必须与个人保持距离，个人必须与社会保持距离。社会距离产生原则，个人距离产生道德。社会必须向个人反省，个人必须向道德反省。社会必须是远距离传导，个人必须是远距离传送。社会必须是自我发展，个人必须是自我完善。社会不一定主导个人，个人不一定主导社会。社会对个人必须是理性的主导，个人对社会必须是理智的主导。社会缩短个人距离会失去理性，个人缩短社会距离会失去理智。社会必须是异体传导，个人必须是异体传送。二元结构不能变成一元结构，两个主体不能变成一个主体。社会在权力面前必须保持高贵，个人在利益面前必须保持高尚。社会病毒不能感染个人，个人病毒不能感染社会。社会应该吸收个人的优点，个人应该吸收社会的优点。社会缺点不能在个人当中放大，个人缺点不能在社会当中放大。高度融合是缺点的繁殖，高度超导是缺陷的繁殖。社会的优越性在于屏蔽个人缺陷，个人的优越性在于屏蔽社会缺陷。社会没有优劣，屏蔽个人就是优劣。个人没有优劣，屏蔽本能就是优劣。社会缺陷让个人失望，个人缺陷让社会失望。社会失望会抨击个人，个人失望会抨击社会。社会抨击让个人怀疑，个人抨击让社会怀疑。社会不可能与个人和谐，个人不可能与社会和睦。社会必须调整自己的结构，个人必须调整自己的定位。社会结构是相对的独立，个人结构是相对的自主。社会不能改变个人结构，个人不能改变社会结构。社会不能因为名利过度兴奋，个人不能因为功利过度兴奋。

十二、人性的判别

　　人性是自我判别，也是相互判别。社会是自我标志，也是相互标志。个人是合理的存在，应该体现在社会当中，社会是合理的存在，应该体现在个人当中。个人是自我认知，必须借用社会标准。社会是相互认知，必须借用个人标准。

　　关于判别的主体。个人是判别的主体，社会是判别的主体。个人是道德判别，社会是原则判别。个人是道德决定的主体，社会是原则决定的主体。个人首先是自我判别，然后是相互判别。社会首先是相互判别，然后是自我判别。个人判别自我价值，社会判别相互价值。自我判别相互疑问，相互判别社会疑问。个人疑问是自我否定，社会疑问是相互否定。个人保持道德警觉，社会保持原则警觉。个人不会轻易相信别人，社会不会轻易相信个人。有好人就有坏人，有善良就有邪恶。个人善恶必须依靠实践和时间的检验，社会好坏必须依靠时间和实践的考验。个人邪恶社会可以防范，社会邪恶个人很难防范。个人行为是有限的，社会行为是无限的。个人判别是有限的，社会判别是无限的。个人丧失人性就是动物，社会丧失人性就是动物群体。解释个人的合理性必须使用人性，解释社会的合理性必须依据人性。人性是认识个人的平台，也是认识社会的平台。个人没有理性不可能深刻，社会没有理性不可能全面。动物主体是动物的结论，人类主体是人性的结论。个人需要自我鉴定也需要相互鉴定，社会需要相互结论也需要自我结论。个人定位不能过低，社会定位不能过高。个人对社会的认识会发生顺向偏差，社会对个人的认识会发生逆向偏差。对个人定位往往是低级的，对社会定位往往是高级的。个人判别依据高级对象，社会判别依据低级对象。个人判别会高估自己而低估别人，社会判别会高估自己而低估个人。个人对社会产生不满，社会对个人产生不满。个人不满是自我与社会的理想化，社会不满是标准与行为的理想化。个人对社会产生歪曲的理解，社会对个人产生歪曲的理解。个人歪曲是以恶制恶，社会歪曲是以暴易暴。个人文明没有社会基础，社会文明没有个人基础。个人要建立文明必须正确对待社会，社会要建立文明必须正确对待个人。个人是社会底线，社会是个人底线。个人是道德底线，社会是规则底线。个人具有道德不会触犯法律，社会健全法制不会触犯个人。个人是道德主体会相互包容，社会是法制主体会相互尊重。个人在社会中不能失控，社会在个人中不能失控。道德和法律是个人的基本要求，监督和约束是社会的基本要求。个人不能赤裸裸的面对，社会不能赤裸裸的面向。个人不能再回归动物，社会不能再回归野蛮。遵守道德是个人文明，遵守规则是社会文明。个人是道德性而不是动物性，社会是原则性而不是野蛮性。个人判别确立道德地位，社会判别确立原则地位。道德让个人成为主体，原则让社会成为主体。道德判别社会就是公正，原则判别个人就是公平。个人具有道德才能公正，社会具有原则才能公平。个人是道德标准，社会是原则标准。个人是道德秩序，社会是原则秩序。个人之间必须进行道德对话，社会之间必须进行原则对话。个人对话是道德感应，社会对话是原则感应。利益可以用精神沟通，原则可以用道德沟通。低层次交流需要物质铺垫，高层次交流需要精神铺垫。道德决定个人存在，原则决定社会存在。个人是精神的成立，也是精神的失败。社会是原则的成立，也是原则的失败。

关于判别的标准。社会判别有自我和个人标准，个人判别有自我和社会标准。社会首先依据权力进行判别，然后依据原则进行判别。个人首先依据利益进行判别，然后依据道德进行判别。社会在原则上并不复杂，权力复杂了原则。个人在道德上并不复杂，利益复杂了道德。社会标准会模糊权力和原则的界限，个人标准会模糊利益和道德的界限。社会总以为权力就是标准，个人总以为利益就是标准。社会没有纯洁的原则很难判断个人，个人没有纯洁的道德很难判断社会。社会判别只有权力价值没有个人价值，个人判别只有利益价值没有社会价值。社会标准越来越狭隘，个人标准越来越狭义。社会判别只是为了巩固权力的地位，个人判别只是为了巩固利益的地位。权力判别让个人走向狭隘，利益判别让社会走向狭义。规则只是说明权力的合理性，道德只是说明利益的合理性。社会强调原则只是突出权力作用，个人强调道德只是突出利益作用。社会完全走向权力不可能维持，个人完全走向利益不可能维持。社会原则既要照顾到权力要求，也要照顾到个人要求。个人道德既要照顾到利益需求，也要照顾到社会需求。社会原则是自我也是个人衡量，个人道德是自我也是社会衡量。社会的基本价值是遵守规则，超出价值是践行规则。个人的基本价值是遵守道德，超出价值是践行道德。社会原则是对个人的付出，个人道德是对社会的付出。社会受名利的驱使很难遵守规则，个人受功利驱使很难遵守道德。社会必须有加固规则的刚性体制，个人必须有加固道德的刚性原则。社会体制是个人空间，个人体制是社会空间。社会标准不能被权力置换，个人标准不能被利益置换。社会首先置换权力，然后置换个人。个人首先置换道德，然后置换原则。社会置换从道义群体走向名利群体，个人置换是从自然动物走向社会动物。规则不过是初始概念，发展可能不需要规则。道德原本是生存概念，发展可能不需要道德。社会在名利条件下已经不需要规则，个人在社会条件下已经不需要道德。社会不进入名利没有办法生存发展，进入名利必然面临规则的严峻考验。个人不进入社会没有办法生存和发展，进入社会必然面临道德的严峻考验。对社会进行规则斥责起不到实质作用，对个人进行道德斥责起不到实际作用。丧失规则并不完全是社会原因，丧失道德并不完全是个人原因。社会坚持原则不一定得到世界的眷顾，个人坚守道德不一定得到社会的青睐。打开原则的缺口让个人进入，打开道德的缺口让社会进入。进入社会必须以道德作为筹码，进入个人必须以原则作为筹码。社会给个人回报功利，个人给社会回报名利。规则坚守被个人所摧毁，道德坚守被社会所摧毁。社会是名利的道场，个人是功利的神仙。名利埋没了公平正义，功利埋没了圣人君子。社会不需要承担道义的责任，个人不需要承担道德的责任。社会没有规则是道德崩溃，个人没有道德是原则崩溃。社会失去原则的惯性，个人失去道德的惯性。社会标准倾斜把个人打造成锐角，个人标准倾斜把社会打造成死角。社会标准时刻经受着个人挑战，个人标准时刻经受社会考验。社会挑战是规则的破坏，个人考验是道德的破坏。名利产生了社会周期，功利产生了个人周期。从好到坏是社会周期，从善到恶是个人周期。社会应该参照个人道德确定自己的标准，个人应该参照社会原则确定自己的标准。

关于判别的过程。个人是判别的过程，社会是判别的过程。个人判别转化为社会过程，社会判别转化为个人过程。个人在等待社会宣判，社会在等待个人宣判。历史在等待现实宣判，现实在等待历史宣判。个人总以为自己是正确的，会陷入道德自信。社会总以为自己是正确的，会陷入道义自信。道德自信会对社会无端指责，道义自信会对个人无端指责。个人指责让社会走向极端，社会指责让个人走向极端。个人不可能是完全正确的，必须借助社会评价。社会不可能是完全正确的，必须借助个人评价。个人判别必须参照社会标准，社会判别必须参照个人标准。个人原则是社会坐标，社会原则是个人坐标。个人判别真假对错，社会判别美丑善恶。真假对错源于本能，美丑善恶源于名利。个人想什么就会做什么，社会做什么就会想什么。个人通过表象掩盖本能，社会通过表象掩盖本性。个人本能社会难以了解，社会本性个人难以了解。个人必须揣摩社会心理，社会必须揣摩个人心理。个人通过整体表现部分，社会通过部分表现整体。个人需要结果掩盖过程，社会需要过程掩盖结果。个人是动态的掩饰，社会是动态的掩盖。个人在自我状态下无所谓好坏，社会改变了个人性质。社会在自我状态下无所谓好坏，个人改变了社会性质。个人变化是功利的改造，社会变化是名利的改造。功利延长了个人却缩短了社会过程，名利延长了社会却缩短了个人过程。个人没有功利是完美的，社会没有名利是完美的。功利让个人不完美，名利让社会不完美。个人很难在功利之外再构建一个道德世界，社会很难在名利之外再构建一个道义世界。个人高尚不在于功利而在于道德，社会高贵不在于名利而在于道义。个人属性被功利和欲望所阉割，社会属性被名利和个人所阉割。个人阉割没有真假对错，社会阉割没有美丑善恶。个人缺陷是心灵的扭曲，社会缺陷是现实的扭曲。个人扭曲会延伸到社会，社会扭曲会延伸到个人。个人反复扭曲形成社会螺纹，社会反复扭曲形成个人螺纹。个人用凹凸驱动社会，社会用凹凸驱动个人。个人糙面需要社会润滑，社会糙面需要个人润滑。个人润滑需要社会虚假，社会润滑需要个人虚假。个人的真实意图不可能表现出来，社会的真实面貌不可能暴露出来。个人用虚假掩盖功利，社会用虚假掩盖名利。个人不掩盖是社会争斗，社会不掩盖是个人争斗。阳光的一面会展现给别人，阴暗的一面会展示给自己。个人不虚假就不是个人，社会不虚假就不是社会。真实的个人就是虚假，真实的社会就是虚假。个人不是要不要虚假而是多少的问题，社会不是要不要虚假而是大小的问题。个人可以使用但不可以利用，社会可以利用但不可以使用。邪恶的使用比邪恶更可怕，邪恶的利用比邪恶更可恨。个人使用是功利的需要，社会使用是名利的需要。个人虚假会形成惯性，社会虚假会形成惯例。个人虚假失去道德判断，社会虚假失去道义判断。个人虚假有不可告人的目的，社会虚假有不可见人的意图。个人虚假失去反省的能力，社会虚假失去反省的功能。个人面向虚假不可能反省，社会面向虚假不可能反思。个人虚假必定遭到社会的批判，社会虚假必定遭到个人的批判。个人批判是社会的进步，社会批判是个人的进步。个人不反省是社会的堕落，社会不反省是个人的堕落。国家不反省是民族的堕落，民族不反省是国家的堕落。

关于判别的结果。社会是判别的结果，个人是判别的结果。社会判别会作用于个人，个人判别会作用于社会。社会判别会产生个人泡沫，个人判别会产生社会泡沫。社会泡沫会影响个人判断，个人泡沫会影响社会判断。个人泡沫是社会营养，社会泡沫是个人营养。社会是制造虚假的过程，个人是制造虚假的结果。社会文明有虚假的繁荣，个人文明有虚假的繁盛。社会虚假麻痹了个人，个人虚假麻痹了社会。社会是去伪存真的过程，个人是去粗取精的过程。社会去掉名利会还原真实，个人去掉功利会还原真诚。社会是名利的沉重，个人是功利的沉重。社会是名利的虚假，个人是功利的虚伪。进入名利社会并不轻松，进入功利个人并不轻松。社会挂满名利的果实，个人挂满功利的果实。名利是得失的判断，功利是取舍的判断。社会有名利不可能是纯粹的精神，个人有功利不可能是纯粹的道德。社会建立规则是为了维护名利的秩序，个人建立道德是为了维护功利的秩序。社会文明是名利的合理分配，个人文明是功利的合理分配。社会占有名利不可能分配，个人占有功利不可能分配。社会必须从名利移位到个人，个人必须从功利移位到精神。社会原则应该是维护个人，个人原则应该是维护精神。社会如果维护名利，个人不可能维护社会。个人如果维护功利，社会不可能维护个人。社会规则偏向名利，个人规则偏向功利。社会不应该是名利的代言人，个人不应该是功利的代言人。扭曲规则对社会没有意义，扭曲道德对个人没有意义。规则要发挥作用必须摆脱名利，道德要发挥作用必须摆脱功利。社会不可能摆脱名利，衡量标准都是相对的。个人不可能摆脱功利，衡量结果都是相对的。社会强调规则是为名利寻找借口，个人强调道德是为功利寻找借口。社会文明是名利的相对性，个人文明是功利的相对性。社会在寻找规则的相对性，个人在寻找道德的相对性。名利决定了社会的动态性，功利决定了个人的动态性。名利驱动社会，社会就要改变规则。功利驱动个人，个人就要改变道德。社会感受物质的压力，个人感受精神的压力。社会没有精神的温馨，个人没有道德的温存。社会听从名利的召唤，个人听从功利的召唤。社会在名利前面没有原则，个人在功利前面没有道德。社会是名利的拷问，个人是功利的拷问。名利拷问规则，功利拷问道德。名利可以建立规则，也可以破坏规则。功利可以依靠道德，也可以脱离道德。社会继承规则，是因为继承了名利。个人继承道德，是因为继承了功利。社会发展必须调整名利，个人发展必须调整功利。规则的完善是名利的推动，道德的完善是功利的推动。名利限制了社会的自由，功利限制了个人的自由。社会规则必须摆脱名利的羁绊，个人道德必须摆脱功利的羁绊。社会必须规范名利的流动，个人必须规范功利的流动。名利的流动必须有社会渠道，功利的流动必须有个人渠道。社会建立规则是防止个人投机，个人建立道德是防止社会投机。规则的真空地带让个人投机，道德的真空地带让社会投机。社会在建立规则的时候必须重塑道德，个人在建立道德的时候必须重塑规则。社会规则是个人的标准，个人道德是社会的标准。社会判别必须回归道德，个人判别必须回归规则。道德是社会的最高标准，规则是个人的最高标准。面向个人才能建立社会道德，面向社会才能建立个人规则。

十三、人性的错位

人性是自我定位，也是社会错位。社会是自我定位，也是名利错位。个人错位是社会作用，社会错位是名利作用。个人错位产生社会问题，社会错位产生个人问题。精神错位产生现实问题，现实错位产生历史问题。

关于个人的错位。个人都是普通的，社会都是普通的。个人错位让社会高大，社会错位让个人高大。个人高大是社会地位，社会高大是个人地位。个人不仅希望错位，而且希望高度错位。社会不仅希望错位，而且希望彻底错位。个人错位可以占有社会名利，社会错位可以占有个人功利。个人不与权力结合不可能拥有权力，不与利益结合不可能拥有利益。社会不与个人结合不可能产生权力，不与需求结合不可能产生利益。个人有高贵的诉求，也有富贵的梦想。高贵是拥有权力，富贵是拥有利益。一个人不可能拥有权力，必须在社会中实现。一个人不可能拥有利益，必须在社会中实现。社会不仅寄托个人梦想，也是地位和财富的希望。个人祈求似乎是合理的，其实并不不合理。社会容纳量非常有限，不可能为每个人提供同样的机遇和条件。祈求的人越多，社会矛盾越多。得到的人越多，失去的人更多。多数人希望在社会中获益，其实获益的只是少数人。个人错位不仅失去了自己，而且放弃了许多权利。个人是社会主体，但主体并不存在。个人是社会判断，但判断并不存在。个人似乎在利用社会，其实被社会所利用。个人思维就是社会思维，行为就是社会行为。个人似乎是独立的，其实是社会的代言人。个人错位让少数人得到实惠，也让多数人产生了幻觉。个人总想代替社会，总想用自己的理想改造社会。其实任何人都代替不了社会，也改造不了社会。个人之所以连续犯错误，是没有社会参照。社会之所以连续犯错误，是没有个人参照。个人一旦有条件会把自己幻化成社会，社会一旦有条件会把自己幻化成神灵。个人幻化是社会错觉，社会幻化是个人错觉。个人似乎有无限责任，具体责任很难落实。社会似乎有无限责任，具体责任并不落实。个人要救社会于危难之中，社会要救个人于水火之中。其实社会根本不需要个人拯救，个人根本不需要社会拯救。个人尽到义务，社会就能减轻负担。社会尽到义务，个人就能减轻负担。个人没有必要虚构自己的能力，社会没有必要虚构自己的能量。个人没有必要树立自己的形象，社会没有必要树立自己的权威。如果个人是独立的，就应该尽力发挥个人的作用。如果社会是独立的，就应该尽力发挥社会的作用。个人没有必要给社会强加内容，社会没有必要给个人强加内容。只要个人能够发挥作用，社会不可能忽视。只要社会能够发挥作用，个人不可能忽视。个人唯恐渺小会极力放大，社会唯恐缩小会极力扩大。个人放大是想取代社会，社会放大是想取代个人。个人取代是放大社会缺陷，社会取代是放大个人缺陷。个人本来就存在很多问题，又附加了很多社会问题。社会本来就存在很多问题，又附加了很多个人问题。个人有问题不可能拯救社会，社会有问题不可能拯救个人。个人错位产生新的社会问题，社会错位产生新的个人问题。个人问题在社会当中积累，社会问题在个人当中积累。个人问题在社会当中发酵，社会问题在个人当中发酵。个人矛盾加剧社会纷争，社会矛盾加剧个人纷争。个人错位产生系列社会问题，社会错位产生系列个人问题。个人问题需要社会负责，社会问题需要个人负责。

关于社会的错位。社会希望错位，个人更希望错位。社会需要错位，个人更需要错位。没有社会错位不可能成就个人，没有个人错位不可能成就社会。社会是错位的产物，个人是错位的产品。权力是错位的产物，利益是错位的产品。社会错位产生了权力，个人错位产生了利益。社会想尽快错位，以便获得更大的权力。个人想尽快错位，以便获得更多的利益。社会既想获得权力又不想受到约束，个人既想获得利益又不想受到约束。社会已经错位，权力不可能受到约束。个人已经错位，利益不可能受到约束。社会希望错位，这是权力的同化过程。个人希望错位，这是利益的同化过程。社会必须加快个人置换，个人必须加快社会置换。社会置换为个人带来丰厚的利益，个人置换为社会带来丰盛的权力。社会有错位的积极性，个人有错位的主动性。社会的积极性在于通过权力获取利益，个人的主动性在于通过利益获得权力。社会拥有权力又不想为权力负责，个人拥有利益又不想为利益负责。社会出现问题可以推卸给个人，个人出现问题可以推卸给社会。权力出现问题可以推卸给利益，利益出现问题可以推卸给权力。社会要惩罚个人，自己又给个人作掩护。个人要惩罚社会，自己又给社会作掩护。获益者可以不支付成本，破坏者可以不支付代价。社会既是运动员也是裁判员，个人既是裁判员也是运动员。社会错位有着明确的个人目的，个人错位有着明确的社会目的。社会目的就是获得更多的权力而逃避应有的责任，个人目的就是获得更多的利益而逃避应尽的义务。社会利用个人缺点构筑自己的高地，个人利用社会弱点构筑自己的高墙。社会用弱点与个人错位，个人用缺点与社会错位。社会弱点让个人得到实惠，个人缺点让社会得到实惠。社会不可能与个人正面对接，个人不可能与社会正面交锋。社会必须迎合个人需要，个人必须迎合社会需要。社会必须在名利当中寻找感觉，个人必须在功利当中寻找感觉。社会感觉是名利的漂浮，个人感觉是功利是漂浮。社会攫取名利必须让个人支付代价，个人攫取功利必须让社会支付代价。社会代价就是为既得利益服务，个人代价就是为利益集团服务。社会服务制造高低贵贱，个人服务制造贫穷富有。社会时刻会丧失权力，个人时刻会丧失利益。社会不断用名利发动个人，个人不断用功利发动社会。社会发动让个人加速，个人发动让社会加速。社会加速需要个人能量，个人加速需要社会能量。社会能量是个人添加，个人能量是社会添加。社会错位是从低级到高级的过程，个人错位是从简单到复杂的过程。社会错位不会顾及原则，个人错位不会顾及道德。社会放弃原则会激活个人能量，个人放弃道德会激活社会能量。社会通过权力回收利益，个人通过利益回收权力。社会在权力层面上高度一致，个人在利益层面上高度一致。社会的兴奋点调动个人情绪，个人的兴奋点调动社会情绪。社会有个人的支持会肆无忌惮，个人有社会的支持会为所欲为。社会不需要制度，个人不需要道德。社会只需要制度的装点，个人只需要道德的门面。社会勉强离开个人又尽快结合，个人勉强离开社会又尽快亲和。社会错位失去监督，个人错位失去约束。社会能量越来越大，个人能力越来越强。社会是个人的寄生虫，个人是社会的寄生虫。社会是个人的病毒，个人是社会的病毒。社会被个人所毁灭，个人被社会所毁灭。

关于过程的错位。个人需要社会过程，社会需要个人过程。个人错位需要社会推动，社会错位需要个人推动。个人现象是社会错位造成的，社会现象是个人错位造成的。失去个人错位，大部分社会现象就要消解。失去社会错位，大部分个人现象就要瓦解。个人错位让社会制造了许多人造产品，社会错位让个人产生了许多人造功能。个人错位改变了社会初衷，社会错位改变了个人初衷。个人本来不需要利益，社会强加了利益。社会本来不需要权力，个人强加了权力。个人拥有利益和权力却没有对等的素质，社会拥有权力和利益却没有对等的责任。个人可以向社会无限索取，社会可以向个人无限索取。个人索取是私有化的过程，社会索取是私利化的过程。个人持续错位是利益作祟，社会持续错位是权力作祟。个人高度错位可以达到权力的融通，社会高度错位可以达到利益的融通。个人错位产生了社会错误，社会错位产生了个人错误。个人错误就是利益不受约束，社会错误就是权力不受约束。个人不可能考虑社会责任，社会不可能考虑个人责任。个人错位让社会蜕变，社会错位让个人蜕变。个人蜕变是背叛道德，社会蜕变是背叛道义。个人不能放弃利益必然放弃道德，社会不能放弃权力必然放弃道义。个人总想接近利益，在社会的灰色地带越走越远。社会总想接近权力，在个人的灰色空间越走越远。个人首先背叛自己，然后背叛社会。社会首先背叛自己，然后背叛个人。个人背叛是社会的朋友也是敌人，社会背叛是个人的朋友也是敌人。个人错位导致社会集中，社会错位导致个人集中。个人集中是利益的崇拜，社会集中是权力的崇拜。个人崇拜创造英雄，社会崇拜创造神灵。个人有多少时间的集中，就有多少时间的分解。社会有多长时间的集中，就有多长时间的退出。历史走过多远的路，现实就要走过多远的路。个人已经习惯社会模式，社会已经习惯个人模式。个人建立习惯并不容易，社会改变习惯并不容易。个人秩序是社会习惯，社会秩序是个人习惯。个人惯性是社会运行，社会习惯是个人运行。个人对高度集中已经习惯，过度分解不一定习惯。社会对高度集中已经认可，过度分散不一定认可。利益秩序不容易改变，权力秩序不容易改变。个人集中并没有结束，社会集中并没有结束。个人贫穷需要利益集中，社会落后需要权力集中。集中利益会产生社会矛盾，集中权力会产生个人矛盾。个人矛盾需要社会消化，社会矛盾需要个人消化。个人看起来是建立公平，其实是建立新的不公平。社会看起来是建立公正，其实是建立新的不公正。个人追求利益就会带来利益的烦恼，社会追求权力就会产生权力的麻烦。个人是利益的受益者也是受害者，社会是权力的受益者也是受害者。个人爆发矛盾主要是针对利益，社会爆发矛盾主要是针对权力。利益不可能公平，权力不可能公正。个人走向利益的两极分化，社会走向权力的两极分化。个人最终被利益压垮，社会最终被权力压垮。个人能够暂时维持利益的平衡就不会倒台，社会能够暂时维持权力的平衡就不会垮台。个人不可能坚持下去，社会不可能维持下去。只要有个人错位，社会时刻面临危险。只要有社会错位，个人时刻面临危险。个人危险是社会的临界点，社会危险是个人的临界点。个人为社会设下权力陷阱，社会为个人设下利益陷阱。个人必然踏进社会陷阱，社会必然踏进个人陷阱。

关于结果的错位。社会错位带来个人差别，个人错位带来社会差别。社会差别带来个人善恶，个人差别带来社会善恶。社会善良不需要个人，个人善良不需要社会。社会作恶需要借助个人，个人作恶需要借助社会。社会自身不产生邪恶，个人差别产生了邪恶。个人自身不产生邪恶，社会差别产生了邪恶。社会不可能消除差别，也不可能消除邪恶。个人不可能消除差别，也不可能消除邪恶。有权力的差别就有权力的邪恶，有利益的差别就有利益的邪恶。有意识的差别就有意识的邪恶，有行为的差别就有行为的邪恶。社会不可能放弃权力，个人不可能放弃利益。社会邪恶反映在个人当中，个人邪恶反映在社会当中。社会集中权力必然引起个人不平，个人集中利益必然引起社会不平。善恶就是得失，得失就是不平。不平就是报复，报复就是善恶。人类在原始状态下没有善恶，在社会状态下才有善恶。原始状态只是行为区分，社会状态才是意识区分。动物是社会分类，社会是动物分类。社会对个人的区分陷入理论悖论，个人对社会的区分陷入原则悖论。社会想充当上帝名利并不答应，个人想充当天使功利并不答应。社会放大名利需要个人垫付，个人放大功利需要社会垫付。社会是高山，个人就是峡谷。个人是高山，社会就是峡谷。善良是凸起，邪恶就是塌陷。邪恶是凸起，善良就是塌陷。美丑善恶是互生的内容也是对比概念，真假对错是对比的内容也是互生概念。只要社会还能制造差别，善恶会不断产生。只要个人还想制造差别，善恶会不断出现。社会不与个人分离，善恶永远是孪生子。个人不与社会不分离，好坏永远是亲兄弟。因为社会一再错位，带来了个人的真假对错。因为个人一再错位，带来了社会的美丑善恶。社会错位突显了个人问题，个人错位突显了社会问题。社会不仅与个人错位，与自然也在错位。个人不仅与社会错位，与自我也在错位。个人错位是为了权力，自然错位是为了利益。权力让个人恐惧，财富让自然恐惧。个人必须崩溃，这是权力的需要。自然必须崩溃，这是财富的需要。社会虽然建立了权力，但权力并不属于社会。个人虽然建立了利益，但利益并不属于个人。社会错位代替个人功能，个人错位代替社会功能。社会具有生理功能，个人具有生物功能。社会疾病蔓延到个人，个人疾病蔓延到社会。社会产生了生理疾病，个人产生了生物疾病。社会为了掩盖问题需要制造光辉，个人为了掩盖问题需要制造光环。社会为了不暴露问题会埋藏在个人当中，个人为了不暴露问题会埋藏在社会当中。社会可以扮演道德角色，个人可以扮演道义角色。社会可以扮演上帝，个人可以扮演牧师。一个人就是一个社会，一个社会就是一个人。社会已经不能自主，个人已经不能自立。社会必须听从个人意志，个人必须听从社会意志。社会给个人重新分工，个人给社会重新定位。社会分工就是名利的个人，个人定位就是功利的社会。社会只有恶性循环才能找到个人，个人只有恶性循环才能找到社会。社会是个人的循环渠道，个人是社会的循环渠道。社会循环剥夺个人尊严，个人循环剥夺社会尊严。社会尊严是个人的伤痕，个人尊严是社会的伤痕。社会需要维护个人关系，个人需要维护社会关系。社会关系是个人的补丁，个人关系是社会的补丁。社会越来越累，个人越来越烦。社会越来越忙，个人越来越闲。

十四、人性的虚假

人性是真实也是虚假的，社会是真实也是虚假的。个人现象是真真假假，社会现象是虚虚实实。自我判断可能真实，相互判断可能虚假。个人不可能消除虚假，社会不可能消除虚假。没有个人虚假社会不可能存在，没有社会虚假个人不可能存在。

关于虚假的前提。个人是独立的存在，无所谓真假。社会是独立的存在，无所谓真假。个人走向社会产生真假，社会走向公众产生虚实。真假是个人不可回避的问题，虚实是社会不可回避的问题。个人相互对接会产生真假，社会相互连接会产生虚实。没有真假个人不可能生存，没有虚实社会不可能发展。真假是个人的需要，虚实是社会的需要。人类进化产生了真假，社会发展推动了虚实。个人真假是意识的作用，社会虚实是现实的作用。个人有缺陷就有意识的真假，社会有缺陷就有现实的虚实。个人是意识的重合与分离，社会是现实的重合与分离。真实是对称产生，虚假是偏离产生。个人与社会并不对称，这就是个人虚假。社会与个人并不对称，这就是社会虚假。精神与现实并不对称，这就是精神虚假。现实与精神并不对称，这就是现实虚假。个人虚假无时不在，社会虚假无处不有。虚假是个人的基本成分，也是社会的基本内容。个人的外部延伸必须面对虚假，社会的外部扩展必须面对虚假。个人有自我虚假的需求，社会有相互虚假的需求。个人必须有面对虚假的心理准备，社会必须有面对虚假的精神准备。个人是真实与虚假的双重互动，社会是真实与虚假的双重推动。真实的互动有真实的结果，虚假的推动有虚假的结果。个人的前提是生存，相互生存必须借用虚假。社会的前提是发展，相互发展必须借用虚假。个人借用是间断性的，社会借用是连续性的。虚假是客观存在，没有办法衡量个人的对错。虚假是必要存在，没有办法衡量社会的对错。个人面对自己可能是真实的，面对社会可能是虚假的。社会面对自己可能是真实的，面对公众可能是虚假的。真实的个人无法了解，只能通过虚假的现象予以猜测。真实的社会无法了解，只能通过虚假的现象予以推测。个人的虚假可能是为了保护自己,社会的虚假可能是为了维护自己。个人保护是虚假的互动,社会维护是虚假的推动。个人虚假是相互防范,社会虚假是相互防备。个人防范是行为的虚假,社会防备是行动的虚假。个人必须有使用虚假的能力,社会必须有制造虚假的能力。个人使用是小范围的虚假,社会使用是大范围的虚假。个人必须在社会层面使用虚假,社会必须在世界层面使用虚假。个人没有能力改变社会,社会没有能力改变世界。个人使用虚假是社会环境的逼迫,社会使用虚假是世界环境的逼迫。个人可以为社会创造虚假的条件,社会可以为个人创造虚假的条件。个人在制造社会虚假,社会在制造个人虚假。个人在利用社会虚假,社会在利用个人虚假。个人不能让社会失望,必须是虚假的对接。社会不能让个人失望,必须是虚假的对接。个人制造虚假是为了掩盖行为的真相,社会制造虚假是为了掩盖事实的真相。个人为了利益必须用假象作掩护,社会为了权力必须用假象作掩护。个人不可能放弃核心利益,社会不可能放弃核心价值。个人不可能改变利益判断,社会不可能改变价值判断。个人背叛社会是为了利益,社会背叛个人是为了权力。个人在利益面前需要重新组装,社会在权力面前需要重新组装。个人组装需要虚假属性,社会组装需要虚假属性。

关于虚假的过程。个人走向虚假是必然的社会过程,社会走向虚假是必然的历史过程。个人虚假是社会原则的丧失,社会虚假是个人原则的丧失。批判个人没有社会意义,批判社会没有个人意义。个人不可能逃避社会环境,社会不可能逃避个人环境。个人的共同虚假就是社会环境,社会的共同虚假就是个人环境。个人走向社会是迎接虚假,社会走向个人是承接虚假。个人没有虚假会被环境淘汰,社会没有虚假会被历史淘汰。个人是环境的逆淘汰,真实是虚假的逆淘汰。个人虚假是社会的互换过程,社会虚假是个人的互换过程。个人与社会重叠是虚假的阴影,社会与人重叠是虚假的阴暗。个人的虚假会注入社会,社会的虚假会注入个人。个人必须隐瞒真实扩大虚假,社会必须隐瞒真相扩大虚假。个人的真实意图不能暴露出来。社会的真实目的不能暴露出来。个人的假象是掩盖隐私,社会的假象是掩盖隐情。个人有身体的隐私,也有利益的隐私。社会有群体的隐情，也有名利的隐情。个人有难言之隐，社会有难言之意。个人的心理困惑不能公开，社会的原则困惑不能公开。个人必须隐藏起来，社会必须隐蔽下去。个人总有不便公开的需求，社会总有不能公开的利益。个人必须做出相应的改变，社会必须做出相应的改观。个人是精神与现实的两面性，社会是原则与现实的两面性。个人有真实就有虚假，社会有原则就有随意。个人对真实与虚假是清楚的，社会对原则与破坏是清楚的。个人虚假是故意的表现，社会虚假是故意的表演。感知到真实才会表现虚假，认识到真实才会表演虚假。个人是虚假的自我博弈，社会是虚假的相互博弈。个人博弈是精神的痛苦，社会博弈是原则的痛苦。个人痛苦是虚假的压力，社会痛苦是虚假的压抑。个人痛苦是自我反省，社会痛苦是相互反省。个人必须对社会做出选择，社会必须对个人做出选择。个人虚假是社会增量的过程，社会虚假是个人增量的过程。个人对社会必须限量使用，社会对个人必须限量使用。个人过量是道德的损害，社会过量是原则的损害。丧失道德个人不会反省，丧失原则社会不会反省。个人不反省是道德的堕落，社会不反省是原则的堕落。个人在社会中必须是复式表现，社会在个人中必须是复式展现。完全真实的个人社会不可能接受，完全虚假的社会个人不可能接受。真实的个人必须伴虚假，虚假的社会必须伴真实。个人是真真假假，社会是虚虚实实。纯粹的个人并不存在，纯粹的社会并不存在。面对真实不一定高兴，可能还掩藏着更多的虚假。面对虚假不一定悲伤，可能还表现着一定的真实。真实与虚假是对立的存在，也是相互伴生的过程。虚假净化了真实，真实净化了虚假。个人是净化的过程，社会是净化的过程。个人激活社会必然产生泡沫，社会激活个人必然产生泡沫。个人泡沫抛洒在社会当中，社会泡沫抛洒在个人当中。个人不一定为虚假负责，社会不一定为虚假担当。虚假是个人的基因，也是社会的基因。个人没有办法清除虚假，社会没有办法清除虚假。真实的个人社会不一定允许，真实的社会个人不一定允许。个人是虚假的堆积，社会是虚假的堆砌。个人虚假迎合了社会的需要，社会虚假迎合了个人需要。让变化的个人固定下来是不可能的，让变化的社会固定下来是不可能的。把所有的虚假都清除，真实比虚假更可怕。把所有的真实都展现，虚假比真实更可爱。

　　关于虚假的发展。社会发展会伴随虚假，个人发展会伴随虚假。社会虚假是个人延伸，个人虚假是社会延伸。社会必须生活在个人当中，有需求就有虚假。个人必须生活在社会当中，有环境就有虚假。社会产生虚假会在个人中发酵，个人产生虚假会在社会中发酵。社会反对虚假但离不开虚假，个人反对虚假也离不开虚假。社会本质没有改变，适当的虚假可以理解。个人本质没有改变，适量的虚假无可厚非。虚假不属于哪一个人，而是属于所有的人。不属于哪一个社会，而是属于所有的社会。人类进化产生了虚假，发展利用了虚假。社会产生伴随了虚假，发展扩大了虚假。个人有差异就有虚假，社会有差别就有虚假。个人差异可以用虚假掩盖，社会差别可以用虚假掩饰。现实的差别可以用精神掩盖，精神的差别可以用现实掩盖。个人构成有差别但精神不能有差别，社会构成有差别但原则不能有差别。个人使用虚假是掩盖自身的差别，社会使用虚假是掩盖群体的差别。个人没有办法完全做到真诚，社会没有办法完全做到真实。虚假是真实的影子，真实是虚假的伴侣。对于个人不能理想化，对于社会不能理想化。精神操作比较容易，现实操作比较困难。理论上可以把个人理想化，现实中不可能理想化。理论上可以把社会理想化，现实中不可能理想化。个人差别是行为的假象，社会差别是说教的假象。个人发展是脱离本质的过程，社会发展是背离本质的过程。个人的理解与操作并不匹配，社会的现实与标准并不吻合。虚假是合理的现象但不是合理的存在，是合理的解释但不是合理的逻辑。理论上鼓励真善美，现实当中很难做得到。理论上阻止假丑恶，现实当中很难做得到。表现虚假可能比真实更容易些，表现粗俗可能比优雅更容易些。个人必须以自我为中心，社会必须以现实为中心。自我收缩是真实的，自我放大是虚假的。个人对社会采取实用主义，社会对个人采取实用主义。个人的实用主义就是利益，社会的实用主义就是名利。个人服从利益而不会服从精神，社会服从名利而不会服从原则。有高尚就有低俗，有理想就有现实。对个人不能全盘否定，对社会不能全盘肯定。个人为了功利会弄虚作假，社会为了名利会弄虚作假。个人是利益的表演舞台，社会是权力的表演舞台。个人是小舞台，适合自己表演。社会是大舞台，适合群体表演。个人在演义社会内容，表现社会角色。社会在演义个人内容，表现个人角色。个人虚假是社会错位，社会虚假是个人错位。个人被社会所操控，社会被名利所操控。个人的操作系统与社会并不对称，社会的操作系统与个人并不对称。个人有笑容也有阴暗，社会有阳光也有黑暗。个人是立体存在就会有阴影，社会是立体存在就会有阴暗。表演的手法是为了回避阴影，表现的形式是为了掩盖阴暗。阳光下的存在边界都是清楚的，黑暗中的存在边界都是模糊的。在一个世界可以公开的事情，到另一个世界绝对不能公开。个人在自我面前是真实的，在社会面前是虚假的。社会在自我面前是真实的，在公众面前是虚假的。个人需要面子的维护，社会需要面子的养护。戳穿个人面子产生自我尴尬，戳穿社会面子产生相互尴尬。个人维护面子不会孤注一掷，社会维护面子会有所顾忌。个人虚假有维护社会的功能，社会虚假有维护个人的功能。个人用虚假保持了自己的尊严，社会用虚假保持了自己的威严。

关于虚假的沉淀。社会一旦建立会进入自利的循环，个人一旦建立会进入自私的循环。社会不关心自己会走向消亡，个人不关心自己会走向灭亡。社会产生虚假是必然的过程，个人产生虚假是必然的结果。社会生存需要手段，个人生存需要智慧。动物为了生存可以耍花招，人类的假动作可以理解。社会围绕名利进行虚假的循环，个人围绕功利进行虚假的循环。社会循环形成名利的沉淀，个人循环形成功利的沉淀。社会沉淀是名利的智慧，个人沉淀是功利的智慧。社会智慧来自名利的虚假，个人智慧来自功利的虚假。去掉社会虚假，许多措施没有办法理解。去掉个人虚假，许多行为没有办法解释。虚假是社会的必要构成，也是个人的必要构成。虚假有欺骗性也有娱乐性，有不得已而为之也有故意而为之。虚假很容易识破但都不愿意说破，很容易辨别但都不愿意辨别。个人生活在两个世界当中，社会生活在两个世界当中。个人世界是清晰的，社会世界是混乱的。个人不需要那么多虚假，社会环境混乱了个人。社会不需要那么多虚假，个人需求复杂了社会。虚假本来是短期的存在，却变成了长期的存在。本来是主观的存在，却变成了客观的存在。个人虚假是社会不对称造成的，社会虚假是个人不对称造成的。个人想掩盖短处就要展现长处，社会想掩盖名利就要展现原则。个人利益不能公开，社会分配不能公开。个人必然有隐私，社会必然有隐情。个人的意识和行为并不对称，社会的占有和分配并不对称。个人不可能是言行一致，社会不可能是表里如一。个人在沉淀真实也在沉淀虚假，社会在沉淀虚假也在沉淀真实。个人可以为虚假辩解，社会可以为虚假辩护。个人用虚假润滑社会，社会用虚假润滑个人。相容性多了戒备性会减少，包容性多了对抗性会减少。阳光总会增加一些温暖，笑容总会增加一些温馨。缩短个人距离可以善意虚假，缩短社会距离可以善意虚假。虚假能把个人尽快聚集，也能把社会尽快聚集。真实能把个人尽快消散，也能把社会尽快消散。虚假有聚集效应，真实有消散效应。只要不伤害别人应该允许个人的虚假，只要不伤害原则应该允许社会的虚假。个人必须与社会打交道，社会必须与个人打交道。与社会打交道要学会虚假，与个人打交道要学会虚假。虚假不仅是文学用语，而且是客观存在。虚假的东西更容易流通，真实的东西却不容易流通。虚假的范围会越来越大，真实的范围会越来越小。虚假会占据了个人的大部分空间，也会占据了社会的大部分空间。个人用虚假吸引更多的朋友，社会用虚假吸引更多的盟友。个人用虚假来推销自己，社会用虚假来推广自己。个人是有意识的放大，社会是有意识的放松。个人放大是容纳社会，社会放大是容纳个人。个人容纳社会的分类虚假，社会容纳个人的分类虚假。过多的沉淀让个人走向虚假，过多的泛滥让社会走向虚假。个人是真情难得，社会是真性难得。个人已经没有本质，社会已经没有原则。个人是社会的片面性，社会是个人的片面性。寻找真善美必须首先找到假丑恶，寻找真性情必须首先找到假情性。个人被欲望所折磨，社会被激情所折磨。个人是道德的贬值，社会是道义的贬值。个人在社会面前已经虚脱，社会在名利面前已经虚脱。个人不可能有纯粹的精神，社会不可能有纯粹的原则。个人虚假破坏了精神，社会虚假破坏了原则。

十五、人性的支撑

人性需要支撑，社会需要支撑。个人是精神和现实的支撑，社会是物质和原则的支撑。个人需要社会支撑，社会需要个人支撑。个人需要立体空间，社会需要综合空间。个人文明是社会载体，社会文明是个人载体。

关于社会的支撑。社会依靠权力支撑，权力依靠利益支撑。社会具有权力会产生幻觉，具有利益会产生错觉。社会似乎是自我存在，其实是个人存在。权力可以决定社会，但权力的背后就是个人。利益可以决定社会，但利益的背后就是个人。失去个体的存量，权力会自行消失。失去需求的存量，利益会自行消失。社会需要自然空间，也需要人文空间。自然空间是社会依托，人文空间是社会内容。社会一旦形成会进入虚拟运行，名利是社会的主要载体。社会具有权力会抛弃个人，具有利益会抛弃原则。社会强化权力是对个人的剥夺，强化利益是对精神的剥夺。社会本来是组织关系，最后变成权力关系。本来是互助关系，最后变成利益关系。社会迈向权力是异化的第一步，迈向利益是异化的第二步。个人服从权力是异化的第一步，服从利益是异化的第二步。社会权力会取代个人地位，利益会取代个人作用。社会理想似乎是面向个人，其实是面向自己。社会理念似乎是与个人分享，其实是自我分享。只要有权力的推导，社会很难公正。只要有利益的推导，社会很难公平。社会始终是名利的推导，并没有进入个人推导。始终是名利的逻辑，并没有进入个人逻辑。社会依靠权力就要强化权力，依靠利益就要强化利益。个人需要权利就得强化权力，需要利益就得强化利益。社会形成名利的核心，个人形成功利的核心。社会以名利为核心展开个人关系，个人以功利为核心展开社会关系。社会通过名利密切个人关系，个人通过功利密切社会关系。社会关系和谐，个人关系就会和谐。社会关系紧张，个人关系就会紧张。社会因为名利很难缓和个人关系，个人因为功利很难缓和社会关系。社会关系发源于个人，最终还得归还于个人。个人关系发源于道德，最终还得归还于道德。不拆解名利不可能还原精神，不拆解功利不可能还原道德。离开名利社会没有聚合的工具，离开功利个人没有聚合的工具。只有个人独立，社会才能失去作用。只有社会独立，个人才能失去作用。只有精神独立，名利才能失去作用。只有道德独立，功利才能失去作用。世界大同是个人相通，个人相通是道德相同。社会不应该表现名利的内容，但过程已经发生了偏差。个人不应该表现功利的内容，但内容已经发生了偏差。社会偏差改变了个人的价值观念，个人偏差改变了社会的价值观念。社会是名利的导向，个人是功利的导向。社会是名利的循环，个是功利的循环。社会发现个人只有贡献权利和利益的价值，个人发现社会只有索取权力和利益的价值。社会对个人充满欲望，个人对社会充满欲望。社会向个人无限索取，个人向社会无限索取。社会的价值观应该修正，个人的价值观应该纠正。社会应该发现个人价值，个人应该发现精神价值。社会应该使用精神价值，个人应该使用道德价值。切断社会关系只有注入精神，切断个人关系只有注入道德。分离社会能产生精神，分离个人能产生道德。精神不是建立的过程而是分离的过程，道德不是建立的过程而是分离的过程。社会不能让权力越位，个人不能让利益越位。社会不能受到利益的侵犯，个人不能受到权力的侵犯。

关于个人的支撑。个人是自我成立，需要肉体和精神的结合。个人是相互成立，需要群体和社会的结合。没有个人参与社会是空洞的，没有个人支撑社会是中空的。个人的核心是自主自立，社会的核心是民主法治。个人存在是社会赋予的权利，社会存在是个人赋予的权利。个人首先自我支撑，然后相互支撑。社会首先相互支撑，然后自我支撑。个人发源于道德，然后派生精神。社会发源于个人，然后派生规则。个人并不神秘，就是精神的时空排序。社会并不神秘，就是个人的时空排序。权力并不神秘，就是管理的时空排序。财富并不神秘，就是利益的时空排序。个人排序需要社会确立规则，社会排序需要个人确立规则。个人不能排斥社会规则，社会不能排斥个人道德。个人是独立的存在，需要社会提供必要的空间。社会是独立的存在，需要个人提供必要的空间。个人可以用利益融合社会，但必须为社会留下自主的空间。社会可以用权力融合个人，但必须为个人留下自主的空间。个人可以用利益支撑社会，但不能腐蚀社会原则。社会可以用权力支撑个人，但不能腐蚀个人道德。个人支撑社会是为了原则的独立，社会支撑个人是为了道德的独立。个人需要人格，社会需要品格。个人不能售卖道德，社会不能售卖原则。个人是实体材料，社会是实体建筑。个人必须构筑名利的防火墙，社会必须构筑功利的防火墙。个人必须防止社会投机，社会必须防止个人投机。个人不是神话，说教解决不了任何问题。社会不是神话，理论解决不了任何问题。个人必须是道德支撑借助规则加固，社会必须是规则支撑借助道德加固。个人依赖利益和欲望迟早要走向崩溃，社会依赖权力和利益迟早要走向崩盘。个人支撑是功利的约束，社会支撑是名利的约束。约束功利就要嵌入道德，约束名利就要嵌入规则。个人说到底是精神的，精神说到底是道德的。只有人类能把精神分离出来，只有精神能把道德分离出来。道德的外延是精神重合，精神的外延是社会重合。个人首先与道德对接，然后才能与精神对接。社会首先与精神对接，然后才能与道德对接。如果个人完全现实化，道德并不存在。如果社会完全现实化，精神并不存在。现实的个人只能提倡道德，不会重视道德。现实的社会只能提倡精神，不会重视精神。个人没有虚拟的道德，社会没有虚拟的原则。精神不是社会的再造，没有个人的尊重不会有精神。道德不是个人的再造，没有自我的觉醒不会有道德。精神是社会的评价体系，道德是个人的评价体系。如果社会要粗暴，个人必然会粗俗。个人不能翻炒社会的剩饭，社会不能翻炒个人的剩饭。个人不能集中社会弊端，社会不能集中个人弊端。个人不能通过利益改变社会规则，社会不能通过权力改变个人规则。精神不是空洞的说教，而是对待个人的态度。道德不是虚伪的伦理，而是对待别人的态度。从社会的角度认识，精神就是所有人的存在。从个人的角度认识，道德就是所有人的存在。精神让社会有了视角，道德让个人有了视角。社会视角的消失是精神盲区，个人视角的消失是道德盲区。精神消失社会，道德消失个人。社会存在必须关注个人，个人存在必须关注他人。关注个人就是社会精神，关注别人就是个人道德。精神并不玄妙，有个人就有精神。道德并不玄妙，有别人就有道德。社会是服务而不是统治个人的工具，精神是疏导而不是扭曲个人的工具。

关于文明的支撑。社会不能孤立的存在，个人不能孤立的生存。社会文明是相互支撑的过程，个人文明是相互支撑的结果。文明的高地需要相互添加，文明的低谷需要相互弥补。社会需要普适文明，个人需要共性文明。美好的社会是共同作用，美好的个人是相互作用。社会不是净化而是美化，个人不是净化而是靓化。净化社会是为了美化个人，净化个人是为了美化社会。社会文明是相对而不是绝对的，个人文明是相对而不是绝对的。社会在追求美好，个人在追求美好。对社会不能全盘否定，对个人不能全盘否定。社会追求美好才没有毁灭，个人追求美好才没有消亡。社会追求美好但仍然有缺陷，个人追求美好但仍然有缺点。修正缺陷是社会动力，改正缺点是个人动力。任何社会都没有达到完善的程度，任何个人都没有达到完美的程度。社会要求完美是一种错觉，个人要求完美是一种错误。社会完善需要文明的修正，个人完善需要文明的矫正。社会文明需要相互借鉴，个人文明需要相互补充。社会的实体空间需要物质支撑，虚拟空间需要精神支撑。个人的实体空间需要物质支撑，虚拟空间需要精神支撑。社会是物质与精神的双重结构，个人是物质与精神的双重构造。社会注重物质会忽视精神，个人注重利益会忽视道德。社会文明是物质的误区，个人文明是利益的误区。物质强大是社会的单向文明，利益强大是个人的单向文明。物质缺乏会重视物质，利益缺乏会重视利益。纯粹的物质结构让社会失衡，纯粹的利益结构让个人失衡。名利的叠加会形成社会的畸形结构，功利的叠加会形成个人的畸形结构。尖锐的社会结构会伤害个人，尖锐的个人结构会伤害社会。社会不完善是放弃了精神，个人不完善是放弃了道德。社会为了稳定必须重塑精神，个人为了稳定必须重塑道德。权力并不代表社会文明，利益并不代表个人文明。社会占有名利越多越孤独，个人占有功利越多越孤立。社会必须在名利之外寻找新的支撑，个人必须在功利之外寻找新的支撑。社会需要个人的支撑，个人需要精神的支撑。失去个人社会并没有依托，失去精神道德并没有依托。社会抛弃个人就得寻找名利，个人抛弃精神就得寻找现实。社会倒向名利不会有精神，个人倒向功利不会有道德。社会价值不能改变个人志向，个人价值不能改变社会趋向。离开精神谈论社会并没有意义，离开道德谈论个人并没有意义。社会文明是自我借鉴也是相互借鉴，个人文明是自我鉴定也是相互鉴定。任何社会都有自己的优点，任何个人都有自己的长处。社会必须广泛借鉴优点，个人必须广泛借鉴长处。社会文明是继承和发扬，个人文明是学习和反思。社会需要自身的力量，也需要相互的力量。个人需要自身的力量，也需要社会的力量。社会选择必须是多面性，个人选择必须是多数性。社会文明必须相互借鉴，个人文明必须相互学习。产生美好的前提是共同的，相互借鉴是文明的路径。追求美好的愿望是共同的，相互促进是文明的结果。社会有追求文明的动力，个人有追求文明的愿望。社会不可能结束自己的理想，个人不可能结束自己的梦想。社会要证明自己必须使用文明，个人要证明自己必须遵守文明。社会必须展示美好，个人必须实现美好。良性的互动是良性的结果，恶性的互动是恶性的结果。美好的理解是美好的结果，邪恶的理解是邪恶的结果。

关于历史的支撑。历史靠社会支撑，但社会是历史的片段。社会靠个人支撑，但个人是社会的片段。历史有良性互动，也有恶性互动。社会有良性互动，也有恶性互动。社会有多少正面添加，历史就有多少正面留存。社会有多少反面添加，历史就有多少反面留存。历史的正面效应正在减少，负面效应正在增多。社会的正面效应正在减少，负面效应正在增多。社会必须有正面展示，个人必须有正面展现。社会不能彻底腐朽，个人不能彻底腐败。社会必须为历史留下信心，个人必须为社会留下信念。社会要长久的发展必须留下美好，个人要持久的存在必须留下美好。美好是社会希望也是个人希望，是社会追求也是个人追求。社会没有破灭历史总会有希望，个人没有破灭社会总会有希望。社会希望会鼓舞个人，个人希望会推动社会。社会要懂得个人道理，个人要懂得社会道理。社会道理就是尊重个人，个人道理相互尊重。社会不讲道理就是抛弃个人，个人不讲道理就是抛弃精神。动物可以不讲道理，人类不能不讲道理。动物可以遵循自然法则，人类必须遵循精神法则。不懂道理就是动物，不讲道理也是动物。社会懂道理不会把个人当成动物，社会讲道理不会用动物手段对付个人。对个人的尊重就是社会道德，对别人的尊重就是自我的道德。社会完全倚重名利会犯历史性错误，个人完全倚重功利会犯现实性错误。社会除了名利还有更珍贵的东西，个人除了功利还有更宝贵的价值。名利是社会流动的价值，功利是个人交换的价值。个人都有自我管理的权利，社会不宜过分集中。个人都有自我使用的利益，社会不宜过分集中。权力的过分集中会导致社会变形，利益的过分集中会导致个人变形。利益的责任容易落实，权力的责任不容易落实。权力的私有化已经过去，实施监督是唯一的选择。虚拟责任是教唆权力，虚拟监督是放纵权力。监督就是责任，责任就是监督。历史不能大起大落，社会不能大喜大悲。监督权力是防止历史脱轨，监督利益是防止社会脱轨。多数人监督权力让社会正常发展，多数人监督利益让个人正常发展。权力的学问不在于行使而在于监督，利益的学问不在于聚集而在于分配。权力是个好东西，利益是个好东西。权力不过分集中就是好东西，不与利益结合就是好东西。能够正确行使就是好东西，掌握在好人手里就是好东西。社会没有多少学问，有多少集中就有多少分散。个人没有多少学问，有多少责任就有多少担当。社会一直在集权与民主之间徘徊，个人一直在索取与奉献之间徘徊。社会徘徊必须找到个人平衡，个人徘徊必须找到社会平衡。社会要么是高度集权，要么是高度民主。个人要么是绝对精神，要么是绝对物质。社会习惯于集权就不会实行民主，个人习惯于利益就不会重视精神。社会是权力的拉锯，个人是利益的拉锯。建立新的社会平衡需要时间，建立新的个人平衡需要过程。社会支撑应该从权力转向个人，个人支撑应该从利益转向精神。以社会为核心的文明正在退出历史舞台，以个人为核心的文明正在逐步兴起。社会没有能力阻挡这样的变革，个人没有能力阻挡这样的变化。社会必须顺应历史潮流，个人必须顺应现实潮流。社会正处于退潮期，个人正处于涌潮期。社会建立遇到多少阻力，个人建立就会遇到多少阻力。历史发展遇到多少曲折，现实发展就会遇到多少曲折。历史总会做出明智的选择，社会总会做出明智的抉择。

十六、人性的理解

人性需要理解，社会需要理解。个人需要社会理解，社会需要个人理解。个人需要正确理解，社会需要正确理解。个人理解是社会解读，社会理解是个人解读。个人解读社会内涵，社会解读个人内涵。个人内涵是社会美好，社会内涵是个人美好。

关于社会的理解。社会理解从个人开始，最后变成权力的理解。社会一旦确立权力的核心，一切顺序都会发生变化。个人理解是正向的，权力理解是逆向的。自然秩序被社会所颠倒，人类秩序被权力所颠倒。自然的过错是造就了人类，人类的过错是造就了社会。社会的过错是造就了权力，权力的过错是造就了利益。人类让自然产生了错位，社会让人类产生了错位。上帝的错牌就是人类，人类的错牌就是社会。人类已经不能面对历史，社会错误越犯越大。个人已经不能面对社会，现实错误越犯越大。人类已经不能回顾历史，社会曾经充满混乱。个人已经不能回顾过去，生活曾经充满艰辛。自然酿造了人类的苦果，自己必须吞咽下去。人类酿造了社会的苦果，自己必须吞咽下去。对社会可以正面理解，也可以反面理解。可以名利理解，也可以理论理解。可以代表正义，也可以代表邪恶。社会拥有权力总以为自己是正确的，其实正是权力犯下了一系列错误。社会并不邪恶，权力产生邪恶。权力并不邪恶，利益产生邪恶。权力会伴随暴力，利益会伴随腐败。权力会伴随无能，利益会伴随无知。权力在逆袭社会，利益在逆袭权力。社会没有认识到权力的危害，始终想理想化。没有认识到利益的危害，始终想理性化。真正的权力应该公正，真正的利益应该公平。纯粹的权力不可能有公正，纯粹的利益不可能有公平。权力没有公正会寄托于理想，利益没有公平会寄托于理念。社会之所以存在理想，是自身并不公正。社会之所以存在理念，是自身并不公平。社会理想都是美好的，现实并不美好。理念都是超前的，现实并不超前。社会想铲除人间罪恶，其实又在制造罪恶。社会想消除人间不平，其实又在制造不平。社会不可能公开宣扬和推行邪恶，个人不可能公开宣传和实施邪恶。社会没有这样的胆量，个人没有这样的胆量。一个人可以邪恶，一个社会不能邪恶。一个社会可以邪恶，一个世界不能邪恶。社会不敢轻易作恶，个人不敢轻易作恶。社会只能用正面的口号实施邪恶，个人只能用隐蔽的手法实施邪恶。少数人的邪恶多数人可以阻挡，多数人的邪恶少数人不可能阻挡。社会走向邪恶是人民的敌人，个人走向邪恶是社会的敌人。社会可以有自我理解，但最终是名利的理解。个人可以有自我理解，但最终是社会的理解。因为社会需要权力，神话故事都在崇拜权力。因为个人需要利益，天国冥界都在交换利益。社会理解发生了严重的偏差，个人理解出现了严重的偏离。社会可以追求理想，最终只能追求名利。个人可以追求精神，最终只能追求现实。社会是自我背离的过程，个人是自我抛弃的过程。社会用名利指向个人，个人用功利指向社会。社会必须高度名利化才能贴近个人，个人必须高度功利化才能贴近社会。社会只有排空原则才能融入个人，个人只有排空道德才能融入社会。社会只有变成名利的奴隶才能是个人的主人，个人只有变成功利的奴仆才能是社会的主人。社会需要英雄，他们是权力的亮点。个人需要故事，他们是利益的亮点。社会是可歌可泣，个人是可悲可叹。社会可以理解历史，但历史在哪里。个人可以理解社会，但社会在何方。

关于个人的理解。个人可以自我理解，也可以社会理解。可以精神理解，也可以现实理解。可以正面理解，也可以反面理解。个人没有自我理解，只有社会理解。没有精神理解，只有现实理解。没有正确理解，只有错误理解。精神的伟大已经被淡忘，道德的伟大已经被遗弃。人类仍然以动物的思维相互理解，个人仍然以生理的本能自我理解。没有自我就得从众，没有自主就得违心。从众心理在主导个人，动物意识在支配行为。个人幻化为社会就是权力的对抗与羡慕，幻化为本能就是利益的嫉妒与攫取。个人得到的时候不会有自我，失去的时候才能感知自我。幸福的时候不会有自我，痛苦的时候才会感觉自我。个人是社会的影子，社会是个人的镜子。个人是社会的反射，社会是个人的发射。个人是社会的代言，社会是个人的发言。个人没有精神不会有价值，没有道德不会有地位。个人价值被社会交易，地位被社会取代。有权力就有个人地位，有利益就有个人价值。精神对个人并不需要，道德对行为并不重要。没有品行的可以拥有权力，没有品位的可以拥有利益。品行是交换权力的筹码，品位是交换利益的筹码。个人对社会的理解比自我更透彻，对现实的理解比精神更透彻。为了权力可以不顾廉耻，为了利益可以不顾礼仪。凡是有用的都可以追随，凡是有利的都可以追逐。个人在社会面前重返动物，社会在名利前面重返野蛮。个人怎样理解社会，社会就怎样理解个人。个人用本能的轴心驱动社会，社会用名利的轴心驱动个人。个人必须保持功利的神秘性，社会必须保持名利的神秘性。个人必须创造功利的神话，社会必须创造名利的神话。功利的电流会击穿社会，名利的电流会击穿个人。个人必须储存更多的功利，社会必须储存更多的名利。个人不需要自我理解，分割社会是唯一目的。社会不需要自我理解，分割个人是唯一目的。个人目的是占有社会更多的空间，社会目的是占有个人更多的内容。从名利的角度社会是主动的，个人是被动的。从功利的角度个人是主动的，社会是被动的。个人坐大可以统治社会，社会坐大可以统治个人。个人对于社会的认识是，只有依附价值没有存在价值。社会对个人的认识是，只有利用价值没有使用价值。个人挖掘功利的深坑让社会填埋，社会构筑名利的高山让个人攀爬。个人是功利的爬虫，社会是名利的爬虫。名利是个人的鸿沟，功利是社会的鸿沟。名利为个人留下细小的缝隙，只有爬行才能通过。功利为社会留下狭窄的空间，只有爬行才能通过。个人不能有更多的思考，社会不能有更多的原则。个人是功利的直白，不能随意扩大道德空间。社会是名利的直白，不能随意扩大精神空间。个人掺杂道德让社会消化不良，社会掺杂精神让个人消化不良。个人的神秘就是功利，社会的神秘就是名利。功利的聚集让个人神秘莫测，名利的聚集让社会高深莫测。个人占据功利可以蔑视社会，社会占据名利可以蔑视个人。个人把社会变成粪土，社会把个人变成爬虫。个人从功利跳进名利的深渊，社会从名利跳进功利的深渊。个人转化是迷信盛行，社会转化是唯我独尊。个人具有功利会蹂躏社会，社会具有名利会蹂躏个人。个人用功利摩擦社会，社会用名利摩擦个人。个人摩擦是社会欲望，社会摩擦是个人欲望。个人在社会面前蠢蠢欲动，社会在个人面前骚动不安。功利让个人失去完整性，名利让社会失去完整性。

关于历史的理解。社会理解历史才能产生现实责任，理解未来才能产生个人责任。个人理解历史才能产生社会责任，理解未来才能产生自我责任。历史是社会舞台，留下的都是恩恩怨怨。社会是个人舞台，留下的都是磕磕绊绊。社会用权力解释历史，个人用利益解释社会。权力的理解是权力导向，利益的理解是利益导向。权力的导向是权力纷争，利益的导向是利益纷争。历史不可以重写，已经没有重写的内容。社会不可以重写，已经没有重写的篇章。历史是一片空白也是一片灿烂，现实是一片灿烂也是一片空白。社会记忆都是权力的内容，个人记忆都是利益的章节。历史在狭小的空间里与社会搏斗，社会在狭小的空间里与个人搏斗。社会搏斗是用权力改写历史，个人搏斗是用利益改写社会。权力并不能代表历史，利益并不能代表现实。社会强化权力让历史恶性循环，个人强化利益让现实恶性循环。社会在重复历史的错误，个人在重复现实的错误。社会过于狭窄导致个人的动物化，个人过于狭窄导致社会的动物化。社会过于简单逼迫个人走向功利，个人过于简单逼迫社会走向名利。权力是社会的病灶，利益是个人的病灶。权力是社会的肿瘤，利益是个人的肿瘤。社会是脱离历史的过程，个人是脱离精神的过程。脱离历史才能创造社会文明，脱离精神才能创造个人文明。社会不可能顺应历史规律，个人不可能顺应精神规律。社会文明是艰难的建立，个人文明是艰难的选择。社会必须放弃权力的观念，个人必须放弃利益的观念。社会文明是淡化权力的过程，个人文明是淡化利益的过程。社会应该降解权力释放活力，个人应该降解利益释放活性。社会理解必须来自个人，个人理解必须来自精神。个人理解比社会理解更重要，精神理解比现实理解更重要。社会在重视自己的同时必须重视个人，个人在肯定现实的同时必须肯定精神。理解个人是社会行为，理解精神是个人行为。理解个人是社会原则，理解精神是行为原则。社会必须为个人指明方向，个人必须为行为指明方向。社会正确个人不容易犯错误，个人正确社会不容易犯错误。社会必须承接历史文明，个人必须承接社会文明。社会理解必须要有广度，个人理解必须要有深度。

社会是高度融合，个人是深度融合。社会纵深决定个人理解，个人纵深决定社会理解。社会是整体文明，代表了所有个体。个人是具体文明，代表了整个社会。社会需要时间创造文明，个人需要实践创造文明。社会文明必须有稳定性，个人文明必须有持久性。社会不能因为名利改变自己的原则，个人不能因为功利改变自己的规则。社会不能整体破坏，个人不能局部破坏。社会破坏必然波及个人，个人破坏必然波及社会。社会在名利前面不能放纵自己，个人在功利前面不能放任自己。社会放纵是名利的倾轧，个人放纵是功利的倾轧。社会文明的反复会脆化个人，个人文明的反复会脆化社会。社会反复无常不会有文明，个人反复无常不会有德性。社会必须在名利之外建立文明，个人必须在功利之外建立文明。社会文明取决于精神，个人文明取决于道德。社会文明需要共同创造，个人文明需要共同维护。社会必须正面走向个人，个人必须正面走向社会。社会不能负面对接，个人不能负面迎合。社会必须为人类创造幸福，个人必须为社会创造幸福。社会应该创造真善美，个人应该践行真善美。

关于现实的理解。社会理解决定个人地位，个人理解决定社会地位。社会是个人的贴片，个人是社会的贴片。社会是个人的切片，个人是社会的切片。社会是个人的组合，个人是社会的组合。解析社会现象构成个人，解析个人现象构成社会。社会是个人幻化的过程，个人是社会幻化的过程。社会没有超越现实的能力，就是名利和个人的混合物。个人没有超越世俗的能力，就是名利和生理的混合物。社会功能是建立个人模型，个人功能是建立社会模型。社会目的是建立个人结构，个人目的是建立社会结构。社会结构既可以规范名利，也可以规范个人。个人结构既可以限制名利，也可以限制行为。社会不能打乱自身的结构完全倒向个人，个人不能打乱自身的结构完全倒向社会。社会必须有阻止的能力，个人必须有抵制的能力。社会不能过度消费名利，个人不能过度消费功利。社会不能过多消耗个人，个人不能过多消耗精神。社会不能选择最好的结果，个人不能选择最坏的结果。社会发展必然走向一种结果，个人发展必然走向一种结果。幸福和谐是一种结果，对抗破坏是一种结果。互助友爱是一种结果，坑蒙拐骗是一种结果。社会需要大环境的互动，个人需要小环境的互动。好的环境可以产生好的结果，坏的环境可以产生坏的结果。社会必须为个人留下希望，个人必须为社会留下希望。社会不能过分表演，个人不能过分表现。社会应该有所把握，个人应该有所掌握。社会不能单纯理解为名利，个人不能单纯理解为功利。物质的理解就是物质的社会，精神的理解是精神的社会。高尚的理解是高尚的个人，低俗的理解是低俗的个人。社会必须是规则的理解，个人必须是规范的理解。社会必须确立标准，个人必须确立标志。社会标准是整体的衡量，个人标准是社会的衡量。社会理解必须要有广泛性，个人理解必须要有规范性。社会规范可以向个人延伸，也可以向世界延伸。个人规范可以向心灵延伸，也可以向社会延伸。社会不能被世界所排斥，个人不能被社会所排斥。社会不能异端，个人不能极端。社会不能丑恶，个人不能丑陋。社会不能粗暴，个人不能粗俗。社会是个人的造化，个人是道德的造化。个人是社会的造化，社会是制度的造化。制度让社会放纵，道德让个人放纵。制度让社会野蛮，道德让个人野蛮。社会值得敬重的是道义，个人值得敬重的是道德。社会不能受道义的谴责，个人不能受良心的谴责。社会受谴责是违背了道义，个人受谴责是违背了道德。社会谴责解决不了名利的问题，个人谴责解决不了功利的问题。社会放弃原则，一切理解都是多余的。个人放弃原则，一切解释都是多余的。名利并不神圣，不过是个人的排泄物。功利并不神圣，不过是本能的分泌物。社会用名利标志会更加粗俗，个人用功利标志会更加低俗。人类不应该理解为动物，社会不应该理解为动物群体。社会是高尚的存在，不应该过于世俗。人类是优雅的存在，不应该过于低俗。社会不一定为拥有名利而高兴，个人不一定为拥有功利而高兴。名利是对社会本质的否定，功利是对个人本质的否定。名利是对社会的检验，功利是对个人的检验。社会有高度个人才能有宽度，精神有高度现实才能有宽度。社会的高度让个人敬仰，个人的高度让社会敬重。社会必须是名利与原则的结合，个人必须是功利与道德的结合。社会不能错误理解个人，个人不能错误理解社会。

十七、人性的分离

　　人性需要分离，社会需要分离。个人是社会分离，社会是名利分离。个人需要精神分离，精神需要道德分离。社会需要原则分离，原则需要名利分离。个人分离为社会定位，原则分离为名利定位。个人不能被社会溶解，社会不能被名利溶解。

　　关于社会的分离。社会本来没有很多问题，个人聚集产生了问题。个人本来没有很多问题，社会聚集产生了问题。社会首先聚集权力，然后聚集利益。个人首先聚集利益，然后聚集权力。权力聚集产生个人矛盾，利益聚集产生社会矛盾。社会能够成就个人，也必然贻害个人。个人能够成就社会，也必然贻害社会。增加个人力量可以壮大社会，分解社会作用可以还原个人。社会聚集是必然的，分解也是必然的。个人聚集是必然的，分解也是必然的。群体聚集是动物的自然现象，个人聚集是人类的社会现象。社会聚集有历史原因，个人聚集有社会原因。社会聚集经历了权力的发展，也经历了利益的发展。个人聚集经历了生存的过程，也经历了发展的过程。生存被发展所代替，权力被利益所代替。社会不可能挣脱权力的束缚，个人不可能挣脱利益的束缚。社会要独立必须挑战权力，个人要独立必须挑战利益。权力是社会的框架，利益是社会的填充。个人是社会的基础，精神是社会的涂层。权力不可能允许利益的分离，社会不可能允许个人的分离。社会因为权力越扎越紧，个人因为利益越积越多。社会是数量到质量的演变，经历了裂变到聚变的过程。个人是物理到化学的演变，经历了从聚变到裂变的过程。社会是从被动到主动的演变，个人是从主动到被动的演变。社会聚集权力会产生权力的矛盾，聚集利益会产生利益的矛盾。个人聚集需求会产生需求的矛盾，聚集欲望会产生欲望的矛盾。社会矛盾产生个人的连锁反应，个人矛盾产生社会的连锁反应。社会依靠权力不能解决所有的问题，个人依靠利益不能解决所有的问题。社会不可能从权力当中分离出来，个人不可能从利益当中分离出来。社会一旦确权就具有排他性，个人一旦确利就具有排他性。社会被权力所分割，然后分裂为阶级。个人被利益所分割，然后分裂为阶层。社会并不完整，只是个人的部分。个人并不完整，只是社会的部分。社会跟随权力不断分割，个人跟随利益不断分割。权力是动态的，依据固定权力不可能判断社会。利益是动态的，依据固定利益不可能判断个人。社会永远是权力的演变，个人永远是利益的演变。对社会结论不能武断，对个人结论不能臆断。权力让社会轻松，也让个人沉重。利益让个人轻松，也让社会沉重。社会已经没有独立的功能，因为被权力所绑架。个人已经没有独立的功能，因为被利益所绑架。社会需要再造功能，这就是理论产生的根源。个人需要再造功能，这就是理性产生的根源。社会必须与个人主动结合，因为有名利的需求。个人必须与社会主动结合，因为有功利的需求。社会结合是向个人索取名利，个人结合是向社会索取功利。只要有社会需求，个人不可能分离。只要有个人需求，社会不可能分离。社会解放个人是漫长的过程，个人解放精神是漫长的过程。社会必须跨越个人的门槛，个人必须跨越精神的门槛。社会起源于个人再还原于个人，个人起源于精神再还原于精神。社会不可能阻挡个人的崛起，个人不可能阻挡精神的崛起。社会的外在力量已经发挥到极致，内在力量还没有发挥作用。社会作用终究要结束，个人作用终究要开始。

关于个人的分离。个人本来没有多少功能，社会附加了很多功能。个人本来没有多少欲望，社会附加了很多欲望。人类历史就是建立社会化的过程，个人历史就是完成社会化的过程。人类离开社会不可能发展，个人离开社会不可能生存。个人必须在社会当中完成一切，社会必须在个人当中完成一切。个人没有分离的愿望，社会没有分离的要求。个人需要社会原理的深度加工，社会需要个人生理的深度加工。个人的高速运转离不开社会动力，社会的高速运行离不开个人动力。个人需要社会的纵切面，社会需要个人的横切面。个人是社会机器的联动，社会是个人机器的联动。个人不需要自己的存在，社会不需要个人的存在。破碎个人是社会填充，破碎社会是个人填充。个人填充社会让名利突显，社会填充个人让功利突显。个人突显是社会迷信，社会突显是个人权威。个人消失社会才能建立，社会消失个人才能完整。个人愿望是既接受社会名利又不受社会约束，社会愿望是既接受个人功利又不受个人约束。个人有集利的嗜好，社会有集权的嗜好。个人嗜好是权力的副作用，社会嗜好是利益的副作用。个人在利益面前有自私的倾向，社会在权力面前有自利的倾向。自私是个人的本能，自利是社会的本能。个人可以分享权力，但不能分享利益。社会可以分享利益，但不能分享权力。个人进入社会被权力异化，社会进入个人被利益异化。利益无孔不入，有个人就有利益。权力无孔不入，有社会就有权力。利益是横向延伸，不会考虑社会感受。权力是纵向延伸，不会考虑个人感受。个人是唯利是图，社会是唯权是图。利益是权力的亲兄弟，权力是利益的亲姐妹。利益出场必定有权力伴奏，权力出场必定有利益伴随。离开利益权力必将凋谢，离开权力利益必将枯竭。权力借助利益会全角度延伸，利益借助权力会全方位渗透。权力没有节制会穿透社会的各个环节，利益没有节制会穿透个人的各个部位。权力是社会的威胁，利益是个人的威胁。权力是社会的腐败，利益是个人的腐败。权力是社会的敌人，利益是个人的敌人。个人僵硬是利益的病变，社会僵硬是权力的病变。个人病变是利益的发作，社会病变是权力的发作。权力的触角让社会神经退化，利益的触角让个人神经退化。个人要恢复理智必须间隔利益，社会要恢复理性必须间隔权力。个人要聪明必须简化利益，社会要聪明必须简化权力。利益是个人的智障，权力是社会的智障。利益让个人麻木，权力让社会麻木。利益让个人冲动，权力让社会冲动。利益让个人疯狂，权力让社会疯狂。利益让个人毁灭，权力让社会毁灭。节制利益让个人获得新生，节制权力让社会获得新生。利益的串联让个人沉重，权力的并联让社会沉重。切断利益的绳索让个人轻松，切断权力的绳索让社会轻松。个人轻松会有活性，社会轻松会有活力。个人充满活力社会才有希望，社会充满活力个人才有希望。没有利益的枷锁个人可以无限创造，没有权力的枷锁社会可以无限创新。个人可以创造社会，精神可以培育自由。社会可以创造个人，原则可以培养道德。只要个人有独立的精神，对社会才能负责。只要社会有独立的原则，对个人才能负责。个人必须独立，让社会获得解放。社会必须独立，让个人获得解放。个人解放是利益的释怀，社会解放是权力的释怀。分离个人最终才能解放社会，分离社会最终才能解放个人。

关于精神的分离。社会强大让精神凝固，个人萎缩让精神枯竭。社会与个人是存在关系，也是思考关系。个人与社会是存在关系，也是思考关系。社会运行并不平衡，必然引起个人思考。个人运行并不平衡，必然引起社会思考。社会往往以权力关系代替一切，个人往往以利益关系代替一切。有权力关系社会很难分离，有利益关系个人很难分离。只要有名利的存在，社会就是实体关系。只要有功利的存在，个人就是实体关系。名利紧密社会关系，功利紧密个人关系。名利让社会获得新生，也让精神失去了自由。功利让个人获得新生，也让道德失去了自由。社会对个人只有使用没有思考，个人对社会只有服从没有思考。社会从自我思考是生存问题，从世界思考是发展问题。个人从自我思考是生存问题，从社会思考是发展问题。社会为了发展很难思考精神问题，个人为了生存很难思考道德问题。社会变成名利的实体不可能有精神空间，个人变成功利的实体不可能有道德空间。社会要寻找精神必须面向个人，个人要寻找精神必须面向道德。精神是社会定位，道德是个人定位。社会需要精神分离，个人需要道德分离。社会依靠名利不可能长久，要良性发展必须确立精神关系。个人依靠功利不可能持久，要健康发展必须确立道德关系。社会需要精神的不断平衡，个人需要道德的不断平衡。社会既要接受名利的支配，也要接受个人的支配。个人既要接受生存的支配，也要接受道德的支配。社会精神是个人空间，个人道德是社会空间。社会精神是个人许可，个人道德是社会许可。社会的主要任务是确定精神，个人的主要任务是培养精神。社会看起来是现实运动，其实是精神运动。个人看起来是现实运行，其实是精神运行。社会必须把个人分离出来予以培养，个人必须把精神分离出来予以培养。从精神上分离个人是社会功能，从道德上分离自己是个人功能。社会需要个人的种子，个人需要精神的种子。社会需要个人的分辨，个人需要精神的分辨。社会需要精神的复合，个人需要道德的复合。社会没有精神不可能成立，个人没有精神不可能完善。社会需要构筑精神的家园，个人需要构建精神的乐园。社会共性就是精神的共荣，个人共性就是精神的共生。社会具有精神会联系在一起，个人具有精神会结合在一起。现实的分歧总是暂时的，精神的差距会逐步缩小。社会的分歧总是暂时的，文明的差距会逐步缩小。社会是文明的平等，个人是精神的平等。社会在实现中不可能平等，在精神上可以平等。个人在现实中不可能平等，在人格上可以平等。实现社会平等需要分离个人，实现个人平等需要分离精神。分离个人对社会有决定意义，分离精神对个人有决定意义。社会必须是个人的独立存在，个人必须是精神的独立存在。分离个人是社会主体，分离精神是个人主体。社会尊重个人就是精神独立，个人尊重社会就是现实独立。社会不平等没有个人地位，个人不平等没有精神地位。社会忽视个人会压缩精神空间，个人忽视精神会压缩道德空间。社会在精神上不可能平等对待个人，个人在现实中不可能平等对待社会。社会可以用现实逻辑推导名利，但必须用精神逻辑推导个人。个人可以用现实逻辑推导社会，但必须用精神逻辑推导自己。社会不能把个人作为筹码，个人不能把精神作为筹码。社会对个人不能有赌博心理，个人对社会不能有赌徒心理。

关于道德的分离。个人价值在于德性，社会价值在于德行。个人道德是其他人的存在，社会道德是所有人的存在。个人不能用功利衡量道德，社会不能用名利衡量道德。个人行为要有基本定位，社会行为要有基本定性。分离个人就是寻找道德定位，分离社会就是寻找精神定位。个人发展到一定程度就是精神，社会发展到一定程度就是个人。个人发展是为了构建道德实体，社会发展是为了构建精神实体。个人价值是道德体现，社会价值是精神体现。个人看起来是物化形式，其实是道德支撑。社会看起来是物化存在，其实是精神推演。个人不体现道德，任何成功都没有意义。社会不体现精神，任何强大都没有意义。个人的核心价值就是道德，社会的核心价值就是精神。个人高尚昭示道德，社会博大昭示精神。个人道德是对其他人的爱护，社会精神是对所有人的爱护。物质强大只代表社会的一个侧面，精神强大能代表社会的另一个方面。物质丰富只代表个人的一个侧面，精神丰富能代表个人的另一个方面。没有道德衬托个人失去意义，没有精神衬托社会失去意义。个人文明是精神与物质的结合，社会文明是物质与精神的结合。精神不成熟社会没有品味，道德不成熟个人没有品格。对社会的赞颂来自物质，批判来自精神。对个人的赞颂来自现实，批判来自道德。个人必须接受道德的肯定与批判，社会必须接受精神的肯定与批判。没有肯定失去提升的机会，没有批判失去修正的机会。个人的道德价值就是灵魂，社会的精神价值就是理念。个人灵魂是道德的聚化，社会理念是精神的聚化。个人否定精神是道德混乱，社会否定精神是理念混乱。个人顺应精神是对道德的敬畏，社会顺应精神是对个人的敬畏。个人敬畏是对道德的顺从，社会敬畏是对个人顺从。个人对道德是认识也是实践的过程，社会对个人是认识也是实践的过程。个人所有的混乱是道德不能分离，道德所有的混乱是精神不能分离。社会所有的混乱是原则不能分离，原则的所有混乱是个人不能分离。道德分离对个人具有决定意义，个人分离对社会具有决定意义。个人需要道德的建立与还原，社会需要精神的建立与还原。个人没有建立不可能有还原，社会没有认识不可能有行动。个人无论有多少能力，最终必须有基本的要求。社会无论有多少能量，最终必须有基本的规范。个人必须有行为的基本标准，社会必须有行动的基本衡量。个人的基本标准就是道德，社会的基本衡量就是原则。分离个人是为了建立社会逻辑，分离精神是为了建立道德逻辑。个人是聚合的过程，也是分离的过程。聚合产生了社会，分离产生了道德。社会是聚合的过程，也是分离的过程。聚合产生了物质，分离产生了精神。个人不分离不可能产生道德，社会不分离不可能产生精神。从个人到社会是现实的逻辑，从社会到个人是精神的逻辑。现实逻辑造就社会辉煌，精神逻辑造就个人辉煌。个人辉煌是道德的彰显，社会辉煌是名利的彰显。个人仰视社会是名利的光环，社会俯视个人是道德的光环。个人有道德价值是社会永恒，社会有精神价值是历史永恒。个人强大必须有道德体现，社会强大必须有精神体现。功利对个人非常重要，但道德更为重要。名利对社会非常重要，但精神更重要。个人回归道德与社会和谐，社会回归精神与个人和谐。个人没有道德与社会对决，社会没有精神与个人对决。

十八、人性的关系

人性是关系的构成，社会是关系的构成。个人有自我和相互关系，社会有名利和个人关系。个人需要自然和社会的维系，社会需要自然和个人的维系。个人关系确定社会框架，社会关系确定个人框架。个人框架需要社会内容，社会框架需要个人内容。

关于关系的存在。自然是各种关系的母体，连接着宇宙和人类。社会是各种关系的载体，连接着自然和个人。个人是各种关系的导体，连接着所有关系的发生。地球需要宇宙的关系，社会需要个人的关系。现实需要精神的关系，自我需要相互的关系。自然关系是人类生存的前提，决定着所有关系的基本分类。社会关系是人类发展的条件，决定着所有关系的基本构成。个人关系是人类存在的要素，决定着所有关系的基本单位。因为社会的存在，自然和个人关系必须融入社会当中。因为个人的存在，自然和社会关系必须融入个人当中。因为自然的承受能力比较强大，自然关系被人类一再忽视。因为个人的承受能力比较脆弱，个人关系被社会一再忽视。因为社会有比较强大的整合能力，社会已经上升为主要关系。人类不管怎么发展，主要是处理自然和社会的关系。个人不管怎么发展，主要是处理社会和自我的关系。人类首先发生自然关系，然后发生社会关系。个人首先发生自我关系，然后发生社会关系。自然关系是人类的总报表，社会关系是个人的总报表。人类的盈亏必然反映在自然当中，个人的盈亏必然反映在社会当中。自然需要平衡人类的关系，社会需要平衡个人的关系。自然关系决定人类的时间，社会关系决定个人的作用。人类没有形成必须与自然发生关系，一旦形成必须与社会发生关系。个人没有形成必须与社会发生关系，一旦形成必须与自我发生关系。社会开始的时候是被动的，完成的时候是主动的。个人弱小的时候是被动的，强大的时候是主动的。社会关系是自然和个人的收集，个人关系是社会和自然的收集。在自然当中必然存在社会和个人两个中心，在社会当中必然存在自然和个人两个中心。自然关系就是社会和个人的平衡，社会关系就是自然和个人的平衡。社会要打破自然平衡，个人关系也不会稳定。个人要打破社会平衡，自我关系也不会稳定。社会必须维护自然和个人关系，个人必须维护社会和自我关系。社会改变自然关系是利益的作用，改变个人关系是权力的作用。利益导致自然关系的恶化，权力导致个人关系的恶化。社会有巨大的利益需求，不可能阻止自然关系的恶化。社会有巨大的权力需求，不可能阻止个人关系的恶化。社会恶化自然关系才能获取最大的利益，恶化个人关系才能获取最大的权力。社会发展就是与自然对立的过程，也是与个人对立的过程。社会没有认识到发展的危害，人类没有认识到社会的危害。社会发展彻底颠覆了自然关系，也彻底颠覆了个人关系。社会对抗离不开权力和利益两个主题，社会和谐离不开权力和利益两个工具。在社会弱小的时候，自然和个人矛盾并不突出。在社会强大的时候，自然和个人矛盾日益剧烈。在自然条件下能够共生的，社会条件下不能共生。在社会条件下能够共生的，个人条件下不能共生。社会强大是与自然的博弈，也是与个人的博弈。社会的任何进步都有可能是退步，任何作用都有可能是正反两方面的博弈。社会是作用和反作用的混合物，个人是作用与反作用的混合体。社会蕴含着创造与破坏两种力量，个人发挥着创造与破坏两种作用。

关于关系的发展。个人本来是被动的，因为社会兴起走向主动。社会本来是被动的，因为名利兴起走向主动。个人跟随社会的变化，社会跟随名利的变化。个人可以适当平衡社会，但不可能从根本上改变社会。社会可以适当平衡名利，但不可能从根本上改变名利。个人变化是社会的结果，社会变化是名利的结果。个人关系由简单到复杂，社会关系由平面到立体。个人通过利益延伸关系，社会通过权力延伸关系。个人延伸到社会的角落，社会延伸到个人的部位。个人延伸会强化生理本能，社会延伸会强化名利本能。个人强化重返动物本能，社会强化重返动物功能。个人关系是复杂放大和简单收集，社会关系是简单放大和复杂收集。个人重视社会关系是利益顺延，社会重视个人关系是权力顺延。个人必须向利益集中，社会必须向权力集中。个人从开放走向封闭，社会从封闭走向开放。

个人关系在不断拓展，社会关系在不断发展。个人利用宽度与社会对接，社会利用高度与个人对接。个人重视建立关系，社会重视维护关系。个人关系有上升也有下降，社会关系有扩大也有缩小。个人可以上升为社会关系，也可以下降为自然关系。社会可以扩大为世界关系，也可以缩小为自我关系。个人关系拓展社会空间，社会关系拓展世界空间。个人萎缩会产生自我压力，社会萎缩会产生内部压力。个人关系是利益和情感的结合，社会关系是权力和利益的结合。能够打动人心的是感情，最能打动人心的是利益。能够感动个人的是权力，最能感动个人的是利益。个人走向强大是关系的扶助，社会走向强大是关系的帮助。个人触角必须延伸到社会，社会触角必须延伸到世界。个人是平面的延伸，社会是立体的延伸。个人必须出让多余的空间，社会必须出让剩余的空间。个人必须编织社会网络，社会必须扩大关系对象。个人关系是相互借用，社会关系是相互转化。个人可以独立，但必须进行关系的置换。社会可以独立，但必须进行关系的互换。个人独立是相对的，有距离才有关系。社会独立是相对的，有关系才有距离。个人关系是社会接口，社会关系是个人接口。个人是社会的双向插头，社会是个人的双向插头。个人对接必须有社会回路，社会对接必须有个人回路。个人关系让社会充满活力，社会关系让个人充满活力。个人需要社会的名利，社会需要个人的功利。功利是个人关系的纽带，名利是社会关系的纽带。功利是个人关系的培育，名利是社会关系的培育。个人在社会面前不可能单纯，嫁接名利才能结出甘甜的果实。社会在个人面前不可能单纯，嫁接功利才能结出丰硕的成果。个人可以联合社会对抗自然，社会可以联合个人挖掘自然。在财富问题上个人与社会是一致的，在权力问题上个人与社会是矛盾的。只要能够获取财富，权力争端并不重要。个人没有绝对的好坏，利益可以检验一切。社会没有绝对的好坏，权力可以检验一切。绝对不能低估个人的利益欲望，绝对不能低估社会的权力欲望。分割利益是个人的痛苦，分割权力是社会的痛苦。个人利用社会不断集中利益，社会利用个人不断集中权力。利益让个人简单，也让个人复杂。权力让社会简单，也让社会复杂。利益稀释个人品质，权力稀释社会品质。利益让个人自私，权力让社会自负。利益会凌驾于社会之上，权力会凌驾于个人之上。个人关系被利益所扭曲，社会关系被权力所扭曲。

关于关系的作用。社会关系作用于个人，个人关系作用于社会。社会的核心关系是权力，个人的核心关系是利益。社会延揽个人期望有所回报，个人延揽社会希望有所回报。社会在自我环境下无所谓好坏，进入名利产生好坏。个人在自我状态下无所谓好坏，进入社会产生好坏。名利是相对的好与绝对的坏，功利是相对的好与绝对的坏。社会有名利必定是恶性循环，个人有功利必定是恶性循环。对社会指责没有任何意义，关键问题在于个人。对个人指责没有任何意义，关键问题在于社会。社会本意是善良的，进入个人是寻找邪恶。个人本意是善良的，进入社会是寻找邪恶。社会容忍邪恶，说明社会已经变质。个人容忍邪恶，说明个人已经变质。社会要变好是长期培养的过程，也是长期坚持的结果。个人要变好是长期培养的过程，也是长期坚持的结果。名利改变了社会基因，功利改变了个人基因。名利让社会变质，功利让个人变质。名利无所谓好坏，对任何社会都有副作用。功利无所谓好坏，对任何个人都有副作用。社会对名利没有必要辩解，任何辩解都是欺骗民众。个人对功利没有必要辩解，任何辩解都是欺骗社会。名利对社会有欺骗性，功利对个人有欺骗性。社会求助个人有名利的目的，个人求助社会有功利的目的。社会有目的就有虚伪，个人有目的就有虚荣。社会动用一切手段强化个人关系，个人动用一切智慧强化社会关系。社会关系是个人的输送，个人关系是社会的输送。社会关系并不高贵，就是名利的不断积累。个人关系并不高尚，就是功利的不断积累。名利积累到一定程度会向个人坍塌，功利积累到一定程度会向社会坍塌。社会是个人的废墟，个人是社会的废墟。社会是个人的工地，个人是社会的工地。名利的营养会催肥社会，功利的营养会催肥个人。社会陷入拜物教，个人陷入拜神教。社会必须聚集名利，个人必须聚集功利。社会聚集激发个人欲望，个人聚集激发社会欲望。社会欲望产生个人消费，个人欲望产生社会消费。社会消费派生个人关系，个人消费派生社会关系。社会关系需要升级，目的是打造名利的制高点。个人关系需要升级，目的是打造功利的制高点。名利的高地引诱个人攀爬，功利的高地引诱社会攀爬。低级需求会高度浓缩，高级需求会极度放大。社会是个人欲望的驱使，个人是社会欲望的驱动。社会用关系伸展欲望，个人用关系实现需求。社会欲望是相互攀比，个人欲望是社会攀比。社会攀比是消费冲动，个人攀比是需求冲动。社会不可能把握好进度，个人不可能把握好平衡。社会是权力和利益的需求，个人是生理和利益的需求。社会是赤裸裸的发展，个人是赤裸裸的产生。赤裸裸的社会不需要个人，赤裸裸的个人不需要精神。名利的结论就是怪物，功利的结论就是动物。从生理到利益是直接的关系，从利益到权力是直接的关系。利益不需要任何阻隔，权力不需要任何障碍。社会必须用权力打通个人关系，个人必须用利益打通社会关系。社会是权力的输送，个人是利益的输送。社会是权力到利益的双向输送，个人是利益到权力的双向输送。社会为了掩盖这种关系敷衍出精神，个人为了掩盖这种关系敷衍出道德。精神与现实缺乏内在联系，道德与个人缺乏内在联系。社会塑造名利并不需要精神，个人塑造功利并不需要道德。精神是社会负担，道德是个人负担。精神是社会虚伪，道德是个人虚伪。

　　关于关系的改变。个人关系本来是正常的，最终走向扭曲。社会关系本来是正常的，最终走向扭曲。个人扭曲是功利的变态，社会扭曲是名利的变态。个人关系是明争暗斗，功利会恶化个人关系。社会关系是尔虞我诈，名利会恶化社会关系。个人恶化伴随暴行，社会恶化伴随暴力。个人越发展越自私，社会越发展越贫穷。个人关系是社会悖论，社会关系是个人悖论。个人问题困扰社会，也积累社会矛盾。社会问题困扰个人，也积累个人矛盾。个人诱导社会犯更多的错误，社会诱导个人犯更多的错误。个人必须扭曲才能进入社会，核心部分被个人掏空。社会必须扭曲才能进入个人，核心部分被社会掏空。个人只能用虚拟关系嫁接社会，社会只能用虚拟关系嫁接个人。个人的边缘被社会同化，社会的边缘被个人同化。个人关系只能隶属部分社会，社会关系只能隶属部分个人。个人受社会刺激会复杂相互关系，社会受名利刺激会复杂个人关系。个人刺激社会的敏感部位，社会刺激个人的敏感部位。个人必须制造兴奋点，社会必须制造兴奋源。个人是社会的兴奋剂，社会是个人的兴奋剂。个人是社会的兴奋度，社会是个人的兴奋度。抽取个人关系是社会裸露，抽取社会关系是个人裸露。个人需要建立社会关系，社会需要建立个人关系。个人关系是功利的外衣，社会关系是名利的外衣。个人用关系榨取社会能量，社会用关系榨取个人能量。个人用关系吸取社会营养，社会用关系吸取个人营养。个人营养壮大了社会，社会营养壮大了个人。个人用利益锁定社会，社会用权力锁定个人。打开利益之锁个人会解体，打开权力之锁社会会解体。个人用利益交换社会关系，社会用权力交换个人关系。个人被权力锁定双手，社会被利益锁定双脚。个人紧贴权力的侧面，社会紧贴利益的侧面。个人的边界就是社会，社会的边界就是个人。权力的边界就是利益，利益的边界就是权力。权力不仅是政治体现，也是社会体现。利益不仅是个人需求，也是社会需求。权力面向利益产生动力，利益面向权力产生需求。对权力不能理想化，对利益不能理想化。对个人不能理想化，对社会不能理想化。个人担心社会关系的断裂，社会担心个人关系的破裂。个人会主动修补社会关系，社会会主动修复个人的关系。个人修复是功利的本能，社会修复是名利的本能。个人是本能的合作，社会是本能的对抗。个人是本能的宣泄，社会是本能的释放。个人释放可以建立社会关系，社会释放可以建立个人关系。个人在功利的驱使下不会停顿下来，社会在名利的驱使下不会停顿下来。个人具有功利是道德的虚伪，社会具有名利是精神的虚伪。功利维持个人的实体运行，道德维持虚拟运行。名利维持社会的实体运行，精神维持虚拟运行。物化进程只剩下买卖双方，物化结果只剩下甲乙双方。个人必须加快物化进程，社会必须加快物化繁殖。个人进程是物质的愚昧，社会进程是物质的愚蠢。个人结构被物化的力量所改变，社会结构被物化的力量所颠覆。个人对社会非常陌生，社会对个人非常陌生。个人需要在道德层面再次升华，社会需要在精神层面再次升华。个人不能孤立在功利当中，社会不能孤立在名利当中。个人关系不能低俗化，社会关系不能庸俗化。个人不能用功利否定社会，社会不能用名利否定个人。个人必须对社会有正确的理解和使用，社会必须对个人有正确的理解和使用。

十九、人性的苦难

　　人性有幸福也有苦难，社会有美好也有邪恶。个人会关注幸福和苦难两种过程，社会会关注美好与邪恶两种结果。个人是苦难的体验，社会是苦难的检验。个人苦难有社会原因，社会苦难有历史原因。人类伴随苦难成长起来，社会伴随苦难发展下去。

　　关于苦难的认识。人类经历最多的，不是幸福而是苦难。社会经历最多的，不是顺利而是曲折。人类经过一个时期就会出现一段苦难，社会经历一个时期就会出现一段曲折。苦难伴随社会也伴随个人，作用于肉体也作用于精神。幸福是一种等待，苦难是一种遭遇。社会厚重不是幸福的指数，而是苦难的累加。个人厚重不是幸福的指标，而是苦难的记忆。社会用苦难诉说历史，个人用苦难诉说经历。社会离开苦难没有对比，个人离开苦难没有对白。社会在苦难中奠基，个人在苦难中成长。社会的基本功能是承接苦难，个人的基本功能是承受苦难。历史在苦难的支配下运行，现实在苦难支的配下运转。历史在制造苦难的逻辑，现实在寻找苦难的根源。思想在寻找解脱的方法，神灵在寻找解脱的路径。社会记忆是无尽的苦难，个人记忆是无数的苦难。苦难显示历史的悠久，也能昭示人生的沧桑。苦难产生理想，痛苦产生信仰。苦难是民族的摇篮，不断摇动才能振作与清醒。苦难是个人的摇篮，不断考验才能意志与坚强。苦难让社会更加宽容，让个人更加善良。社会苦难会理解个人，个人苦难会理解社会。社会理解向深度发展，个人理解向广度发展。社会必须产生更多的苦难考验个人，个人必须产生更多的苦难考验社会。社会考验是现实的承受，个人考验是社会的承受。社会没有记忆会重复苦难，个人有所记忆会逃避苦难。历史在重复社会的苦难，个人在重复现实的痛苦。社会重复是历史的阴影，个人重复是社会的阴影。社会可以为一部分人制造幸福，也可以为另一部分人制造苦难。个人可以为自己创造幸福，也可以为别人制造苦难。社会快速发展会制造自然的苦难，个人快速发展会制造社会的苦难。

自然的苦难让人类承受，社会的苦难让个人承受。历史是苦难的延伸，社会是苦难的延展。社会被历史的苦难所笼罩，个人被苦社会的苦难所笼罩。社会苦难是历史的对比，个人苦难是现实的对比。社会要改造世界，个人要改造社会。社会要创造一个新世界，个人要创造一个新社会。社会创造就意味着颠覆，个人创造就意味着破坏。社会评价往往是正义的，其实隐藏着巨大的灾难。个人评价往往是正面的，其实隐藏着巨大的破坏。苦难颠覆了社会的正常思维，也颠覆了个人的正常判断。只有苦难才能让社会恢复正常的功能，只有苦难才能让个人恢复正常的理智。看起来是反思苦难，其实是寻找苦难。看起来是消除苦难，其实是制造苦难。苦难给社会留下难以愈合的创伤，也给个人留下来难以跨越的障碍。为了激励社会必须制造更大的苦难，为了激励个人必须制造更多的苦难。社会需要苦难鼓舞人心，个人需要苦难激励斗志。历史是苦难的辉煌，现实是苦难的伟大。社会需要个人的苦难作为动力，个人需要社会的苦难作为背景。社会是苦难的发动机，个人是苦难的推进器。历史的苦难需要社会填补，社会的苦难需要个人填补。一个苦难结束以后，另一个苦难必须尽快开始。结束社会的力量是上一个苦难，开始社会的力量是下一个苦难。社会不能结束苦难，因为有个人需要。个人不能结束苦难，因为有社会需要。

关于苦难的产生。社会不能摆脱苦难，需要现实的抚慰。个人不能摆脱苦难，需要精神的抚慰。现实抚慰需要理想的工具，精神抚慰需要心灵的工具。社会需要苦难的灵感，个人需要苦难的感悟。历史伴随苦难，因为有争名夺利。社会伴随苦难，因为有贫富不均。个人伴随苦难，因为有欲望需求。苦难是自上而下的产生，也是自下而上的表现。原因的追溯往往下移，结果的评价往往上移。人们经常追问个人的善恶，没有人追问社会的善恶。经常追问善恶的结果，没有人追问善恶的原因。个人好坏是社会决定的，社会好坏是名利决定的。名利好坏是争夺决定的，争夺好坏是归属决定的。社会没有名利不可能有个人争夺，个人没有欲望不可能有社会争夺。社会没有办法摆脱苦难，名利把社会推进深渊。个人没有办法摆脱苦难，功利把个人推进火炕。名利出现问题往往会敲打社会，社会出现问题往往会敲打个人。苦难在社会层面发生，结果在个人层面追究。社会不公平是名利造成的，个人不公平是社会造成的。社会只面临单向苦难，个人却经受多重苦难。社会苦难除了自然原因，大部分是人为因素。个人苦难除了自身原因，大部分是社会因素。社会灾难是战争引起的，战争灾难是权力引起的。局部战争会波及社会，社会战争会波及人类。自从有了权力，社会灾难从来没有停止过。自从有了利益，个人灾难从来没有停止过。社会争夺的对象就是权力，个人争夺的对象就是利益。权力是群体的争夺，也是群体的灾难。利益是个体的争夺，也是个体的灾难。社会始终面临权力的威胁，个人始终面临利益的威胁。即便没有战争，权力也会威胁社会。即便没有争斗，利益也会威胁个人。社会顺应个人就是幸福，违背个人就是灾难。个人顺从社会就是幸福，违背社会就是灾难。社会看起来是平静的，其实潜藏着名利的暗流。个人看起来是平和的，其实暗藏着功利的潜流。有名利就有争夺，有功利就有争斗。社会是间断性的战争与灾害，个人是经常性的贫穷与疾病。幸福总是短暂的，痛苦总是漫长的。社会总是快乐的，个人总是痛苦的。历史从一个方向把苦难倾倒于社会，社会从多个方向把苦难倾倒于个人。社会对苦难并没有感受，个人对苦难却记忆深刻。社会不可能摆脱历史苦难，个人不可能摆脱社会苦难。精神不可能摆脱身体痛苦，身体不可能摆脱现实痛苦。社会是苦难产生的根源，个人是苦难作用的对象。社会苦难虽然是间歇性的，但总有爆发的时候。个人苦难虽然是阶段性的，但总有遭遇的时刻。历史对社会最大的恩惠是减少苦难，社会对个人最大的恩赐是减少苦难。社会不可能远离苦难，但至少可以拉大苦难的距离。个人不可能逃离苦难，但至少可以缩短苦难的时间。社会不能把苦难转嫁给个人，个人不能把苦难转嫁给后人。社会不能用苦难刺激个人，个人不能用苦难刺激社会。社会施加多少苦难，个人就要回报多少苦难。个人施加多少苦难，社会就要回报多少苦难。幸福从来不是对等的，苦难从来就是超值的。个人可以接受自然的苦难，但不能接受社会的苦难。社会可以承受自然的苦难，但不能承受个人的苦难。社会必须为个人释放苦难留下空间，个人必须为社会释放苦难留下空间。社会必须寄存个人的苦难，个人必须缓解社会的苦难。社会不能以制造苦难为乐趣，个人不能以承受苦难为宗旨。

关于苦难的作用。社会功能是制造苦难，个人功能是利用苦难。社会利用苦难创造神话，个人利用苦难创造故事。社会用苦难证明自己的伟大，个人用苦难证明自己的英勇。社会需要苦难的理论支撑，个人需要苦难的道德支撑。社会必须用痛苦证明创世的艰难，个人必须用苦难证明创业的艰辛。制造苦难是社会悖论，承受苦难是个人悖论。社会一旦建立会摆脱苦难，个人一旦成立会承受苦难。社会诉说苦难是让个人同情，个人诉说苦难是让社会同情。社会需要反方向的证明，个人需要反方向的说明。社会逻辑是逆时针旋转，个人逻辑是逆时针推演。社会逻辑是历史的怀疑，个人逻辑是现实的怀疑。苦难改变了社会思维，也改变了个人行为。思维带来了心理问题，行为带来了现实问题。社会悖论产生了个人扭曲，个人悖论产生了社会扭曲。社会必须时刻打扮自己才能让个人接受，个人必须时刻打扮自己才能让社会接受。社会展示苦难是为了防止个人怀疑，个人展示苦难是为了防止社会怀疑。社会一旦建立会把苦难转嫁给个人，诉说苦难是为了让个人承受。个人一旦成立会承受苦难，诉说苦难是为了让社会有所缓和。社会不可能背叛现实，只能颠覆历史。个人不可能背叛历史，只能颠覆现实。社会其实没有那么多苦难，许多苦难都是自我改编的连续剧。个人其实没有那么多苦难，许多苦难都是自我绘制的连画画。社会用苦难征服个人，个人用苦难征服社会。社会用苦难证明个人，个人用苦难证明社会。社会是苦难的载体不可能有个人追随，个人是苦难的载体不可能有社会追随。社会苦难是阶段性的，个人苦难是经历性的。社会需要苦难塑造形象，个人需要苦难产生影响。社会塑造是为了让个人珍惜，个人塑造是为了让社会重视。社会诉说苦难的时候正在享用名利，个人诉说苦难的时候正在享用功利。不成功的社会，任何证明都没有说服意义。不成功的个人，任何诉说都没有现实作用。社会诉说苦难是为了证明成就，个人诉说苦难是为了说明成功。社会苦难是对个人的欺骗，个人苦难是对社会的欺骗。社会没有欺骗不可能占有名利，个人没有欺骗不可能占有功利。名利并不是苦难的结果，功利并不是苦难的必然。社会占有名利并不能心安理得，个人占有功利并不会高枕无忧。社会害怕名利得而复失，只能用苦难化解个人危机。个人害怕功利得而复失，只能用苦难化解社会危机。苦难有实质性也有虚伪性，有使用价值也有利用价值。社会不敢在名利面前沾沾自喜，个人不敢在功利面前忘乎所以。社会占有名利必须获得更多人的支持，个人占有功利必须获得更多人的同情。苦难是进攻的武器也是防守的武器，是说明的工具也是麻痹的工具。不成功的社会诉说再多的苦难也没有人同情，不成功的个人诉说再多的苦难也没有人理解。社会在利用苦难麻痹个人，个人在利用苦难麻痹社会。社会必须利用各种工具伪装自己，个人必须利用各种手段伪装自己。苦难是最好的社会伪装，也是最好的个人伪装。社会用苦难打造外围的堤坝，个人用苦难打造外围的防护。只有苦难能够巩固社会成果，只有苦难能够树立个人威信。社会成功必须依靠个人的力量，个人成功必须依靠社会的力量。社会诉说并没有涉及民众的苦难，个人诉说并没有涉及社会的苦难。社会享受成果反而诉说苦难，个人享受成功反而诉说苦难。社会的思维并不正常，个人的行为并不正常。

关于苦难的转化。人类除了灾害和疾病以外，所有的苦难都是自虐的结果。社会是名利的苦旅，个人是功利的苦旅。社会既想进入名利又想远离名利，个人既想获得功利又想远离功利。名利是社会苦难的渊薮，功利是个人苦难的渊薮。社会用名利来折磨个人，个人用功利来折磨社会。社会释放名利是为了虐待个人，个人释放功利是为了虐待社会。社会是互虐与自虐的过程，个人是自虐与互虐的过程。社会用权力虐待个人，个人用利益虐待社会。社会矛盾源于权力的集中，个人矛盾源于利益的集中。权力集中导致社会争夺，利益集中导致个人争夺。社会争夺形成权力集团，个人争夺形成利益集团。只要有权力不可能消除社会苦难，只要有利益不可能消除个人苦难。权力的反复是社会灾难，利益的反复是个人灾难。社会对权力充满期待和恐惧，个人对利益充满向往和憎恶。只要有权力的崇拜，社会难逃噩运。只要有利益的崇拜，个人难逃噩梦。社会是权力的纠缠与争斗，个人是利益的纠缠与争斗。社会苦难被权力放大，个人苦难被利益放大。社会诉说苦难可能是权力的伤痛，个人诉说苦难可能是利益的伤痛。社会用苦难诉说权力的艰辛，个人用苦难诉说利益的艰难。面对生老病死和自然灾害，个人只能默默承受。面对社会的暴力与掠夺，个人只能默默忍受。制造苦难是长期的过程，反思苦难是长期的过程。社会反思苦难会变本加厉，个人反思苦难会仇恨报复。社会幸福是片段的，痛苦是连续的。个人幸福是相对的，痛苦是绝对的。社会幸福是虚拟转化，个人痛苦是实体转化。社会幸福是单频道，个人痛苦是多频道。社会幸福会不断缩小，个人痛苦会不断放大。幸福的代价是痛苦的对比，痛苦的代价是更加痛苦。社会似乎是为了创造幸福，其实是为了制造痛苦。个人似乎是为了寻找幸福，其实是为了寻找痛苦。社会幸福是一种误导，个人幸福是一种误区。幸福是一种满足，多数人不可能得到满足。幸福是一种保障，多数人不可能得到保障。社会总想用痛苦反证幸福，其实多数人并不幸福。个人总想用幸福掩盖痛苦，其实痛苦并没有消除。社会是痛苦的恶性循环，个人是痛苦的恶性循环。社会痛苦来自于不平，个人痛苦来自于不公。社会不平产生仇恨，个人不平产生仇视。社会在幸福的掩盖下会制造更多的不平，个人在幸福的掩饰会制造更多的不公。社会不平会带来个人仇恨，个人不公会带来社会仇视。社会肯定需要仇恨，个人否定需要仇视。似乎社会都是受害者，其实受到伤害的还是个人。似乎个人都是受害者，其实受到损害的还是社会。社会需要清算，消除一个苦难必须使用两个苦难。个人需要清算，填补一个漏洞必须留下两个漏洞。社会看起来是消除苦难，其实是在制造新的苦难。个人看起来是放弃苦难，其实是在迎接新的的苦难。社会需要苦难的铺张，个人需要苦难的铺垫。社会本身并不产生苦难，名利产生了苦难。个人本身并不产生苦难，社会产生了苦难。名利是社会的魔鬼，功利是个人的魔鬼。社会依靠名利就得经受名利的苦难，个人依靠社会就得经受社会的苦难。幸福不可能面向所有的人，痛苦却面向所有的人。减少社会痛苦必须弱化权力的影响，减少个人痛苦必须弱化利益的影响。名利失去约束是社会灾难，功利失去约束是个人灾难。结束社会苦难必须终止权力的争夺，结束个人苦难必须终止利益的争夺。

二十、人性的限制

　　人性需要限制，社会需要限制。美好的个人来自限制，美好的社会来自限制。个人堕落是社会放纵，社会堕落是个人放纵。个人限制是道德要求，社会限制是体制要求。个人失去约束会危害社会，社会失去约束会危害人类。

　　关于个人的限制。个人理解决定社会模式，社会理解决定个人模式。个人具有社会能量不可以理想化，具有社会欲望不可以理想化。社会具有个人能力不可以理想化，具有个人欲望不可以理想化。个人只有普遍性没有特殊性，社会只有普遍意义没有特殊意义。个人既是自我集合也是社会集合，既是精神集合也是现实集合。自我集合呈现精神属性，社会集合呈现现实属性。个人表现必定有社会背景，社会表现必定有个人背景。社会可以放大个人需求，个人可以浓缩社会欲望。人类首先是自然动物，然后是社会动物。社会首先是动物聚合，然后是人类聚合。自然属性终究被社会属性所改造，自然本能终究被社会本能所改造。人类进入社会已经不是自然动物，本能意识必然被社会所取代。动物是本能驱动意识，人类是意识驱动本能。社会本来没有意识，人类的驱动具有了意识。人类本来没有欲望，社会的驱动具有了欲望。社会通过意识支配个人，个人通过欲望支配社会。社会的物化能力转变为个人需求，个人的创造能力转变为社会需求。社会转化是群体意识，个人转化是社会意识。高度的社会化就是个人，高度的个人化就是社会。社会能够同化个人的力量就是名利，个人能够同化社会的力量就是功利。社会可以利用个人的力量进行创造，也可以利用个人的力量进行破坏。个人可以利用社会的力量进行创造，也可以利用社会的力量进行破坏。社会具有个人力量必须进行限制，个人具有社会力量必须进行限制。在社会条件下个人能力不可能是自然转化，在个人条件下社会能力不可能是动物转化。自然本能是生存需要，社会本能是发展需要。生存需要是简单的，发展需要是复杂的。生存需要简单的智慧和技能，发展需要复杂的欲望和手段。社会创造个人是为了利用个人，个人创造社会是为了利用社会。社会已经不是自然因素的集合，个人已经不是生存因素的集合。社会包含着主动的想法，个人包含着欲望的因素。社会放大本能也放大了意识，个人浓缩了需求也浓缩了欲望。社会是实体性放大，个人是虚拟性放大。社会填充个人激活欲望，个人填充社会激活需求。社会放大必然吞并个人，个人放大必然吞并社会。社会能量的转化来自于个人，个人能量的转化来自于社会。社会具有能量可以造福也可以造孽，个人具有能量可以行善也可以作恶。对社会限制的重点在于个人，对个人限制的重点在于社会。社会力量强大很容易穿透个人，个人力量强大很容易穿透社会。社会借助个人的力量必然穿越原则，个人借助社会的力量必然穿越道德。社会在原则面前异常脆弱，个人在道德面前异常脆弱。社会理念解决不了所有的现实问题，个人道德解决不了所有的行为问题。原则在名利面前可以矮化，道德在功利面前可以脆化。社会因为权力而改变，个人因为利益而改变。社会改变是原则的交易，个人改变是人格的交换。限制社会是不能完全倒向名利，限制个人是不能完全倒向功利。限制社会为个人道德留出空间，限制个人为社会原则留出空间。社会不能用名利绑架个人，个人不能用功利绑架社会。社会不能用名利垂钓个人，个人不能用功利垂钓社会。

关于相互的限制。个人需要相互限制，社会需要相互限制。相互限制让个人公开，相互牵制让社会透明。限制个人需要相互的力量，牵制社会需要相互的作用。个人既是依靠的对象，也是限制的对象。社会既是依靠的力量，也是限制的力量。个人需要第三方进行监督，社会需要第三方进行约束。个人走向公开让利益无处躲藏，社会走向公开让权力无处躲藏。个人需要缩小利益的黑幕，社会需要缩小权力的黑幕。个人没有特殊作用，社会没有特殊意义。个人没有限制会走向社会的反面，社会没有限制会走向个人的反面。个人是功利性的变异，社会是名利性的变异。功利改变了个人属性，名利改变了社会属性。限制个人是防止局部破坏，限制社会是防止整体破坏。个人具有无限能量会破坏社会，社会具有无限能量会破坏个人。限制个人是防止获得更多的社会利益，限制社会是防止获得更多的个人权利。个人与社会的距离过近，必须建立中间环节。社会与个人的距离过近，必须隔离中间地带。限制的对象必须立足于个人，限制的结果必须立足于社会。限制个人必须压缩社会空间，限制社会必须压缩个人空间。个人规则是社会空间，社会规则是个人空间。个人规则来自社会限制，社会规则来自个人限制。个人限制的重点在于群体，社会限制的难点在于群体。个人突破群体才能进入社会，社会突破群体才能进入个人。个人通过群体获取社会能量，社会通过群体支配个人能量。个人不能无限获取社会能量，社会不能无限支配个人能量。个人不能膨胀为社会，社会不能膨胀为世界。个人膨胀必须要有社会阻力，社会膨胀必须要有个人阻力。个人必须受到社会阻滞，社会必须受到个人阻滞。个人放大必须借助利益，社会放大必须借助权力。切断利益让权力失去动力，切断权力让利益失去动力。个人无限放大必定是社会危害，社会无限放大必定是个人危害。个人变化与利益和权力有密切关系，社会变化与权力和利益有密切关系。不限制利益个人不得安宁，不限制权力社会不得安宁。个人限制以利益为核心，以权力为辅助。社会限制以权力为核心，以利益为辅助。个人必须限制利益的本能，社会必须限制权力的本能。个人必须是道德与规则的双重限制，社会必须是体制与机制的双重限制。个人突破限制是社会膨胀，社会突破限制是个人膨胀。个人膨胀让社会扭曲变形，社会膨胀让个人扭曲变形。个人是利益扭曲与权力变形，社会是权力扭曲与利益变形。个人限制是防止过度膨胀，社会限制是防止过度释放。个人过度膨胀会突破道德，社会过度释放会突破原则。个人膨胀会产生畸形能量，社会释放会产生畸形作用。个人延伸必然遇到机制的障碍，社会延伸必然遇到体制的障碍。个人不能拥有无限的利益，社会不能拥有无限的权力。个人利益必须有制度的压缩，社会权力必须有体制的压缩。压缩利益需要道德的力量，更需要制度的力量。压缩权力需要道德的力量，更需要体制的力量。个人容量是有限的，承受不了那么多欲望和需求。社会容纳是有限的，承受不了那么多权力和利益。限制权力必须以利益为对象，限制利益必须以权力为对象。权力的过度膨胀让社会难以消化，利益的过度膨胀让个人难以消化。社会必须在固定的空间运行，个人必须在固定的空间运转。社会不需要打造特殊的个人，个人不需要打造特殊的社会。

关于欲望的限制。社会必须从结果限制到行为限制，个人必须从行为限制到欲望限制。社会巨大的名利激起个人欲望，个人的巨大需求激起社会欲望。社会发展是满足现实的需要，也是满足欲望的需要。个人发展是满足现实的需要，也是满足欲望的需要。社会欲望来自权力的攀比，个人欲望来自利益的攀比。社会贪婪改变了自然规律，个人贪婪改变了社会规律。生理贪婪改变了动物规律，现实贪婪改变了历史规律。社会有欲望不会停顿下来，个人有欲望不会停止下来。社会发展到一定程度不是现实的需要，而是欲望的发作。个人发展到一定程度不是现实的需要，而是欲望的支配。社会欲望是拥有更多的权力，个人欲望是拥有更多的利益。权力激起更多的社会欲望，利益激起更多的个人欲望。社会有欲望就有膨胀，个人有膨胀就有欲望。社会膨胀是双向拓展，个人膨胀是双向延伸。社会用权力拓展利益，个人用利益拓展权力。获得权力的目的是谋取利益，获得利益的目的是谋取权力。社会拓展是权力的碰撞，个人拓展是利益的碰撞。社会遇到阻力会用权力打通关节，个人遇到阻力会用利益打通关节。社会对权力有本能的渴望，个人对利益有本能的渴望。社会本来不需要那么多权力，个人本来不需要那么多利益。社会筑起权力的拦洪坝，目的是储存更多的利益。个人筑起利益的拦洪坝，目的是储存更多的权力。社会面向权力有无限动力，个人面向利益有无限动力。社会不愿意转身面向公众，个人不愿意转身面向社会。权力需要转身，这是社会文明。利益需要转身，这是个人文明。社会公开让权力失去作用，个人公开让利益失去作用。社会不能消除权力必须限制权力，个人不能消除利益必须限制利益。权力不受约束让社会可怕，利益不受约束让个人可恨。社会走向邪恶必定有权力的原因，个人走向邪恶必定有利益的因素。生存需求是有限的，发展需求是无限的。实体需求是有限的，欲望需求是无限的。社会需要实体与虚拟的双重限制，个人需要现实与精神的双重约束。社会不能是现实的无限扩张，也不能是精神的无限扩张。个人不能是现实的无限诉求，也不能是欲望的无限诉求。现实的无限性会危害精神，精神的无限性会危害现实。社会走向反面从精神开始，个人走向反面从欲望开始。社会首先是名利的反作用，然后是精神的反作用。个人首先是利益的反作用，然后是欲望的反作用。社会有权力的对抗就有精神的对抗，个人有利益的对抗就有意识的对抗。权力发动社会，防止社会过热必须制动权力。利益发动个人，防止个人过热必须制动利益。社会权力过多是对个人的侵犯，个人利益过多是对社会的侵犯。权力触角过长必定改变社会结构，利益触角过长必定改变个人结构。限制权力恢复社会美好，限制利益恢复个人美好。社会需要精神的美好，个人需要道德的美好。恢复社会理性需要限制，恢复个人理智需要限制。社会必须在权力面前做出牺牲，个人必须在利益做出牺牲。社会没有先天的好坏，理性区分好坏。个人没有先天的好坏，理智区分好坏。社会不能放纵权力，个人不能放纵利益。打开社会缺口是权力的放纵，打开个人缺口是利益的放纵。封堵社会缺口是健全体制，封堵个人缺口是健全法制。社会约束不能依靠虚拟的力量，个人约束不能依靠虚拟的措施。社会理想不是约束个人的工具，个人理想不是约束社会的工具。

　　关于社会的限制。在人类不能自我管理的时候，需要创造神灵。在社会不能自我管理的时候，需要创造法律。现实达不到目的需要智慧，制度达不到目的需要体制。人类过于聪明，必须有更聪明的办法。社会过于强大，必须有更强硬的措施。个人行为是自由的，行为必须受到约束。个人意识是自由的，意识必须受到约束。社会不限制是个人动物，个人不限制是社会动物。社会作为害虫必定蚕食个人，个人作为害虫必定蚕食社会。社会规则不可能阻挡个人侵害，个人道德不可能阻挡社会侵害。社会一定要认识到个人的危害，因为能力和欲望都在增强。个人一定要认识到社会的危害，因为权力和利益都在增多。社会是个人投机和破坏的对象，个人是社会投机和破坏的对象。社会威胁是个人力量，个人威胁是社会力量。社会残酷在于权力的蹂躏，个人残酷在于利益的蹂躏。社会在权力面前并不完美，个人在利益面前并不完美。争夺权力让社会走向残酷，争夺利益让个人走向残酷。道义限制不了权力，道德阻止不了利益。社会有限制才能有道义，个人有约束才能有道德。社会在权力面前必须是相对的，个人在利益面前必须是相对的。社会可以使用权力，但权力必须受到严格的限制。个人可以使用利益，但利益必须受到严格的限制。社会的丑恶现象是权力的副作用，个人的丑恶现象是利益的副作用。社会必须警惕权力的背叛，个人必须警惕利益的背叛。社会不是神话，个人不是故事。让社会带上枷锁并不容易，让个人接受约束也不容易。社会道义只是有限的参考，个人道德只是有限的参照。社会不能凭借理念运行，个人不能凭借理性运行。名利让社会理念背道而驰，功利让个人道德背信弃义。社会自律是有限的，个人自治是有限的。对社会不能产生错误的理解，对个人不能产生错误的解释。无限的社会造就无限的个人，有限的个人造就有限的社会。社会文明是限制的过程，个人文明是限制的结果。社会不受限制很难让个人相信，个人不受限制很难让社会信任。社会肆无忌惮是世界末日，个人肆无忌惮是社会末日。社会自恋是历史误区，个人自恋是社会误区。社会是现实的存在，必须有现实的限制。个人是现实的存在，必须有现实的约束。社会陶醉是个人的病态，个人陶醉是社会的病态。社会病态感染个人，个人病态感染社会。社会周期性发作是个人问题，个人周期性发作是社会问题。社会没有出现过小问题，都是大问题。个人没有犯过高级错误，都是低价错误。阻断个人只有限制社会，阻断社会只有限制个人。社会有机可乘个人必定投机，个人有机可乘社会必定投机。社会是个人的朋友也是潜在的敌人，个人是社会的朋友也是潜在的敌人。社会安全来自个人，个人安全来自社会。社会因为技术的发展比以往任何时候都要危险，不会一夜之间创造但会一夜之间毁灭。个人因为能力的发展比以往任何时候都要可怕，不会是一个人创造但会是一个人毁灭。社会越发展越需要规则，个人越发展越需要道德。点燃社会的因素在增多，点燃个人的因素在增多。社会一旦失去控制就难以驾驭，个人一旦失去控制就难以把握。依靠社会自觉解决不了个人问题，依靠个人自觉解决不了社会问题。限制社会是强制个人反省，限制个人是强制社会反省。限制社会是防止名利的泛滥，限制个人是防止功利的泛滥。限制比考验更重要，约束比教育更现实。

二十一、人性的要素

人性是要素的构成，社会是要素的形成。个人必须是完整的要素，社会必须是完善的要素。个人要素可以构筑社会，社会要素可以完善个人。个人可以推动社会，社会可以决定个人。个人要素在社会中形成，社会要素在个人中形成。

关于要素的认识。个人看起来是完整的，其实是要素的存在。社会看起来是完整的，其实是要素的分解。个人是要素的集合与分解，社会是要素的分解与集合。个人首先被要素所集合，然后被要素所分解。社会首先被要素所分解，然后被要素所集合。个人在要素面前不可能完整，社会在要素面前不可能完全。个人要素是现实与意识的分解，社会要素是现实与精神的分解。现实可以分解为若干要素，精神可以分解为若干要素。对个人理解决定着社会要素，对社会理解决定着个人要素。个人能够成立是自我对接与相互分解，社会能够成立是自我分解与相互对接。个人是质化的过程，社会是量化的过程。个人需要在社会中重塑，社会需要在个人中重建。重塑个人需要收集社会要素，重建社会需要收集个人要素。要素形成是缓慢的过程，分解是快速的过程。个人改变需要社会过程，社会改变需要历史过程。个人区别在于社会演变，社会区别在于历史演变。个人是社会模型的演变，社会是历史模型的演变。个人沉淀形成社会模型，社会沉淀形成历史模型。个人形式是社会承接，社会形式是历史承接。个人必须确定主导要素，然后确定辅助要素。社会必须确定主导要素，然后确定相关要素。现实需要主导要素，精神需要主导要素。现实需要辅助要素，精神需要辅助要素。主导要素决定方向，辅助要素决定内容。主导要素决定性质，辅助要素决定表现。个人表现虽然不会统一，基本要求不会有大的改变。社会表现虽然不会统一，基本性质不会有大的改变。对个人的结论要寻找基本要素，对社会的结论要寻找主导要素。个人的基本要素是对利益的认识，社会的基本要素是对权力的认识。利益要素决定个人的基本态度，权力要素决定社会的基本态度。个人好坏是利益的表现，社会好坏是权力的表现。利益从占有到分享是个人的转化，权力从占有到分享是社会的转化。利益很难分享，个人很难转化。权力很难分享，社会很难转化。个人必须是利益主导，社会必须是权力主导。衡量个人主要从利益的角度分析，衡量社会主要从权力的角度分析。个人善恶是利益的条件反射，社会善恶是权力的条件反射。行为善恶是精神的条件反射，精神善恶是道德的条件反射。有利益的不平衡就有个人善恶，有权力的不平衡就有社会善恶。利益为个人的行为定位，权力为社会的行为定位。个人在利益面前选择是有限的，社会在权力面前选择是有限的。纯粹的个人并不存在，纯粹的精神并不存在。纯粹的社会并不存在，纯粹的原则并不存在。个人是利益的取舍，社会是权力的取舍。个人是利益的发作，社会是权力的发作。个人是利益的代言，社会是权力的代言。分析个人必须找到利益的焦点，分析社会必须找到权力的焦点。个人思维从利益出发，行为从利益展开。社会思维从权力出发，行为从权力展开。个人不可能违背利益的原则，社会不可能违背权力的原则。个人的核心受利益驱动，社会的核心受权力驱动。个人与社会是利益联动，社会与个人是权力联动。个人与社会交换利益，社会与个人交换权力。个人用利益配置权力，社会用权力配置利益。

关于要素的作用。社会是完整的要素，但被名利分割为具体元素。个人是完整的要素，但被功利分割为具体元素。要素体现义务，元素体现权利。要素体现理念，元素体现需求。社会分解是个人归类，个人分解是社会归类。社会分解是职能归类，个人分解是职业归类。社会被无限分割，精神会失去生命。个人被无限分割，思想会失去生命。社会高尚是精神要素，个人高尚是道德要素。社会被名利分割并不高尚，个人被功利分割并不高尚。社会对自己没有正确的认识，个人对自己没有正确的理解。社会享受权力会放弃自己的责任，个人享受利益会放弃自己的义务。社会的喜怒哀乐取决于权力的得失，个人的喜怒哀乐取决于利益的得失。社会变坏必定是权力与利益的结合，个人变坏必定是欲望与利益的结合。社会要么不能拥有权力，要么不能拥有利益。个人要么不能拥有利益，要么不能拥有权力。社会很难放弃权力，只能限制利益。个人很难放弃利益，只能限制权力。权力因为利益并不高尚，利益因为权力并不高尚。权力没有节制是利益的黑暗，利益没有节制是权力的黑暗。权力不可能承担责任，因为社会责任已经解体。利益不可能承担责任，因为个人责任已经解体。社会作为要素是精神体现，作为元素只剩下名利。个人作为要素是道德体现，作为元素只剩下功利。社会只剩下精神概念，个人只剩下道德概念。社会只是精神的空壳，个人只是道德的空壳。要素是升级的过程，元素是降级的过程。社会分割为元素就是自利，个人分割为元素就是自私。社会不可能提升自己的标准，只能降低自己的档次。个人不可能提高自己的档次，只能降低自己的标准。社会标准越高距离个人越远，个人档次越高距离社会越远。社会进入精神是孤立的，个人进入道德是孤立的。社会本能决定着不会跳越名利阶段，个人本能决定着不会跳越功利阶段。社会是世俗的存在，个人是世俗的产物。社会分解是为了迎合个人，个人分解是为了迎合社会。社会开放上层空间，满足个人的权力需求。个人开放下层空间，满足社会的利益需求。社会必须为个人提供寄托，个人必须为社会提供依托。社会寄托个人的现实需求，个人寄托社会的现实需求。社会通过现实拉近个人距离，个人通过现实拉近社会距离。社会把个人引向世俗，个人把社会引向低俗。世俗的社会不需要原则，低俗的个人不需要道德。社会为个人打开方便之门，个人为社会打开方便之门。社会可以随时提取个人元素，个人可以随时提取社会元素。完整的社会对个人并不方便，完整的个人对社会并不方便。社会作为元素，个人就是提取的工具。个人作为元素，社会就是提取的工具。社会元素是个人的同位素，个人元素是社会的同位素。社会用物质同化个人，个人用欲望同化社会。社会把物质出让给个人，个人把精神出让给社会。社会是元素的交易市场，个人是元素的交换市场。社会交易是个人的同化，也是个人的异化。个人交换是社会的同化，也是社会的异化。社会把个人作为整体会获得权力，作为部分会获得利益。个人把社会作为整体会获得地位，作为部分会获得实惠。社会必须主动分解，个人必须主动迎合。社会作为元素才能激活个人，个人作为元素才能融入社会。社会必须让个人看到希望，个人必须让社会看到希望。社会尊重个人是因为有所贡献，个人尊重社会是因为所有获取。

关于要素的关系。个人在社会面前是矛盾的，既想独立又想融入。社会在个人面前是矛盾的，既想融入又想独立。个人独立是意识的作用，融入是现实的作用。社会独立是精神的作用，融入是现实的作用。个人并不欢迎社会独立，社会并不欢迎个人独立。个人分解为需求和欲望才能融入社会，社会分解为权力和利益才能融入个人。个人自我意识强烈难以融入社会，社会自我判别强烈以融入个人。个人面对社会必须淡化自我意识，社会面对个人必须淡化自我原则。个人必须调整社会关系，社会必须调整个人关系。个人调整是利益的社会延伸，社会调整是权力的个人延伸。个人必须为社会提供权力，社会必须为个人提供利益。个人的社会维度是利益空间，社会的个人维度是权力空间。个人不能与社会争夺权力，社会不能与个人争夺利益。个人可以占有利益，但不能同时占有权力。社会可以占有权力，但不能同时占有利益。个人的主体要素是利益运行，社会的主体要素是权力运行。个人运行是利益的相对空间，社会运行是权力的相对空间。个人错误是利益染指权力，社会错误是权力染指利益。个人可以通过利益增值，但不能附加权力的增值。社会可以通过权力增值，但不能附加利益的增值。个人借助权力增值是社会腐败，社会借助利益增值是个人腐败。个人想获得利益并没有错误，社会想获得权力并没有错误。个人错误是既想获得利益又想获得权力，社会错误是既想获得权力又想获得利益。个人让社会犯下更大的错误，社会让个人犯下更多的错误。个人必须有清晰的社会定位，这就是利益规则。社会必须有清晰的个人定位，这就是权力规则。利益规则必须合理合法，权力规则必须合法合理。个人合理就是道德允许，合法就是社会允许。社会合理就是规则允许，合法就是个人允许。个人想法太多，必定是社会不合理的存在。社会想法太多，必定是个人不合理的存在。个人可以是利益组合，但必须坚守利益空间。社会可以是权力组合，但必须坚守权力空间。个人不能用利益组合权力，社会不能用权力组合利益。个人组合权力会改变社会性质，社会组合利益会改变个人性质。个人拥有利益并不可怕，但同时拥有权力就很可怕。社会拥有权力并不可怕，但同时拥有利益就很可怕。个人能力过大会改变社会进程，社会能力过大会改变个人进程。缩短个人进程必定是权力的悬崖，缩短社会进程必定是利益的悬崖。个人只要坚守道德底线，拥有利益并不可耻。只要遵守社会法律，拥有利益并不可怕。社会只要遵守规则，拥有权力并不可耻。只要尊重个人，拥有权力并不可怕。个人同时拥有利益和权力，必定是既可耻又可怕。社会同时拥有权力和利益，必定是既可怕又可耻。个人不能节制是社会的可怕，社会不能节制是个人的可怕。个人必须照顾到社会权力的完整性，社会必须照顾到个人利益的完整性。个人必须与权力错位运行，社会必须与利益错位运行。个人意义在于利益的尊严，社会意义在于权力的尊严。个人必须保证社会的尊严，社会必须保证个人的尊严。个人有尊严才能生存与发展，社会有尊严才能领导与推动。个人的基本要素是保障生存，延伸要素是保障发展。社会的基本要素是保障稳定，延伸要素是保障发展。生存是利益的保障，稳定是权力的保障。剥夺个人利益不可能有生存的保障，破坏社会权力不可能有稳定的保障。

关于要素的转化。社会健全是个人要素，个人健全是社会要素。社会名利只是副产品，精神才是主要的。个人功利只是副产品，道德才是主要的。社会的主要任务是培养精神，个人的主要任务是培养道德。精神是社会的根要素，道德是个人的根要素。社会必须尊重个人，个人必须尊重精神。社会没有精神价值个人不可能追随，个人没有道德价值社会不可能追随。社会要素必须确立精神价值，个人要素必须确立道德价值。社会抽取个人精神就是动物，个人抽取社会精神就是玩物。社会不能过度分解个人，个人不能过度分解社会。社会的整体性是精神寄托，个人的整体性是道德寄托。社会的完整性才能体现原则，个人的完整性才能体现道德。社会过度分解会破坏原则，个人过度分解会破坏道德。名利让精神退化，功利让道德退化。社会没有精神，积累再多的名利都没有意义。个人没有道德，积累再多的功利都没有意义。社会问题是名利至上，个人问题是功利至上。名利至上必然窒息社会，功利至上必然窒息个人。社会可以分解为各种元素，精神必须是要素的统领。个人可以分解为各种元素，道德必须是要素的统领。社会失去核心，各种要素会被个人利用。个人失去核心，各种要素会被社会利用。被社会利用个人没有尊严，被个人利用社会没有尊严。社会拥有尊严必须形成精神，个人拥有尊严必须形成道德。社会没有精神只是物质要素，个人没有道德只是生理要素。社会放弃精神只能体现物质，个人放弃道德只能体现本能。社会只有权力的共同话题，个人只有财富的共同话题。社会不关心个人素质，个人不关心社会功能。只要拥有权力社会就是优秀的，只要拥有财富个人就是优秀的。社会变成名利的尊重，个人变成功利的尊重。社会陷入权力的饥渴，个人陷入财富的饥渴。社会陷入权力的疯狂，个人陷入财富的疯狂。社会不再珍惜个人，个人不再珍惜社会。社会的最大发明是认识到权力的价值，个人的最大发明是认识到利益的价值。社会对权力产生了无限热情，个人对财富产生了无限激情。社会是权力豢养的动物，个人是利益豢养的动物。离开权力社会没有兴趣，离开利益个人没有兴趣。失去权力社会萎靡不振，失去利益个人畏缩不前。社会分解个人是权力的添加，个人分解社会是利益的添加。抽取原则让社会物质化，抽取精神让个人动物化。社会要素是物质的分解，个人要素是需求的分解。社会精神是个人的障碍，个人道德是社会的障碍。社会必须放弃原则为个人做出牺牲，个人必须放弃道德为社会做出牺牲。社会牺牲就是打破整体变成要素，个人牺牲就是打破精神变成要素。提取权力要素社会是受益者，提取利益要素个人是受益者。权力最终转化为利益，社会最终转化为个人。社会不可能抗拒权力的诱惑，个人不可能抗拒利益的诱惑。社会在权力面前会不顾一切，个人在利益面前会前赴后继。社会是权力要素的恶性循环，个人是利益要素的恶性循环。社会循环丧失了原则，个人循环丧失了道德。社会必须回归原则，个人必须回归道德。社会建立原则才能是完整的要素，个人建立道德才能是完整的要素。社会可以表现名利，但核心内容必须体现精神。个人可以表现功利，但核心内容必须体现道德。社会在精神指导下才能良性运行，个人在道德指导下才能良性运转。社会必须为个人创造条件，个人必须为社会创造条件。

二十二、人性的支配

　　人性需要支配，社会需要支配。个人是自我与社会的双重支配，社会是历史与现实的双重支配。个人需要精神支配，社会需要物质支配。个人是精神决定物质，社会是物质决定精神。个人支配从形式走向内容，社会支配从内容走向形式。

　　关于支配的形成。个人需要各种力量，社会需要各种力量。个人存在是精神与物质的结合，社会存在是物质与精神的结合。个人具有能量会支配别人，社会具有能量会支配个人。个人是社会支配的对象，社会是个人支配的对象。个人发展必然储存社会能量，社会发展必然储存个人能量。个人能量是社会压差，社会能量是个人压差。个人首先支配自我，然后支配社会。社会首先支配个人，然后支配自我。个人行为可以自主，但决定行为是有前提的。社会行为可以自主，但决定行为是有条件的。个人是社会的部分表现，社会是个人的部分表现。有多少不同的个人，就有多少不同的社会。有多少不同的社会，就有多少不同的个人。个人只能从自我角度判断社会，社会只能从自我角度判断个人。从个人角度观察，社会永远不会完善。从社会角度观察，个人永远不会完美。社会不完善需要个人支配，个人不完美需要社会支配。改造社会是个人的任务，改造个人是社会的任务。个人不容易发现自己的问题，很容易发现社会问题。社会不容易发现自己的问题，很容易发现个人问题。个人对社会的认知是空间错位，社会对个人的认知是时间错位。个人支配社会弥补空间不足，社会支配个人弥补时间不足。个人有能力就想支配社会，社会有能力就想支配个人。个人支配是精神改造现实，社会支配是现实改造精神。个人能力是有限的，不可能完全支配社会。社会能力是有限的，不可能完全支配个人。个人支配会陷入空想状态，社会支配会陷入空转状态。个人支配是精神分裂，社会支配是实现分裂。精神分裂会陷入空想，现实分裂会陷入空转。个人应该首先考虑自我完善，然后再考虑社会完善。社会应该首先考虑自我完善，然后再考虑个人完善。个人应该以自我改造为目标，不应该以改造社会为己任。社会应该以自我完善为目标，不应该以改造个人为己任。个人不是神灵，完成不了改造社会的任务。社会不是神明，完成不了改造个人的任务。支配个人的力量多了就是社会分裂，支配社会的力量多了就是个人分裂。个人布满社会的抓痕，社会布满个人的手印。个人只能在社会的夹缝里生存，社会只能在个人的夹缝里发展。个人夹角是阻碍社会的力量，社会夹角是阻碍个人的力量。个人必须形成权力真空让社会支配，社会必须形成利益真空让个人支配。个人支配产生社会错觉，社会支配产生个人错觉。个人总以为有无限的责任，社会总以为有无限的能力。个人支配有可能是施虐的过程，社会支配有可能是施暴的过程。个人支配是自作聪明，其实社会并没有外援的需求。社会支配是自作多情，其实个人并没有外援的需求。个人可以自鸣得意，最终还得依靠社会力量。社会可以自命不凡，最终还得依靠个人力量。个人支配在精神上会陷入分裂，社会支配在现实上会陷入分裂。个人必须从社会支配寻找自己，社会必须从个人支配寻找自我。寻找的过程是重新遗失，收集的过程是重新放弃。个人支配社会是放弃责任，社会支配个人是放弃义务。个人没有必要附加更多的社会光环，社会没有必要附加更多的个人光环。个人应该注重自我修养，社会应该注重自我完善。

关于支配的作用。社会看起来是自我支配，其实是名利的支配。个人看起来是自我支配，其实是功利的支配。社会受自我支配是主动的，受名利支配是被动的。个人受自我支配是主动的，受功利支配是被动的。社会受名利支配不需要原则，个人受功利支配不需要道德。名利支配导致社会的功利化，功利支配导致个人的名利化。社会受名利支配，精神会不断萎缩。个人受功利支配，道德会不断萎缩。精神萎缩让名利乘虚而入，道德萎缩让功利乘虚而入。社会是名利的实体必然产生个人引力，个人是功利的实体必然产生社会引力。社会引力是撬动个人的杠杆，个人引力是撬动社会的杠杆。社会通过现实达到意识的支配，个人通过意识达到现实的支配。社会支配起决定作用，个人支配起主导作用。社会支配可以无限延伸，个人支配可以无限延长。社会是全方位的支配，个人是全方位的拓展。社会通过支配提高地位，个人通过支配发挥作用。减少个人能量是社会目的，减少社会能量是个人目的。社会必须削减个人的配额，个人必须削减社会的配额。弱化个人是为了强化社会，扩大社会是为了缩小个人。社会通过高压输送支配的力量，个人通过投机渗透支配的行为。社会是主动作为，个人是主动应对。社会支配会释放强大的能量，个人支配会释放无限的欲望。社会通过物质的力量支配个人，个人通过欲望的力量支配社会。社会能量会激发个人欲望，个人欲望会激发社会能量。社会有权力就有利益，个人有欲望就有行动。名利盛行是精神的空虚，功利盛行是道德的空虚。社会不需要精神建立原则，个人不需要精神建立道德。社会支配是名利的玩物，个人支配是功利的玩具。社会支配是为了操控个人，个人支配是为了操控社会。社会已经习惯于操控个人，个人已经习惯于操控社会。社会已经习惯于个人改变，个人已经习惯于社会改变。社会支配是名利的透支，个人支配是功利的透支。社会透支是个人的预付，个人透支是社会的预付。社会自大是个人的萎缩，个人自大是社会的萎缩。社会必须重新分配个人，个人必须重新分配社会。社会必须重新设计个人，个人必须重新设计社会。社会是生产车间，个人是消费市场。个人是生产车间，社会是消费市场。社会支配一旦形成不再需要个人的力量，现实支配一旦形成不需要精神的作用。社会用现实重新归类个人，个人用需求重新归类社会。社会需要增加质量，个人需要增加数量。社会通过质量控制数量，个人通过数量控制质量。社会扩大支配必须使用权力，个人扩大支配必须使用利益。社会需要刚性支配，个人需要柔性支配。社会需要串联模式，个人需要并联模式。串联支配导致权力畸形，并联支配导致利益畸形。社会需要权力的畸形，个人需要利益的畸形。社会畸形产生权力的欲望，个人畸形产生利益的欲望。社会有权力就有想法，个人有利益就有办法。阻止社会欲望只有限制权力，阻止个人欲望只有限制利益。社会受权力支配会走向暴力，个人受利益支配会走向投机。绝对的权力产生绝对利益，绝对的利益产生绝对欲望。社会膨胀不是现实需要，而是欲望的需要。个人膨胀不是现实需求，而是欲望的需求。社会依靠权力不可能净化个人，个人依靠利益不可能净化社会。社会支配产生权力的循环，个人支配产生利益的循环。社会循环导致权力的臃肿，个人循环导致利益的臃肿。

关于支配的原因。个人支配既有自然本能，也有社会功能。社会支配既有名利功能，也有个人本能。人类无论如何进化，始终受动物本能的支配。社会无论如何进化，始终受个人本能的支配。个人生存是自我支配，发展是相互支配。社会生存是自我支配，发展是相互支配。个人总担心生存问题，追求财富的欲望不会停息。社会总担心弱化问题，追求权力的欲望不会停息。个人生存并不需要更多的利益，社会生存并不需要更多的权力。个人在社会条件下产生了利益的错觉，似乎所有的财富都可以占有和使用。社会在个人条件下产生了权力的错觉，似乎所有的权力都可以占有和使用。个人财富只是一种符号，离开资源和社会需求没有任何意义。社会权力只是一种符号，离开区域和个人需求没有任何意义。个人支配财富是生存的幻觉，社会支配权力是生死的幻觉。个人在自我状态下并不需要社会支配，社会在自我状态下并不需要个人支配。个人进入社会需要权力的支配，社会进入个人需要利益的支配。个人受权力的支配会产生权力的欲望，社会受利益的支配会产生利益的欲望。个人支配既体现动物的本能，也体现社会的本能。社会支配既体现名利的功能，也体现个人的功能。个人本能被社会所放大，社会本能被个人所放大。个人本能演变为社会功能，社会本能演变为个人功能。个人通过本能支配社会，社会通过本能支配个人。个人本能是社会考验，社会本能是个人考验。个人考验让社会庸俗，社会考验让个人低俗。个人始终在动物和社会之间徘徊，不是自然动物就是社会动物。社会始终在精神和现实之间徘徊，不是现实背叛就是精神背叛。个人徘徊重返社会本能，社会徘徊重返个人本能。个人许多本能都是社会滋生的，社会许多本能都是个人滋生的。个人遇到阻力是社会恩怨，社会遇到阻力是个人恩怨。个人是社会发酵，社会是个人发酵。权力是利益发酵，利益是权力发酵。个人并不神秘，是动物本能的社会发酵。社会并不神秘，是名利本能的个人发酵。个人不能自持需要社会缓解，社会不能自持需要个人缓解。个人表现是有限的，表演是无限的。社会表现是有限的，表演是无限的。个人表演需要社会舞台，社会表演需要个人舞台。个人是社会皮影，社会是个人木偶。个人支配需要社会造影，社会支配需要个人造型。只要有社会对接，个人支配不会停止。只要有个人对接，社会支配不会停止。个人支配既是自我动力，也是社会需求。社会支配既是自我需求，也是个人动力。个人可以随时转化为社会推手，社会可以随意转化为个人推手。个人主动寻找社会机遇，社会主动寻找个人机遇。个人充分利用社会本能，社会充分利用个人本能。主动利用社会是个人能力，主动利用个人是社会能力。个人本能有强大的生命力，社会本能有强大的繁殖力。虽然个人不能用本能直白，但主要内容就是本能的表现。虽然社会不能用本能表白，但主要内容就是本能的表现。个人在自然条件下创造与破坏是有限的，社会在个人条件下创造与破坏是无限的。幸福和灾难会随时降临个人，欢乐与痛苦会随时降临社会。个人具有社会功能不可驾驭，社会具有个人本能不可预测。看起来是社会支配个人，其实是个人支配社会。看起来是精神支配现实，其实是现实支配精神。个人在本能面前没有社会区分，社会在本能面前没有个人区别。

关于支配的结果。社会支配是个人作用，个人支配是社会作用。社会本来是被动的，个人互动注入了活力。个人本来是被动的，社会互动注入了活力。社会具有力量会驱动个人，个人具有力量会驱动社会。社会力量一旦被调动起来，个人必须跟随社会运转。个人力量一旦被调动起来，社会必须跟随个人运转。社会支配既有物质的强大动力，也有牵引的移动速度。个人支配既有物质的强大需求，也有意识的快速膨胀。社会支配必须与个人衔接，这样才能产生持久的动力。个人支配必须与社会衔接，这样才能发挥持久的作用。社会支配通过精神与个人衔接，个人支配通过意识与社会衔接。社会既要营造现实的力量，还要营造精神的力量。个人既要营造本能的力量，还要营造意识的力量。社会最终转化为精神的作用，个人最终转化为意识的作用。社会在强化精神的作用，个人在强化意识的作用。社会强化就是绝对精神，个人强化就是绝对意识。社会用现实不断发动个人，个人用现实不断发动社会。社会用精神不断发动个人，个人用精神不断发动社会。社会是现实通道与精神的回路，个人是精神通道与现实的回路。社会一旦进入精神必定产生个人的自觉，个人一旦进入精神必定产生社会的自觉。社会进入自觉不需要经常发动个人，个人进入自觉不需要经常发动社会。社会自觉是名利的派生，个人自觉是功利的派生。社会派生是名利的吸引，个人派生是功利的吸引。社会吸引转化为精神，个人吸引转化为意识。只要有权力和利益必定吸引社会，只要有需求和欲望必定吸引个人。社会支配是个人力量的转化，个人支配是社会力量的转化。社会转化是名利的高速运转，个人转化是功利的高速运行。社会运转形成精神的气流，个人运转形成意识的气流。社会本来不需要精神，但精神支配会更强大。个人本来不需要欲望，但欲望作用会更持久。社会最终演变为精神的支配，个人最终演变为欲望的支配。社会看起来是名利发挥作用，其实是精神发挥作用。个人看起来是功利发挥作用，其实是欲望发挥作用。社会利用精神会掺杂更多的现实，个人利用欲望会掺杂更多的需求。社会精神并不单纯，包含了许多现实的动机。个人意识并不单纯，包含了许多现实的目的。社会目的是维护现实的继续运行，个人目的是维护现实的继续存在。社会为了维护现实会重复一个道理，个人为了维护现实会重复一种意识。道理会变成社会自觉，意识会变成个人自觉。社会目的是既要建造现实轨道，又要建立精神轨道。个人目的是既要形成现实轨迹，又要形成意识轨迹。社会可以在既定轨道上推导，个人可以在既定轨道上推动。社会支配是形成固定的路线，个人支配是形成固定的线路。社会是现实的固定逻辑，个人是现实的固定思维。不管社会多么复杂，始终逃脱不了名利的运行轨道。不管个人多么复杂，始终逃脱不了功利的运行轨道。社会需要轨道也需要规则，个人需要规则也需要轨道。社会出现混乱肯定是破坏了名利的规则，个人出现混乱肯定是破坏了功利的规则。社会不是要不要名利，关键是建立什么样的规则。个人不是要不要功利，关键是建立什么样的规范。社会支配从名利进入到精神，从精神进入到规则。个人支配从功利进入到意识，从意识进入到规则。社会规则是个人秩序，个人规则是社会秩序。社会秩序让个人平稳运行，个人秩序让社会平稳运行。

二十三、人性的群体

　　人性是群体的力量，社会是群体的作用。个人是群体的单位，群体是社会的单元。个人必须进入群体，表现群体的基本属性。社会必须进入群体，表现群体的特有属性。个人受群体的指导与约束，社会受群体的支配与决定。

　　关于群体的产生。个人存在离不开群体，社会存在离不开群体。个人以生命和生存为核心，社会以生存和发展为核心。个人的生命和生存需要群体，社会的生存和发展需要群体。以个人为核心可以建立小群体，以社会为核心可以建立大群体。个人是物质与情感的群体，社会是权力和利益的群体。生存可以集结自然群体，发展可以集结社会群体。物质可以集结利益群体，精神可以集结信仰群体。群体是自然集结也是社会集结，是静态运行也是动态运行。个人是群体的整体转移，社会是群体的部分转移。个人转移是群体化的过程，社会转移是群体化的结果。自然群体必然被社会所改变，社会群体必然被名利所改变。生存繁衍依靠自然群体，巩固发展依靠社会群体。自然群体具有动物和社会的双重属性，社会群体具有名利和本能的双重属性。生命和生理造就简单的群体，权力和利益造就复杂的群体。自然群体必然打上社会的烙印，生存群体必然打上名利的烙印。个人必然被社会所利用，生存必然被发展所利用。解读自然群体必须借助社会环境，解读社会群体必须借助名利环境。个人不可能脱离群体，这是生存法则决定的。社会不可能离开群体，这是发展规律决定的。自然群体遵循动物法则，社会群体遵循名利法则。从动物到人类是必然的过程，从生存到利益是必然的选择。个人需要群体的呵护，社会需要群体的维护。个人需要群体的创造，社会需要群体的再造。个人不经过群体很难进入社会，社会不经过群体很难进入个人。群体是个人载体也是社会桥梁，是社会过渡也是个人过渡。群体必然形成，这是自然法则的选择。群体必须壮大，这是社会法则的选择。自然法则决定基础逻辑，社会法则决定衍生逻辑。自然法则体现互助友爱，社会法则表现争名夺利。自然法则可以扶贫助弱，社会法则可以尔虞我诈。一切美好的基因都发源于群体，一切邪恶的基因也发源于群体。个人借助群体会产生美好，社会借助群体会产生邪恶。个人借助会产生正面作用，社会借助会产生负面作用。个人对群体是正面解读，社会对群体是负面解读。个人借助是生命和生存的需要，社会借助是权力和利益的需要。群体是个人的分界点，也是社会的临界点。个人是横向联合，社会是纵向联合。个人是亲情友情，社会是权力利益。个人是群体的演变，社会是群体的颤变。个人是群体的归宿，社会是群体的起点。个人从感情走向利益，社会从利益走向权力。个人群体会演变成利益，社会群体会演变成权力。情感被利益所取代，原则被权力所取代。自然逻辑最终变成社会逻辑，关系需求最终变成名利需求。个人必须与群体主动连接，社会必须与群体主动对接。个人关系必然被社会庸俗化，社会关系必然被个人庸俗化。个人无论多么强大必须借助群体的力量，社会无论多么强大必须借助群体的作用。个人作用是群体放大，社会作用是群体缩小。个人通过群体操纵社会，社会通过群体操纵个人。个人必须呈现群体属性，社会必须表现群体属性。个人不可能阻止群体的同化，社会不可能阻止群体的异化。群体改变了个人和社会的走向，也确定了个人和社会的属性。

关于群体的作用。社会在利用群体，群体在利用社会。个人在利用群体，群体在利用个人。社会利用群体直接作用于个人，个人利用群体间接作用于社会。社会利用造就了个人的两面性，个人利用造就了社会的两面性。社会的两面性来自群体的集合，个人的两面性来自群体的组合。群体集合了社会的美好与邪恶，个人集合了群体的美好与邪恶。社会内涵需要群体发酵，个人内涵需要群体扩充。社会本来是简单的，因为群体而复杂。个人本来是单纯的，因为群体而多变。一切功劳都可以归结为群体，一切错误都可以归结为群体。善良的基因来自于群体，邪恶的基因也来于群体。社会发展了群体的善良，也发展了群体的邪恶。个人继承了群体的优秀，也继承了群体的卑劣。社会既想依靠群体，也想消除群体。个人既想依赖群体，也想消失群体。群体推动了社会发展，也阻碍了社会发展。推动了个人进步，也阻碍了个人进步。群体一旦形成就很难消除，有可能演变成社会的中梗阻。社会对群体无可奈何，个人对群体无能为力。社会想缩小群体加以利用，个人想扩大群体加以利用。缩小群体会遇到个人阻力，扩大群体会遇到社会阻力。社会矛盾是群体的爆发，个人矛盾是群体的对抗。社会是群体的缩小版，个人是群体的扩大版。社会总想扩大自己的群体而压缩其他群体，个人总想扩大自己的利益而削弱其他利益。社会群体是权力的聚合，个人力量很难打破。个人群体是利益的集合，社会力量很难打破。社会看起来是支配个人，其实是群体支配社会。个人看起来是支配自我，其实是群体支配个人。社会必然受群体的操控，个人必然受群体的操纵。群体是操控一切的力量，社会和个人都是被操控的对象。社会依靠群体建立起来，就得接受群体的操控。个人依靠群体的力量站立起来，就得接受群体的操纵。社会必须接受群体的安排，个人必须接受群体的意志。社会是群体的盟友，个人是群体的朋友。社会是群体的范围，个人是群体的边界。社会是群体的核心，个人是群体的填充。社会必须依靠群体的加入，个人必须依靠群体的进入。没有个人不可能形成群体，没有群体不可能形成社会。社会承载着群体利益，个人承载着群体关系。社会是群体利益的扩张，个人是群体关系的扩张。扩大群体是社会需要，扩大关系是个人需要。社会利用群体扩大空间，个人利用群体扩大机遇。社会利用群体扩大权力，个人利用群体扩大利益。社会权力需要群体的拓展，个人利益需要群体的巩固。社会运行必须回归到群体，个人运行必须上升到群体。社会被群体所分割，个人被群体所聚合。社会运行会形成很多中心，个人运行会形成很多需求。社会必须打破群体建立整体，个人必须打破整体建立群体。社会必须防范群体，个人必须依靠群体。群体是社会的朋友也是敌人，是个人的帮助也是威胁。社会必须按照群体的要求重新划分，个人必须按照群体的要求重新聚合。社会不希望出现更多的群体，个人希望建立更多的群体。社会群体是对权力的分割，个人群体是对利益的分割。社会不希望分割权力，个人不希望分割利益。有社会群体就有权力分割，有个人群体就有利益分割。社会被群体多重分割，个人被群体多重覆盖。社会逃脱不了群体的分割，个人逃脱不了群体的聚合。社会是权力的矛盾，个人是利益的矛盾。社会矛盾是群体纷争，个人矛盾是群体分化。

关于群体的发展。个人不可能阻止群体的发展，社会不可能阻止群体的壮大。个人推动群体横向发展，社会推动群体纵向发展。横向发展会遇到利益群体的阻力，纵向发展会遇到权力群体的阻力。个人矛盾会演变成利益的对抗，社会矛盾会演变成权力的对抗。个人对抗是利益群体的矛盾，社会对抗是权力群体的矛盾。利益矛盾需要借助权力的力量，权力矛盾需要借助利益的力量。利益群体进入权力领域，权力群体进入利益领域。个人群体是横向到纵向的发展，社会群体是纵向到横向的发展。个人如果强大，背后必定有特定的权力群体。社会如果强大，背后必定有特定的利益群体。个人因为群体而不会孤立，社会因为群体而不会孤独。个人背后必定是群体的支持，社会背后必定是群体的支撑。群体代表个人的权利和利益，社会代表群体的权利和利益。群体放大了个人的利益和诉求，社会放大了群体的利益和诉求。群体必须为特定的个人服务，社会必须为特定的群体服务。个人以依附的群体为荣耀，社会以依靠的群体为核心。以利益为核心就不能以精神为核心，以群体为核心就不能以社会为核心。群体对上可以支配社会，对下可以支配个人。支配社会可以带来权力，支配个人可以带来利益。个人看起来是在缩小其实是在放大，社会看起来是在放大其实是在缩小。个人的狭隘性是群体产生的，社会的狭隘性是群体带来的。个人是利益的狭隘性，社会是权力的狭隘性。有利益的分割就有群体的成立，有权力的分割就有群体的建立。固定群体有固定的对象，流动群体有流动的对象。打破一个群体必须建立另一个群体，走出一个群体必然进入另一个群体。个人要利用群体就得加入群体，社会要利用群体就得建立群体。个人进入群体不可能逃离，社会进入群体不可能逃脱。群体是个人的桥梁也是社会阻断，是社会的纽带也是个人阻断。个人受群体的阻碍不能与社会沟通，社会受群体的阻碍不能与个人沟通。个人只能是群体的代言人，社会只能是群体的代理人。个人最终被群体所绑定，社会最终被群体所绑架。个人集结必然有群体目的，社会集结必然有群体原因。个人必须寄生于群体，社会必须寄托于群体。个人在群体中既强化自己又弱化自己，社会在群体中既找到自己又丢失自己。个人利用群体扩大空间，社会利用群体巩固地位。个人是数量的繁殖，社会是质量的繁殖。小群体可以结成大群体，小利益可以获取大利益。权力可以强化群体，利益可以强化群体。需求可以结成群体，谋求可以结成群体。个人不是单纯的组合，社会不是单纯的复制。个人复制是利益的组合，社会复制是权力的组合。利益可以复制更多的群体，权力可以复制更大的群体。个人是利益的连接，社会是权力的连接。家庭是情感的连接，朋友是关系的连接。权力为权力捧场，利益为利益歌唱。贫穷为贫穷抚慰，痛苦为痛苦疗伤。个人连接必然有社会目的，社会连接必然有个人目的。个人通过群体进行放大，社会通过群体进行放纵。个人放大是道德的稀释，社会放纵是道义的稀释。有利益的存在无法保证个人的正确，有权力的存在无法保证社会的正确。个人的感召力在于利益，社会的感召力在于权力。个人是利益的工具，社会是权力的工具。个人必须借助群体占有更多的利益，社会必须借助群体占有更多的权力。利益群体会分割权力，权力群体会分割利益。

关于群体的转化。个人存在必然转化为群体存在，自然群体必然转化为社会群体。现实群体必然转化为意识群体，被动群体必然转化为主动群体。群体的力量并没有结束，群体的作用并没有弱化。社会必须向群体集中，个人必须向群体集中。社会集中是缩小的过程，个人集中是放大的过程。社会缩小是功能的瓶颈，个人放大是道德的瓶颈。社会被群体所困惑，个人被群体所困扰。社会困惑是结构变形，个人困惑是结构变化。改变社会是群体的力量，改变个人是群体的作用。社会跟随群体而改变，个人跟随群体而变化。社会在群体面前不可能超脱，个人在群体面前不可能超越。社会看起来是完整的，其实是群体的反复切割。个人看起来是完整的，其实是群体的反复切磋。社会必须为群体预留接口，个人必须为群体预留连线。社会复杂是群体的容纳，个人复杂是群体的对接。社会群体是复式结构，个人群体是复式诉求。社会不可能公平对待所有的群体，群体不可能公正对待所有的个人。社会不公平是群体的改造，个人不公正是群体的改变。社会改变是群体的力量，个人改变是群体的原因。社会改变是权力的分配，个人改变是利益的分配。社会必须巩固权力群体，个人必须巩固利益群体。社会通过权力吸引群体，个人通过利益吸引群体。社会对权力群体高度警惕，个人对利益群体高度警觉。社会是权力群体的同化，个人是利益群体的同化。社会必须遏制潜在的权力对手，个人必须遏制潜在的利益对手。社会用权力主导就得打压权力，个人用利益主导就得打压利益。社会用一个群体压制另一个群体，个人用一种力量战胜另一种力量。社会力量面临挑战，个人力量面临挑战。社会用权力锁定利益，个人用利益锁定权力。社会是权力群体的聚变，个人是利益群体的裂变。社会面临权力群体的饱和，个人面临利益群体的饱和。社会是权力群体的滞涨，个人是利益群体的滞涨。社会滞涨需要扩大权力，个人滞涨需要扩大利益。社会权力是公众的冷漠，个人利益是公益的冷漠。社会冷漠是权力的对立，个人冷漠是利益的对立。社会对立产生新的群体，个人对立分化新的群体。社会从权力对抗进入到利益对抗，个人从利益对抗进入到权力对抗。社会对抗是权力群体的分化，个人对抗是利益群体的分化。社会永远处于权力的分化当中，个人永远处于利益的分化当中。社会不可能阻挡新生群体的产生，个人不可能阻挡新生群体的分享。社会不能陷入群体的恶性循环，个人不能陷入群体的恶性竞争。社会必须上升为整体意义，个人必须上升为自主意义。扩大社会必须缩小权力群体，扩大精神必须缩小利益群体。社会必须跨越群体的障碍，个人必须冲破群体的阻碍。社会本来是美好的，寄托了太多的希望。个人本来是美好的，承载了太多的梦想。社会走向统一是时间问题，个人走向统一是过程问题。社会要健康发展就必须破除群体的限制，个人要健康发展就必须弱化群体的作用。限制群体是为了完善社会，破除群体是为了完善个人。群体是社会文明的阻碍，也是个人文明的阻碍。社会文明必须是流畅的承接，个人文明必须是流畅的连接。群体破坏了社会结构，也破坏了个人结构。摧残了社会文明，也摧残了个人文明。结束社会的恶性循环必须打破群体，结束个人的恶性循环必须打破群体。社会必须消除权力群体的差别，个人必须消除利益群体的差别。

二十四、人性的道德

人性需要道德，社会需要道义。个人是道德定位，社会是道义定位。个人需要道德精神，社会需要道德原则。个人道德需要社会建立，社会道德需要个人建立。个人道德需要社会巩固，社会道德需要个人巩固。个人是道德厚重，社会是道德文明。

关于道德的认识。对社会理解可以是名利的对象，也可以是道义的对象。对个人理解可以是动物实体，也可以精神实体。社会理解往往是动物实体，个人理解往往是精神实体。社会分歧在于个人理解，个人分歧在于社会理解。理解为动物就是管理与满足，理解为精神就是尊重与教育。社会对个人很难正确定位，强化管理是错误的推导。个人对社会很难定位，强化权力是错误的理解。社会定性为动物就是管理模式，个人定性为本能就是满足模式。社会需要满足也需要打压，个人需要强制也需要说服。社会不可能认可精神，精神不可能认可道德。个人不可能认可自我，自我不可能认可道德。社会是超现实的运行，个人是超现实的运转。社会必须在现实之外打造虚拟的个人，个人必须在现实之外打造虚拟的社会。社会必须建立虚拟王国实现理想，个人必须建立虚拟世界实现道德。现实的社会对个人并不重要，现实的个人对社会并不重要。社会循环是寻找虚拟的个人，个人循环是找虚拟的社会。社会有宗教情节，圣人可以代替凡人。个人有宗教情愫，理想可以代替现实。人类进化已经摆脱了动物，社会又把人类还原为动物。个人进步已经脱离本能，社会又把个人还原为本能。人类的精神可以忽略不计，个人的道德可以省略不计。社会可以没有精神，个人可以没有道德。社会回归现实空间，个人回归本能空间。社会需要现实并不需要精神，个人需要本能并不需要道德。精神阉割从社会开始，道德阉割从个人开始。社会一旦建立，必须维护名利的唯一性。个人一旦建立，必须维护现实的唯一性。社会不允许权力的质疑，个人不允许利益的质疑。社会精神是顺推出来的，也是倒逼出来的。个人道德是顺推出来的，也是倒逼出来的。社会可以建立现实推导，但必须建立精神推导。个人可以建立现实逻辑，但必须建立道德逻辑。社会必须有精神平衡，个人必须有道德平衡。如果人类提前终止，必定是摧毁了全部道德。如果社会提前终止，必定是摧毁了全部精神。对人类属性可以做各种假设，唯一不变的是道德属性。对社会属性可以做各种假设，唯一不变的是精神属性。社会精神是自我认可与个人认可，是自我尊重与个人尊重。个人道德是自我认可与相互认可，是自我尊重与社会尊重。社会精神是个人分享，个人道德是社会分享。社会有分享就有精神，人有分享就有道德。精神发源于社会就是权力的分享，发源于个人就是利益的分享。道德发源于个人就是利益的分享，发源于社会就是权力的分享。精神的建立在于社会，实施在于个人。道德的建立在于个人，实施在于社会。社会不分享权力是没有精神，个人不分享利益是没有道德。人类没有进化是动物的野蛮，进入社会是文明的野蛮。社会精神被名利所破坏，个人道德被功利所破坏。社会维护名利是精神的虚假，个人维护功利是道德的虚假。社会否定精神有名利的企图，个人否定道德有功利的企图。社会享受名利却批判精神，个人享用功利却指责道德。精神是躲避社会矛盾的掩体，道德躲避个人矛盾的盾牌。精神从利用的对象转变为破坏的对象，道德从依靠的对象转变为批判的对象。

关于道德的作用。个人建立必须有社会门槛，社会建立必须有个人门槛。个人门槛就是道德，社会门槛就是规则。个人与社会必须有道德和规则的双重隔离，社会与个人必须有权力和利益的双重隔离。道德是内在隔离，规则是外在隔离。个人混淆是社会错误，社会混淆是个人错误。权力混淆是利益错误，利益混淆是权力错误。个人必须有成本意识，一旦混乱必须由社会承担。社会必须有成本意识，一旦混乱必须由个人承担。历史在消化社会成本，现实在消化个人成本。个人只是常识，就是道德的理解和执行。社会只是常识，就是规则的理解和执行。个人是道德的正向转化，社会是道德的逆向转化。个人不重视道德是功利发生了矛盾，社会不重视道德是名利发生了矛盾。道德的悲剧是社会喜剧，道德的喜剧是社会悲剧。个人提倡道德必定是道德沦陷，社会提倡道德必定是道德沦丧。个人依赖功利不可能重视道德，社会依赖名利不可能重视精神。功利让个人屈服，名利让社会屈服。个人屈服是道德牺牲，社会屈服是精神牺牲。个人因为利益脱离道德，社会因为权力背离道德。个人约束利益就有道德，社会约束权力就有道德。个人有规矩就是道德，社会有规范就是道德。个人定位是运算数据，社会定位是运算方法。个人始终想用数据解决社会问题，社会始终想用方法解决个人问题。个人的基础数据必须正确，社会的运算方法必须正确。个人有道德社会才能有理想，社会有道德个人才能有理性。个人需要横向贯通，社会需要纵向贯通。个人道德是并联的作用，社会道德是串联的作用。道德是个人权利也是社会义务，是自我实现也是社会实现。个人理想是自我道德，社会理想是相互道德。个人是道德自信，社会是道德互信。个人有实施道德的权利，社会有实施道德的义务。个人道德就是人权，社会道德就是治权。个人实施道德不能经过功利过滤，社会实施道德不能经过名利过滤。个人道德就在社会当中，社会道德就在个人当中。个人不可能创造道德，必须从精神当中提取。社会不可能创造道德，必须从个人当中提取。个人进入功利必须有道德约束，社会进入名利必须有道德约束。道德是塑造个人的力量，也是牵制社会的力量。个人必须受道德制约，社会必须受道德制动。个人道德是本质的表现，社会道德是本质的体现。个人应该是善良的，社会应该是美好的。功利不能改变个人诉求，名利不能改变社会诉求。个人邪恶来自于功利，社会邪恶来自于名利。个人改变了道德顺序，社会改变了个人顺序。个人在道德面前失去尊严，社会在个人面前失去尊严。个人在社会面前失去公正，社会在个人面前失去公平。个人要恢复尊严就得确立道德地位，社会要恢复尊严就得确立个人地位。继承道德是个人的基本要求，发扬道德是社会的基本要求。个人没有道德会迅速瓦解，社会没有道德会迅速解体。个人道德是灵魂的塑造，社会道德是精神的塑造。个人看起来是强大的，其实是道德支撑。社会看起来是强大的，其实是精神支撑。个人不能以恶制恶，社会不能以暴易暴。个人要确立道德顺序，社会要确立道德秩序。个人顺序是社会参照，社会秩序是个人参照。个人道德解决社会问题，社会道德解决个人问题。个人道德让利益透明，社会道德让权力透明。个人透明是社会信任，社会透明是个人信任。个人是道德的生命线，社会是道德的生存线。

关于道德的困惑。道德始终在困惑着社会，也在困惑着个人。始终在困惑着思维，也在困惑着行为。道德是社会原则却变成了个人工具，是个人原则却变成了社会工具。社会不利用道德很难说明自己的合法性，个人不使用道德很难说明自己的合理性。社会不脱离道德很难扩张，个人不脱离道德很难发展。社会扩张产生道德悖论，个人发展产生道德悖论。社会出现问题会质问道德，个人出现问题会指责道德。社会质问是发展的困惑，个人指责是发展的疑惑。社会在远离道德的地方等待回归，个人在远离道德的地方等待召唤。社会寻找道德是无奈的选择，个人寻找道德是无奈的选项。任何社会都必须回答道德问题，任何个人都必须回答道德问题。社会回答是世界观的问题，个人回答是价值观的问题。社会必须回答为谁服务的问题，个人必须回答为什么服务的问题。社会应该为个人服务，个人应该为社会服务。为个人服务就是社会道德，为社会服务就是个人道德。社会为名利服务会丧失道德，个人为功利服务会失去道德。社会道德不是名利的恩赐，个人道德不是功利的恩赐。社会道德不是吹捧的工具，个人道德不是赞颂的工具。社会吹捧是对道德的歪曲，个人赞颂是对道德的扭曲。名利并不代表道德，功利并不代表道德。话语权并不代表道德，标榜权并不代表道德。社会标榜会产生道德的怀疑，个人表白会产生道德的质疑。社会标榜并不可靠，个人表白并不真实。社会需要真实的道德，个人需要真实的行动。社会道德不能是权力的衡量，个人道德不能是财富的衡量。社会道德困惑于权力当中，个人道德困惑于财富当中。社会因为名利让道德的含量越来越少，个人因为功利让道德的含量越来越低。社会不想为个人做贡献，个人不想为社会做贡献。社会发展是道德的博弈，个人发展是道德的博弈。社会博弈产生个人困惑，个人博弈产生社会困惑。社会必须抛弃道德的约束，个人必须抛弃道德的规范。社会必须阻断道德，个人必须中断道德。社会为了防止阻断必须强化道德，个人为了防止中断必须发扬道德。社会强化会带来道德的虚假，个人强化会带来道德的虚伪。社会在道德面前不可能他律，个人在道德面前不可能自律。道德对于社会是一种负担，对于个人是一种负担。社会为了不增加负担必须虚化道德，个人为了不增加负担必须虚拟道德。社会虚化让道德惨淡经营，个人虚拟让道德苍白无力。社会发展是对个人的背叛，个人发展是对社会的背叛。社会背叛需要重建，个人背叛需要重塑。社会是破坏与重建的循环过程，个人是破坏与重塑的循环过程。名利的破坏对象主要是道义，功利的破坏对象主要是道德。道义是社会的奢侈品，道德是个人的奢侈品。社会不破坏道义不可能获得名利，个人不破坏道德不可能获得功利。社会破坏让名利得到释放，个人破坏让功利得到释放。社会释放必然伴随邪恶，个人释放必然伴随丑恶。社会不拆除道德阀门没有释放的机会，个人不打开道德开关没有释放的机遇。社会道德是可怜的存在，个人道德是可悲的角色。道德既要维护社会的面子，又要受到社会的蹂躏。既要维护个人的面子，又要受到个人的蹂躏。社会站在道德的高地指责个人，个人站在道德的高地指责社会。社会不能陷入道德谬误，个人不能陷入道德谬论。社会是道德化身，也是评判的对象。个人是道德化身，也是批判的对象。

关于道德的觉悟。个人应该有社会价值和自我价值，社会应该有自我价值和个人价值。个人的社会价值就是地位和财富，自我价值就是精神与道德。社会的自我价值就是权力和利益，个人价值就是认可与尊重。个人道德是自我认可，社会道德是相互认可。个人道德是自我价值，社会道德是相互价值。个人道德需要社会环境，社会道德需要个人环境。个人有利益很难提供社会环境，社会有权力很难提供个人环境。个人在利益面前会透析邪恶，社会在权力面前会透析邪恶。个人邪恶是利益的互动，社会邪恶是权力的互动。个人不可能消除社会邪恶，但可以制止部分邪恶。社会不可能消除个人邪恶，但可以阻止个人邪恶。个人需要道德觉悟，更需要道德实践。社会需要道德认知，更需要道德推行。个人必须是道德定位，不然没有存在价值。社会必须是道德定位，不然没有存在意义。理论必须是道德定位，不然没有认识价值。未来必须是道德定位，不然没有奋斗意义。个人可以有善恶之争，目的是促使个人完善。社会可以有善恶之争，目的是促使社会完善。个人不美好需要社会努力，社会不美好需要个人努力。个人不能颠覆社会顺序，社会不能颠覆个人顺序。个人具有道德才能扮演社会角色，社会具有道德才能扮演个人角色。个人道德不在于怎么说而在于怎么做，社会道德不在于怎么看而在于怎么干。个人必须相信自我美好，社会必须相信相互美好。个人美好确立人际关系，社会美好确立相互关系。个人美好是自我觉悟，社会美好是相互觉悟。个人觉悟是思维到行为的贯通，社会觉悟是精神到现实的贯通。个人有觉悟才有实践意义，社会有实践才有推广意义。解释个人的唯一理由是道德本质，解释社会的唯一理由是道德追求。个人必须建立治理系统，治理的核心就是道德。社会必须建立治理系统，治理的核心就是规则。人类文明的核心是对道德的认识和使用，社会文明的核心是对个人的认识和使用。个人道德有灌输和提升两种途径，社会道德有神灵和世俗两种措施。个人道德是自我与相互审判，社会道德是自我与相互制动。个人最高奖赏是道德，社会最终惩罚是道德。个人道德阻止行为堕落，社会道德阻止个人堕落。行为堕落总是少数的，意识堕落总是多数的。个人必须时刻反省自己，社会必须时刻提醒自己。个人没有道德是精神崩溃，社会没有道德是现实崩溃。个人必须确立道德的主导地位，社会必须确立精神的主导地位。个人既要有能力自信，也要有道德自信。社会既要有能力自律，也要有道德自律。解决个人问题必须回归道德，解决社会问题必须回归精神。道德体现个人的核心价值，精神体现社会核心的价值。个人行为必须构筑在道德之上，社会行为必须构筑在精神之上。个人依靠道德救赎，社会依靠精神救赎。个人依靠道德解放，社会依靠精神解放。道德必须与精神重合，精神必须与原则重合。个人道德就是奉献，社会道德就是责任。奉献决定个人意义，责任决定社会意义。个人意义是道德内涵，社会意义是精神内涵。还原个人会发现社会道德，还原社会会发现个人道德。个人需要社会还原，社会需要个人还原。个人有义务社会才有责任，社会有追求个人才有动力。个人必须确立道德前提，社会必须确立精神前提。个人必须确立道德逻辑，社会必须确立精神逻辑。道德逻辑是个人延伸，精神逻辑是社会延伸。

二十五、人性的分裂

人性是自我组合，始终处于构建状态。人性是社会组合，始终处于分裂状态。反复构建形成多样性，反复分裂形成多面性。个人分裂在于社会，社会分裂在于名利。不管简单还是复杂，构建以分裂以前提。不管个人还是社会，静态以运态为前提。

关于分裂的产生。社会聚合与分裂同时进行，个人聚合与分裂同时进行。社会是动态概念，从来就不完整。个人是动态概念，从来就不完善。社会演变从群体到地域形态，从权力到利益形态。个人演变从自我到社会状态，从精神到现实状态。社会跟随权力的变化，权力跟随利益的变化。个人跟随利益的变化，利益跟随社会的变化。社会并不完整，是各种力量的组合。个人并不完整，是各种需求的组合。社会被各种力量所左右，随时都有分裂的可能。个人被各种需求所左右，随时都有分解的可能。社会需要主导力量的整合，个人需要主导内容的整合。社会整合产生内部压力，个人整合产生自我压力。社会压力产生相互分裂，个人压力产生自我分裂。社会为了防止分裂会加强控制，个人为了防止分裂会加强管制。社会需要权力的维护，个人需要利益的维护。社会维护要么集权，要么分权。个人维护要么得利，要么失利。社会不愿意出让权力，个人不愿意出让利益。社会强化权力会带来管理危机，个人强化利益会带来分配危机。社会危机离不开权力，权力危机离不开利益。个人危机离不开利益，利益危机离不开得失。社会始终面临权力的分裂，个人始终面临利益的分裂。社会分裂导致权力的恶性循环，个人分裂导致利益的恶性循环。社会循环导致权力的多维集中，个人循环导致利益的多向集中。社会集中有利益的企图，个人集中有权力的企图。社会稳定在于权力的平衡，个人稳定在于利益的平衡。权力不平衡带来社会动荡，利益不平衡带来个人动荡。社会动荡个人很难把握，个人动荡社会很难把握。社会稳定个人才能安定，个人安定社会才能稳定。社会发展是为了稳定个人，个人发展是为了稳定社会。社会随时会产生各种力量，要稳定下来并不容易。个人随时会产生各种需求，要稳定下来并不容易。社会稳定不能过度使用强制措施，而应该注意力量的平衡。个人稳定不能过度使用强制手段，而应该注意需求的平衡。维护社会稳定需要制约权力，维护个人稳定需要制约利益。社会分裂是权力的失败，个人分裂是利益的失败。社会有利益因素必然产生权力的变量，个人有需求因素必然产生利益的变量。社会变量最容易从个人节点断裂，个人变量最容易从社会节点断裂。社会聚散看起来是权力的变化，其实是利益关系的调整。个人聚散看起来是利益的变化，其实是需求关系的调整。社会变量需要个人调整，个人变量需要社会调整。社会没有调整是权力继续作祟，个人没有调整是利益继续作祟。权力过度集中导致社会倾斜，利益过度集中导致个人倾斜。社会倾斜让个人不堪重负，个人倾斜让社会不堪重负。社会负担过重导致个人分裂，个人负担过重导致社会分离。社会分裂是权力的交替，个人分裂是利益的交替。社会必须处理好稳定与发展的关系，个人必须处理好稳定与发展的顺序。社会始终在考验个人的能力，个人始终在考验社会的能力。社会能力是控制性的调整，个人能力是调整性的控制。社会控制是个人的承受力，个人控制是社会的允许值。社会必须在稳定的前提下适度调整，个人必须在稳定的前提下适度调节。

关于分裂的过程。个人一生面临着聚合与分裂，社会一世面临着聚合与分裂。个人聚散是利益的原因，社会聚散是权力的原因。个人差异性是利益造成的，社会差异性是权力造成的。利益分裂产生个人距离，权力分裂产生社会距离。个人在自我领域并无差别，社会领域产生差别。社会在自我领域并无差别，个人领域产生差别。个人说到底是一种精神，社会说到底是一种现实。好的精神可以决定好的个人，坏的现实可以决定坏的社会。精神正常个人就正常，现实失常社会就失常。个人都是平凡的，没有精神上的神话。社会都是平凡的，没有理论上的神话。个人超越不了现实，社会超越不了历史。个人只能思考普通的问题，社会只能处理普通的问题。个人是金字塔的分布，顶端必然集中利益。社会是金字塔的分布，顶端必然集中权力。果子总是挂在枝头，支撑树枝的就是树干。树干离不开树根，支撑树根的总是泥土。得到的总是少数人，付出的总是多数人。多数人如果沉默会相安无事，如果觉醒会追讨权利。自然规律是循环的平衡，社会规律是人为的平衡。面对不平一般人很难容忍，面对诱惑一般人很难坚持。能够容忍必定是超出常人的意志，能够坚持必定是超出常人的道德。个人不是假设，不能经常用道德考验。社会不是假设，不能经常用意志考验。权力是黏合剂也是分离器，利益是黏合剂也是分离器。无助的时候可以团结，有助的时候可以分裂。贫穷的时候可以团结，富裕的时候可以分裂。个人越发展社会越分裂，社会越发展个人越分裂。权力越集中利益越分散，利益越集中权力越分散。个人分裂社会是因为有利益，社会分裂世界是因为有资源。利益耗尽个人才能团结起来，资源耗尽人类才能团结起来。个人没有过错，错误在于社会。社会没有过错，错误在于个人。权力没有过错，错误在于归属。利益没有过错，错误在于私有。个人发明了利益也发明了私有，社会发明了权力也发明了占有。占有是黏合的力量，私有是分解的力量。权力越大副作用越强，利益越多副作用越大。个人走向极端利益，社会走向极端权力。个人放弃承诺，社会放弃信义。个人在利益面前不守信用，社会在权力面前不守信义。不是权力不好，是两种力量无法让它平衡。不是利益不好，是两种力量无法让它平静。权力是双刃剑，社会和个人都会流血。利益是双头矛，个人和社会都会受伤。权力的两面性让社会受伤，利益的两面性让个人受伤。个人让社会复制伤口，社会让个人复制伤疤。个人时刻面临着利益的风险，社会时刻面临着权力的风险。个人限制利益是眼前的需要，放弃利益是长远的选择。社会限制权力是眼前的需要，放弃权力是长远的选择。利益是个人的风向标，权力是社会的测温表。个人文明必须从利益当中解放出来，社会文明必须从权力当中解放出来。利益不解放是个人的缠斗，权力不解放是社会的缠斗。个人有多少释怀，社会就有多少希望。社会有多少释怀，个人就有多少希望。个人理想代替不了现实，精神作用是非常有限的。社会理想代替不了现实，理论作用是非常有限的。个人在精神上可以完整，在现实中并不完整。社会在理论上可以完整，在现实中并不完整。个人有认识的局限性，社会有把握的局限性。个人总想代替社会，这就是社会分裂。社会总想代替个人，这就是个人分裂。个人不想分裂必须尽到社会责任，社会不想分裂必须尽到个人责任。

关于分裂的对象。社会分裂以个人为对象，个人分裂以社会为对象。现实分裂以精神为对象，精神分裂以道德为对象。社会面临权力和利益的分裂，个人面临社会和本能的分裂。社会彻底分裂，只有经济价值没有精神价值。个人彻底分裂，只有生理价值没有道德价值。社会需求是无限的，必须用原则锁定。个人需求是无限的，必须用精神锁定。社会痛苦是物质的传导，个人痛苦是精神的传导。社会痛苦到极点会分裂原则，个人痛苦到极点会分裂精神。社会分裂是利益的燃烧，个人分裂是欲望的燃烧。社会分裂会波及个人安危，个人分裂会波及社会安全。社会必须为个人负责，个人必须为社会负责。社会负责就是建立原则，个人负责就是建立道德。社会分裂会形成风洞，任凭各种利益随意通过。个人分裂会形成风口，任凭各种意识随意通过。社会分裂是针对原则，个人分裂是针对道德。社会彻底分裂会丧失原则，个人彻底分裂会丧失道德。社会没有障碍会激发个人欲望，个人没有障碍会激发社会欲望。社会欲望是侵占个人所有，个人欲望是侵占社会所有。社会希望个人尽快分裂，并且彻底分裂。个人希望社会分裂，并且彻底分裂。社会分裂为名利的碎片对个人有利，个人分裂为功利的碎片对社会有用。社会分裂可以掩藏个人，个人分裂可以掩藏社会。社会可以逃避责任，个人可以逃避惩罚。社会分裂会放弃原则，个人分裂会放弃精神。社会没有思考就没有观点，个人没有反思就没有批判。原则是社会障碍，精神是个人障碍。去掉原则让名利自由流动，去掉精神让功利自由流通。社会总要遇到一些阻力，这就是精神的沉淀。个人总要遇到一些阻力，这就是道德的沉淀。精神从另一个维度重新组合社会，道德从另一个角度重新组合个人。社会不可能彻底分裂，因为有精神的阻力。个人不可能彻底分裂，因为有道德的阻力。精神让社会崇高，道德让个人崇高。精神让社会伟大，道德让个人伟大。精神需要群体的承载，道德需要个体的承载。特殊群体造就特殊精神，特殊个体造就特殊道德。社会有独立原则，个人就很难分裂。个人有独立道德，社会就很难分裂。社会分裂利用了个人空间，个人分裂利用了社会空间。社会利用欲望空间，个人利用需求空间。利益撬动社会，欲望撬动个人。社会对个人必须有物质迎合，个人对社会必须有精神迎合。社会不可能达到物质的统一，个人不可能达到精神的统一。社会必然遇到物质的矛盾，个人必然遇到精神的矛盾。物质分裂是利益的多样化，精神分裂是需求的多样化。在利益面前不可能有纯粹的原则，在需求面前不可能有纯粹的道德。社会必须寻找利益的平衡，个人必须寻找精神的平衡。社会平衡求助于原则，个人平衡求助于道德。社会原则不是绝对的，相对限制就是原则。个人精神不是绝对的，相对约束就是道德。不同的利益会分裂不同的群体，不同的诉求会分裂不同的个体。社会不可能超越群体，群体不可能超越利益。社会分裂主要在于群体，群体分裂主要在于利益。个人分裂主要在于利益，利益分裂主要在于诉求。社会只能属于部分个人，个人只能属于部分社会。社会的部分性被名利所左右，个人的部分性被功利所左右。社会局限性是名利的改变，个人局限性是功利的改变。社会可以打造名利的平台，一个平台可以有多种群体。个人可以打造功利的平台，一个平台可以有多种需求。

关于分裂的重点。个人分裂的重点在于利益，社会分裂的重点在于权力。有利益诉求个人迟早要分裂，有权力诉求社会迟早要分裂。利益分裂让意识泛滥，权力分裂让精神泛滥。利益是社会的动物属性，权力是动物的社会属性。个人是绝对概念，永远处于聚合当中。社会是绝对概念，永远处于聚合当中。个人是相对概念，永远处于分裂当中。社会是相对概念，永远处于分裂当中。个人首先是利益聚合，然后是意识聚合。首先是利益分裂，然后是意识分裂。社会首先是权力聚合，然后是精神聚合。首先是权力分裂，然后是精神分裂。利益分合必然反映在意识当中，这就是自我意识。权力分合必然反映在精神当中，这就是自我精神。个人是利益的两面性，也是意识的片面性。社会是名利的两面性，也是精神的片面性。个人面对意识会产生自我，面对利益会产生非我。社会面对精神会产生自我，面对权力会产生非我。利益和权力可以合作，意识和精神可以合作。利益和权力可以对抗，意识和精神可以对抗。个人是现实与意识的双重合作与对抗，社会是现实与精神的双重合作与对抗。个人因为意识会形成缩小的社会，社会因为精神会形成放大的个人。个人需要意识的整体性，社会需要精神的整体性。意识一旦分裂个人不会存在，精神一旦分裂社会不会存在。意识分裂会降低个人的比重，精神分裂会降低社会的比重。个人是意识到行为的分裂，社会是精神到原则的分裂。个人分裂的残留就是动物，社会分裂的残留就是名利。个人意识需要道德维系，社会精神需要原则维系。个人意识分裂是道德崩溃，社会精神分裂是原则崩溃。个人分裂让社会失去屏障，社会分裂让个人失去屏障。个人分裂让社会不再完整，社会分裂让个人不再完整。意识分裂让个人极度膨胀，原则分裂让社会极度膨胀。个人失去约束让本能极度亢奋，社会失去约束让名利极度亢奋。个人亢奋激发动物本能，社会亢奋激发名利本能。个人情操只是社会幻觉，社会道义只是个人幻觉。个人分裂是基因突变，社会分裂是基因逆袭。个人的正能量正在消失，负能量正在增加。社会的创造力正在消失，破坏力正在增强。个人的负能量会加速社会分裂，社会的负能量会加速个人分裂。个人问题是社会的后遗症，社会问题是个人的后遗症。个人现实分裂是迟缓的，意识分裂是迅速的。社会现实分裂是缓慢的，精神分裂是快速的。个人的精神世界会时刻处于分合当中，社会的精神世界会时刻处于分合当中。阻止个人的随意性必须强化精神，阻止社会的随意性必须强化原则。个人精神不能随意打破，社会原则不能随意推翻。强化精神维护个人尊严，强化原则是维护社会尊严。个人在精神面前必须有所克制，社会在原则面前必须有所克制。个人不应该以破坏社会来显示能力，社会不应该以征服个人来显示权威。个人必须用精神维护真善美，社会必须用原则防止假丑恶。个人全部暴露社会不能承受，社会全部暴露个人不能承受。个人总会有见不得人的东西，只能压缩在自我当中。社会总有见不得人的东西，只能压缩在自我当中。个人不是没有隐私，而是不能暴露隐私。社会不是没有阴暗，而是不能暴露阴暗。个人克制是对社会的维护，社会克制是对个人的维护。个人秘密需要时间消解，社会秘密需要空间消解。个人安静是自我控制，社会安宁是相互控制。个人控制是自我屏蔽，社会控制是相互屏蔽。

二十六、人性的惯性

人性是惯性运行，社会是惯性运行。个人遵循社会规律，社会遵循历史规律。个人是空间节点，必须体现社会要求。社会是时间节点，必须体现历史要求。个人惯性是社会作用，社会惯性是历史作用。个人决定社会纵深，社会决定历史纵深。

关于惯性的形成。个人历史虽然短暂，运行过程必然产生惯性。社会历史既然悠久，运行过程必定形成惯性。个人惯性体现社会要求，社会惯性体现历史要求。个人惯性一旦形成，环境很难改变。社会惯性一旦形成，世界很难改变。历史惯性一旦形成，实现很难改变。思维惯性一旦形成，行为很难改变。个人是自我也是社会惯性，社会是现实也是历史惯性。个人是自我与社会的交叉运行，社会是历史与现实的交叉运行。个人必须接受意识与行为的双重支配，社会必须接受现实与历史的双重支配。意识支配是个人轨迹，现实支配是社会轨迹。个人需要社会裁剪，社会需要历史剪裁。个人剪裁是社会的部分构成，社会剪裁是历史的部分构成。个人是社会的切线，社会是历史的切面。个人有社会的局限性，社会有历史的局限性。个人的局限性是社会夹角，社会的局限性是历史夹角。个人惯性是社会推动也是社会障碍，社会惯性是历史推动也是历史障碍。个人惯性需要社会重复，社会惯性需要历史重复。个人多次重复才能坚持下来，社会多次重复才能固定下来。个人重复是单体惯性，社会重复是群体惯性。个人是内容的重复，社会是形式的重复。只要个人不作大的改变，社会内容基本是一致的。只要社会不作大的改变，个人形式基本是一致的。个人惯性是社会环境的长期养成，社会惯性历史环境的长期养成。个人表现社会惯性，社会表现历史惯性。只要个人产生惯性，社会就能长期运行下去。只要社会产生惯性，历史就能长期运行下去。个人惯性是社会浓缩，社会惯性是历史浓缩。个人既浓缩社会精华，也浓缩社会糟粕。社会既浓缩历史精华，也浓缩历史糟粕。个人好坏是社会的影子，社会好坏是历史的镜子。个人的优缺点会在社会当中积累，社会的优缺点会在历史当中积累。个人积累是社会习惯，社会积累是历史习惯。个人积累是精神运行，社会积累是文化运行。个人通过社会继承精神，社会通过历史继承文化。个人现实不能断裂，精神更不能断裂。社会现实不能中断，文化更不能中断。个人断裂是精神的盲区，社会断裂是文化的盲区。个人形成习惯不容易，改变习惯很容易。社会形成习惯不容易，改变习惯很容易。个人惯性往往有断代性，社会惯性往往有断层性。个人断代并不容易连接，社会断层并不容易续接。个人不能错误估计自己的能力，社会不能错误估计自己的能量。个人能力是有限的，不可能改变社会进程。社会能量是有限的，不可能改变历史进程。个人不能制造社会畸形，社会不能制造历史畸形。个人发展是社会的趋同性，社会发展是历史的趋同性。个人惯性必须服从社会逻辑，社会惯性必须服从历史逻辑。个人的生活方式可以改变，社会方位不能改变。社会的生存方式可以改变，历史方位不能改变。个人运行是社会的展现过程，社会运行是历史的展现过程。个人必须有社会和历史方位，这就是精神的连续性。社会必须有历史和个人的方位，这就是文化的连续性。面对社会的核心要求，个人内容就能确定下来。面对个人的核心要求，社会内容就能固定下来。个人不可能有离奇的过程，社会不可能有离奇的故事。

关于惯性的作用。社会惯性是历史形成的，个人惯性是社会形成的。社会主体运行是权力，权力的惯性需要体制。个人主体运行是利益，利益的惯性需要机制。体制是对权力的深刻认识，机制是对利益的深刻认识。体制昭示权力的起源，机制昭示利益的起源。体制确定权力的惯性，机制确定利益的惯性。权力需要体制的滞留，利益需要机制的滞留。社会形成惯性很容易，制动惯性不容易。个人形成惯性很容易，制约惯性不容易。社会惯性是权力产生的，权力惯性是利益产生的。个人惯性是利益产生的，利益惯性是需求产生的。社会总以为权力可以改变一切，个人总以为利益可以改变一切。社会是权力的加速度，个人是利益的加速度。社会一直是权力的强势介入，个人一直是利益的强势介入。其实权力与社会没关系，只是个人的需要。其实利益与个人没关系，只是社会的需要。社会始终对个人抱有权力的幻想，个人始终对社会抱有利益的幻想。社会幻想是个人动力，个人幻想是社会动力。社会想用权力建立美好的世界，个人想用利益建立美好的社会。社会想通过权力公平利益，个人想通过利益公平权力。社会时刻关注权力的运行，个人时刻关注利益的运行。权力需要权力的推动，利益需要利益的推动。社会形成强大的力量不会受规则约束，个人形成强大的力量不会受道德约束。社会必须改变规则维持权力的惯性，个人必须改变道德维持利益的惯性。社会惯性是抛弃规则的过程，个人惯性是抛弃道德的过程。社会要正常发展必须恢复历史惯性，个人要正常发展必须恢复社会惯性。社会不可能抛弃历史另辟渠道，个人不可能抛弃社会另辟蹊径。社会需要权力就得附加规则，个人需要利益就得附加道德。社会规则形成制度，个人道德形成制导。制度惯性需要长期积累，道德惯性需要长期养成。社会是积累精神的过程，个人是积累道德的过程。历史的惯性是文化基因，实现的惯性是精神基因。人类精神是相通的，社会只是继承的问题。社会原则是相通的，个人只是继承的问题。简单的东西具有共性，复杂的东西具有个性。真善美不需要复杂，假丑恶才需要复杂。历史遵循了简单的原则，社会遵循了复杂的原则。社会不希望历史简单，个人不希望社会复杂。社会的高尚在于理想，个人的高贵在于理性。社会归根到底是精神的传承，个人归根到底是道德的传承。精神逻辑产生社会惯性，道德逻辑产生个人惯性。对社会真正起作用的就是精神，对个人真正起作用的就是道德。权力中断了社会传承，利益中断了个人传承。社会只想承接权力，个人只想承接利益。社会传承断断续续，个人传承时好时坏。社会规则被权力改写，个人道德被利益改写。历史主流被现实改变，社会主流被个人改变。社会出现问题会采取极端措施，个人出现问题会采取极端方式。武力改变了社会惯性，暴力改变了个人惯性。武力让社会走向极端，暴力让个人走向极端。社会破坏的对象是制度，个人破坏的对象是秩序。社会通过移动支点破坏制度，个人通过移动支点破坏秩序。权力是建立秩序的力量，也是破坏秩序的力量。利益是巩固秩序的力量，也是颠覆秩序的力量。社会始终面临权力的改变，个人始终面临利益的改变。社会已经习惯于权力的改变，个人已经习惯于利益的改变。社会改变是多向转折，个人改变是多次转变。社会改变让个人产生了服从，个人改变让社会产生了认可。

关于惯性的发展。个人必须形成善良的习惯，并且坚持发展美好。社会必须形成善良的习惯，并且坚持完善美好。个人美好不仅是道德要求，也是生存要求。社会美好不仅是精神要求，也是现实要求。个人不可能是社会的唯一存在，还有更多的人同时存在。社会不可能是唯一的存在，还有更多的社会同时存在。个人的主要特征是安定，社会的主要特征是稳定。个人不善良社会不能安定，社会不善良世界不能安定。个人一旦混乱，群体和社会都是受害者。社会一旦混乱，个人和世界都是受害者。个人不可能在短时间内创造道德，需要长期坚持和发展。社会不可能在短时间内创造原则，需要长期继承和发扬。个人坚持是社会惯性，社会坚持是个人惯性。现实坚持是历史惯性，历史发展是精神惯性。个人惯性是社会添加，社会惯性是个人添加。个人长期坚持才能形成道德核心，长期添加才能形成道德轮廓。社会长期坚持才能形成精神核心，长期添加才能形成精神轮廓。个人必须形成自我核心，社会必须形成相互核心。个人必须形成自我轮廓，社会必须形成相互轮廓。个人是支配的核心，社会是调度的核心。个人是行为的核心，社会是行动的核心。个人决定社会走向，社会决定历史走向。个人是社会惯性的重复，社会是历史惯性的重复。个人弯曲被社会拉伸，社会弯曲被历史拉伸。个人惯性被社会修正，社会惯性被历史修正。个人亮点是社会打磨，社会亮点是历史打磨。个人亮点让社会发光，社会亮点让历史出彩。善良总是持久的，邪恶总是短暂的。善良总是连续的，邪恶总是间断的。善良可以发扬光大，邪恶可以有效遏制。个人在社会的作用下会越来越优秀，社会在历史的作用下会越来越美好。个人没有给社会留下更多的邪恶机会，社会没有给个人留下更多的作恶空间。个人必须向道德沉淀，社会必须向精神沉淀。道德沉淀是个人的厚重，精神沉淀是社会的厚重。道德厚重会形成个人轨迹，精神厚重会形成社会轨迹。个人要融入社会必须是道德形状，社会要融入世界必须是规则形状。个人在道德上不能有所差别，社会在精神上不能有所差别。正常的个人才有正常的行为，正常的社会才会有正常的作为。个人必须有正常思维，社会必须有正常思想。个人不能用邪恶显示能耐，社会不能以邪恶显示能力。个人宁可消失在善良之中，不可突显在邪恶之中。社会宁可淹没在善良之中，不可孤立在邪恶之中。个人善良是自我坚持也是社会反思，社会善良是自我坚持也是个人反思。个人反思是社会修正，社会反省是个人修正。个人需要长期坚持，社会需要长期积累。个人坚持会养成习惯，社会积累会养成风气。个人不能让社会付出代价，社会不能让个人付出代价。个人进入惯性会自主运行，社会进入惯性会自主发展。个人必须形成良好的习惯，社会必须形成良好的传统。个人必须有好的习惯作保证，社会必须有好的习惯作保障。个人必须选择正确的方向，社会必须选择正确的道路。个人发展必须有正确的定位，社会发展必须有正确的定性。个人文明必须嵌合在社会当中，社会文明必须嵌合在世界当中。个人不管经历多少曲折，必须回归社会文明。社会不管经历多少曲折，必须回归历史文明。个人文明必须有社会高度，社会文明必须有历史高度。个人文明必须有社会宽度，社会文明必须有历史宽度。个人是文明的基本单位，社会是文明的基本构成。

关于惯性的转折。历史惯性被社会转折，社会惯性被现实转折。社会只能曲线运动，个人只能曲线运行。社会逆转是名利的作用，个人是逆转是功利的作用。名利是社会负担，功利是个人负担。社会因为名利的承载负担会越来越重，个人因为功利的承载负担会越来越重。社会因为名利的重力会不断下降，个人因为功利的重力会不断下滑。社会已经脱离精神的轨道，个人已经脱离道德的轨道。社会需要精神的重建，个人需要道德的重构。社会惯性必须克服现实的阻力，个人惯性必须克服社会的障碍。社会失去惯性会反复重建，个人失去惯性会反复构建。权力让社会高大，也让社会堕落。利益让个人高贵，也让个人堕落。社会在权力面前会改变性质，个人在利益前面会改变原则。社会面临精神分裂，个人面临道德分裂。社会还没有达到牢不可破的程度，个人还没有达到坚不可摧的程度。巩固社会精神不能有丝毫的懈怠，培养个人道德不敢有丝毫的放松。社会在短时间内不可能创造奇迹，个人在短时间内不可能出现奇迹。社会能够把原则坚持下来就是奇迹，个人能够把道德坚持下来就是奇迹。社会进入理性是美好的愿望，但很难坚持下来。个人进入良性是美好的愿望，但很难坚持下来。社会不希望邪恶，但邪恶会主导社会。个人不希望邪恶，但邪恶会主导个人。社会往往是背道而驰，个人往往是相向而行。社会一旦进入邪恶很难调整方向，个人一旦邪恶很难调整内容。社会必须要经常修正个人，个人必须要经常修正社会。社会自身没有正义，参照个人就是正义。个人自身没有原则，参照社会就是原则。社会不能只展示历史的横切面，还有纵切面。个人不能只展示社会的纵切面，还有横切面。社会不是孤立的存在，必定有历史注解。个人不是孤立的存在，必定有社会渊源。历史之外不可能再有社会，社会之外不可能再有个人。历史规定了社会的基本动作，社会规定了个人的基本动作。抛开历史，社会无所谓好坏。抛开社会，个人无所谓好有坏。社会价值是历史的对比，个人价值是社会的对比。社会必须服从历史规律，个人必须服从社会规律。历史是对社会的约束，社会是对个人的约束。历史是对社会的规范，社会是对个人的规范。社会不能走很多弯路，个人不能犯很多错误。社会必须修正自己的道路，个人必须修正自己的方向。社会在历史面前必须铸就高峰，个人在社会面前必须呈现亮点。社会不能与历史歪曲对接，个人不能与社会扭曲对接。社会尊重历史不是技术问题，个人尊重社会不是技巧问题。社会必须是历史的承接与顺应，个人必须是社会的承接与顺延。社会的剩余价值就是精神，个人的剩余价值就是道德。社会价值的积累就是历史惯性，个人价值的积累就是社会惯性。历史惯性必须长久，现实惯性必须持久。社会没有必要迎合名利，个人没有必要迎合功利。历史惯性是社会范本，社会惯性是个人范本。回望历史社会必须有所建树，面对社会个人必须有所建树。社会惯性必须有历史深度，个人惯性必须有社会深度。社会应该追求精神的本质，个人应该追求道德的本质。社会不能在名利的怪圈里循环，个人不能在功利的怪圈里循环。社会必须面向历史建立新的惯性，个人必须面向社会建立新的规范。社会必须亲近精神建立惯性，个人必须亲近道德建立惯性。社会必须体现精神价值，个人必须体现道德价值。

二十七、人性的嫁接

　　人性需要精神嫁接，社会需要原则嫁接。个人嫁接产生精神文明，社会嫁接产生人类文明。个人是自我嫁接，社会是相互嫁接。个人嫁接决定自我内涵，社会嫁接决定相互内涵。人类走向文明是不断嫁接的过程，社会走向文明是不断嫁接的结果。

　　关于自然的嫁接。有人类就应该有人性，有人性就应该有文明。人类是人性的起源，人性是社会的起源。个人存在是自我人性，社会存在是相互人性。看得见的是人类，看不见的是人性。人性嫁接到人类是进化的过程，嫁接到社会是催化的过程。动物进化的主要成果形成人类，人类进化的主要成果形成社会。人性是人类的主要属性，人类是社会的主要属性。人类之所以强调人性，因为只有这样的属性才能符合人类。社会之所以强调人性，因为只有这样的属性才能符合社会。人类不能违背人性，社会不能否定人性。否定人性就是否定人类，否定人类就是否定社会。人性经过时间的固化已经不可能有大的改变，人类经过社会的固化已经不可能有大的改变。人性发展主要是精神的作用，社会发展主要是人类的作用。人类与动物进行了断，人性与动物性进行了断。人类是对动物的阻抗，人性是对动物性的阻抗。自然嫁接产生了人类，社会嫁接产生了人性。自我嫁接产生了精神，社会嫁接产生了原则。个人的横向连接是群体，纵向连接是社会。意识的横向连接是精神，纵向连接是原则。人类必须摆脱动物的羁绊，精神必须摆脱本能的羁绊。个人是人类的重复，社会是人性的重复。个人重复是精神的复合，社会重复是原则的复合。个人必须统一在人类的精神之下，社会必须统一在人性的原则之下。能够把个人联系起来的只有精神，能够把社会联系起来的只有原则。认识人性是人类的合理性，使用人性是社会的合理性。人类必须继承人性，社会必须发展人性。人类必须为人性服务，社会必须为人类服务。继承人性是个人的责任，发展人性是社会的责任。个人必须体现人类的本质，社会必须体现人性的本质。个人本质是道德的形成，社会本质是精神的形成。人性划定了人类的范围，人类划定了社会的范围。道德划定了个人的范围，原则划定了群体的范围。人类已经脱离了动物，就不能再回归动物。社会已经脱离了野蛮，就不能再回归野蛮。个人脱离需要精神的力量，社会脱离需要原则的力量。个人以精神为对象，社会以原则为对象。人类脱离动物是漫长的演化，社会脱离动物性是漫长的演变。人类需要能力的积累，社会需要标准的积累。人类依靠人性站立起来，社会依靠人类站立起来。人类形成了行为的惯性，每一个人都必须遵守。历史形成了原则的惯性，每一个社会都必须遵守。个人丧失人性会遭到同类的排斥，社会丧失人性会遭到人类的排斥。个人必须与人性保持一致，社会必须与人类保持一致。人性是人类的共性，人类是社会的共性。人性必须同化人类，人类必须同化社会。人类不能远离人性，社会不能远离人类。背离人性是人类的异化，背离人类是社会的异化。人类有可能被社会异化，社会有可能被名利异化。个人正在形成功利的核心，社会正在形成名利的核心。个人运行产生社会的离心力，社会运行产生个人的离心力。个人让社会感到陌生，社会让个人感到陌生。个人异化会失去人性，社会异化会背离人性。个人跟随社会而改变，社会跟随名利而改变。个人改变是精神的利益化，社会改变是原则的权力化。

关于社会的嫁接。社会的产生发展需要嫁接，个人的成长壮大需要嫁接。社会嫁接地域和人口，最终形成权力和利益。个人嫁接生命和精神，最终形成道德和原则。社会必须寻找自己的源头，个人必须寻找自己的源头。社会源头可以是人类，但人类是虚泛的概念。可以是神灵，但神灵是虚拟的概念。社会源头应该是个人，个人源头应该是精神。社会必须建立个人逻辑，个人必须建立精神逻辑。社会是个人的集合概念，个人是精神的集合概念。没有个人社会不可能存在，没有精神个人不可能存在。社会高贵是集中了个人权利，富贵是集中了个人利益。个人高贵是占有了社会权力，富贵是占有了社会利益。社会构成并不复杂，就是人口和地域的数字运算。个人构成并不复杂，就是生命和需求的数字运算。社会权力并不是个人委托，而是社会的不断侵占。个人利益并不是社会委托，而是个人的不断抢占。因为权力把社会分成高低贵贱，因为利益把个人分成贫穷富

有。社会份额对个人是常数，有大必然有小。个人份额对社会是常数，有
多必然有少。社会祈求富贵是剥夺个人所有，个人祈求富贵是剥夺社会所
有。社会功能是制造差别，个人功能是制造贫富。社会知道权力并不合
理，制造了君权神授的理论。个人知道社会并不合理，创造了天赋人权的
理论。明明是数字概念，非得把神灵牵扯进来不可。明明是简单运算，非
得创造复杂的理论不可。集权并不神圣，就是剥夺个人的权力和利益。民
主并不神秘，就是归还个人的权力和利益。从社会观察，个人都可以归
零。从自我观察，个人都可以唯一。社会分化在于个人的自私，个人分化
在于社会的自利。社会需要权力的嫁接，个人需要利益的嫁接。社会是权
力的多次嫁接，个人是利益的多次嫁接。社会可以嫁接权力，但权力必须
遵循规则。个人可以嫁接利益，但利益必须遵循原则。社会为规则创造了
理论，个人为原则创造了道理。社会是理论的解释，个人是道理的解释。
社会不用过多解释，就是巨大的名利实体。个人不用更多解释，就是具体
的功利实体。社会规则不是虚拟的，就是面向个人的实体关系。个人道德
不是虚拟的，就是面向社会的实体关系。社会规则不能与个人发生冲突，
个人道德不能与社会发生冲突。社会规则是个人的合理解释，个人道德是
社会的合理解释。社会在嫁接名利的时候，必须同时嫁接规则。个人在嫁
接功利的时候，必须同时嫁接道德。社会有规则才能长期运行，个人有道
德才能长期存在。社会是原则的继承，也是原则的发展。个人是道德的继
承，也是道德的发展。社会权力必须寻找个人平衡，个人利益必须寻找社
会平衡。社会平衡就是建立和巩固原则，个人平衡就是建立和巩固道德。
社会原则必须嵌合在道德之中，个人道德必须嵌合在原则之中。社会契合
是个人底线，个人契合是社会底线。社会不能挑战个人底线，个人不能挑
战社会底线。社会嫁接是防止个人脱落，个人嫁接是防止社会脱落。社会
既要挂靠在原则当中，也要维系在个人当中。个人既要挂靠在道德当中，
也要维系在社会当中。社会嫁接必须有物质和原则的双重纽带，个人嫁接
必须有精神与实现的双重纽带。社会既不能背叛原则，也不能背叛个人。
个人既不能背叛道德，也不能背叛社会。社会嫁接让个人有所遵循，个人
嫁接让社会有所遵循。社会遵循是防止顶层破坏，个人遵循是防止底层破

坏。

关于精神的嫁接。个人有虚拟空间，这是道德嫁接的需要。社会有虚拟空间，这是精神嫁接的需要。个人嫁接解决原则问题，社会嫁接解决道德问题。个人嫁接有需求空间，也有原则空间。社会嫁接有现实需求，也有精神需求。个人嫁接必须形成巨大的包容性，社会嫁接必须形成巨大的存储性。个人是精神凝结，社会是物质凝结。个人是精神派生，社会是物质派生。个人嫁接容易造成精神脱落，社会嫁接容易造成原则脱落。个人脱落是道德的破碎，社会脱落是精神的破碎。个人面对社会是原则的脆弱，社会面对个人是精神的脆弱。个人改变会放弃原则，社会改变会放弃精神。个人通过物质需求依附社会，社会通过物质需求吸附个人。个人通过精神需求融入社会，社会通过精神需求融入个人。个人嫁接是自愿的力量，社会嫁接是强制的力量。个人需要社会调动，社会需要个人配合。个人需要精神注入，社会需要原则注入。个人造就普遍性的精神，社会造就普遍的原则。个人嫁接是必需的过程，社会嫁接是必然的过程。个人嫁接是社会结果，社会嫁接是个人结果。文明之外没有文明，人性之外没有人性。精神是人类的创造，文明是社会的创造。个人文明需要自我管理，社会文明需要相互管理。个人管理以精神为核心，社会管理以个人为核心。造就个人美好是社会责任，造就社会美好是个人责任。个人责任是对社会的正确理解，社会责任是对个人的正确理解。个人的伟大在于精神，社会的伟大在于原则。个人的外部结构是物质与需求，内部结构是精神与道德。社会的外部结构是权力与利益，内部结构是精神与原则。个人超越现实产生精神，社会超越现实产生原则。个人必须通过原则产生道德，社会必通过接精神产生原则。个人是肉体嫁接精神，社会是物质嫁接原则。部分嫁接是有限的个人，全部嫁接是无限的社会。个人嫁接会遇到本能的阻力，社会嫁接会遇到现实的阻力。个人淡化功利才能嫁接道德，社会淡化名利才能嫁接原则。个人嫁接原则延伸道德，社会嫁接精神延伸原则。道德产生信仰的力量，精神产生崇拜的力量。个人可以崇拜功利，但必须崇拜道德。社会可以崇拜名利，但必须崇拜精神。物质崇拜是现实的作用，精神崇拜是信仰的作用。现实是外部的扩张，精神是内部的扩张。个人坍塌是道德缺失，社会坍塌是精神缺失。道德必须充实到个人当中，精神必须充实到社会当中。个人既要遵循现实逻辑，又要遵循道德逻辑。社会既要遵循物质规律，又要遵循精神规律。个人在现实世界是渺小的，在精神世界是强大的。社会在现实世界的强大的，在精神世界是渺小的。个人不能无限缩小精神世界，社会不能无限扩大物质世界。个人必须借助社会的力量建立精神，社会必须借助个人的力量建立原则。个人必须是精神的进取，社会必须是原则的完善。个人通过精神可以高大，社会通过原则可以高大。个人可以用精神来标志自我，社会可以用原则来标志自我。个人总是要成立，社会总是要消失。精神总是要成立，名利总是要消失。道德成长会上升为社会原则，精神成长会沉淀为个人原则。个人必须防止道德缺失，社会必须防止精神缺失。道德缺失是个人危机，精神缺失是社会危机。个人信仰不能功利化，社会信仰不能名利化。个人理解必须从道德开始，社会理解必须从精神开始。个人不能陷入道德悖论，社会不能陷入精神悖论。

关于个人的嫁接。个人必须生活在社会当中，社会必须生活在世界当中。个人是主动嫁接，也是被动的过程。社会是被动嫁接，也是主动的过程。个人有需求必然与社会对接，社会有需求必然与个人对接。个人嫁接是社会果实，社会嫁接是个人果实。个人果实必然有大有小，社会果实必然有多有少。个人嫁接不可能平衡，社会嫁接不可能平均。个人差别带来社会不平，社会差别带来个人不平。个人希望名利双收，社会希望名利双得。个人既想获得利益又想获得权力，社会既想获得权力又想获得利益。个人损失需要社会补偿，社会损失需要个人补偿。个人增益需要时间，社会增益需要过程。个人祈福是夺取社会份额，社会祈福是夺取个人份额。个人寄托于名利的幸福，是夺取更多的社会资源。社会寄托于名利的崇拜，是夺取更多的个人资源。个人嫁接造就社会畸形，社会嫁接造就个人畸形。个人畸形破坏社会形象，社会畸形破坏个人形象。个人必须有正确的社会定位，社会必须有正确的个人定位。个人必须有正常的社会关系，社会必须有正常的个人关系。个人不能歪曲社会关系营造私利，社会不能歪曲个人关系营造私情。个人可以不完善，但不能变成破坏社会的力量。

社会可以不完善，但不能变成破坏个人的力量。个人破坏让社会伤痕累累，社会破坏让个人伤痕累累。个人不能打造社会的利器，社会不能打造个人的利器。个人掌握利器必定伤害社会，社会掌握利器必定伤害个人。个人必须有大体形状，社会必须有大体轮廓。个人不可能完全达到社会要求，但至少与社会的主流要素相匹配。社会不可能完全实现个人愿望，但至少与个人的基本愿望相协调。个人不能与社会恶性互动，也不能与社会恶性循环。社会不能与个人恶性互动，也不能与个人恶性循环。个人是道德的产物，必须自我控制。社会是规则的产物，必须相互控制。个人控制形成社会制度，社会控制形成个人制度。个人是社会的产物，社会是制度的产物。个人嫁接需要社会托底，社会嫁接需要个人托底。个人托底需要道德，社会托底需要规则。道德是个人的永恒主题，规则是社会的永恒主题。个人不应该以动物为标准，社会不应该以玩物为标准。个人嫁接是社会标准，社会嫁接是个人标准。个人嫁接是社会能力，社会嫁接是个人能力。每个人都有能力，关键没有社会机会。每个社会都有能力，关键没有个人机会。个人一旦开放必定是社会主体，社会一旦开放必定是个人主体。在社会依赖的前提下，个人很难把握。在名利依赖的前提下，社会很难把握。个人是社会的试验品，社会是个人的试制品。个人缺陷需要社会弥补，社会缺陷需要个人弥补。个人利用社会缺陷是想埋葬社会，社会利用个人缺陷是想埋葬个人。个人离奇的故事必定利用了社会缺陷，社会离奇的故事必定利用了个人缺陷。个人缺陷是社会证明，社会缺陷是个人证明。个人缺陷可以解释社会的合理性，社会缺陷可以解释个人的合理性。个人需要社会的错误注解，社会需要个人的错误注解。个人是社会的反面教材，社会是个人的反面教材。个人嫁接需要道德的独立，社会嫁接需要原则的独立。个人必须保持道德的完整性，社会必须保持原则的完整性。个人不能在道德面前解体，社会不能在原则面前解体。个人不能是道德断裂，社会不能是精神断层。个人必须嫁接道德文明，社会必须嫁接精神文明。

二十八、人性的善恶

人性善恶是社会认识，社会善恶是个人认识。个人善恶是社会区分，社会善恶是个人区分。个人有自我标准，也有社会标准。社会有个人标准，也有相互标准。个人进入社会是分辨善恶的过程，社会作用个人是实施善恶的过程。

关于善恶的认识。对于人性的善恶一直争论不休，每次社会动荡都会追问善恶问题。个人往往把问题归结于社会，社会往往把症结归结为个人。个人没有社会环境无所谓善恶，社会没有个人环境无所谓好坏。个人在社会当中虽然有所差别，但善恶并不是唯一标准。社会在个人当中虽然有所差别，但好坏并不是唯一标准。善恶是特殊行为，多数人不善不恶。好坏是特殊表现，多数社会不好不坏。善恶是绝对标准，有可能把个人引向极端。好坏是绝对标准，有可能把社会引向极端。个人错觉是社会标准的绝对化，社会错觉是个人标准的绝对化。多数人处于社会的平均值，多数社会处于个人的平均值。个人区分善恶引导社会走向极端，社会区分好坏引导个人走向极端。个人出现问题有自我原因，也有社会原因。社会出现问题有个人原因，也有自我原因。个人不能用简单标准划分社会，社会不能用简单标准划分个人。善恶是个人标准的简单化，好坏是社会标准的简单化。个人是综合性表现，应该多视角观察。社会是长期性表现，应该多层次分析。善恶并不完全代表个人属性，好坏并不完全代表社会属性。个人是社会的互动过程，社会是个人的互动过程。个人的自我属性是美丑，相互属性是善恶。社会的自我属性是好坏，相互属性是善恶。人类作为动物并没有先天的善恶，社会作为载体并没有先天的好坏。人类进化前并不是凶猛的动物，进化后也没有凶残的本性。社会形成前并没有暴力倾向，形成后也没有暴力企图。人类总体是善良的，社会总体是温和的。人类在社会环境中发生了改变，并且逐步走向自私与邪恶。社会在名利环境下发生了改变，并且逐步走向自私与暴力。对个人简单区是社会误区，对社会简单区分是个人误区。个人是动物与精神两个区间的构成，社会是名利与本能两个区间的构成。个人在社会面前并不神奇，不过是名利改造的智能动物。社会在个人面前并不神奇，不过是功利改造的组织形式。个人沿着社会路径逐步改变，社会沿着个人路径逐步改变。个人既不能还原为自然动物，也不能改造为名利动物。社会既不能是名利形式，也不能是欲望形式。个人解体是社会切割，社会解体是个人切割。个人切割是本能的反映，社会切割是欲望的反映。个人有动物的善恶，也有功利的善恶。社会有名利的善恶，也有个人的善恶。个人是名利的条件反射，社会是功利的条件反射。个人反射服从本能的需要，社会反射服从本性的需要。个人呈现动物的本能，社会呈现动物的本性。生命本来没有善恶，生存本来没有好坏。个人的简单化失去社会标准，社会的简单化失去个人标准。个人区分导致社会的绝对化，社会区分导致个人的绝对化。个人为了生存必须做出更多的选择，社会为了发展必须做出更多的努力。个人的简单化让社会不能选择，社会的简单化让个人不能选择。个人必须保障生存而获得发展，社会必须促进发展而保障生存。没有生存的保障个人无法决定善恶，没有发展的保障社会无法决定好坏。个人不能用威胁生存的方法选择善恶，社会不能用破坏发展的方式选择好坏。个人善恶是生存决定的，社会好坏是发展决定的。

关于善恶的区分。社会必须维护好发展，个人必须维护好生存。社会不能放弃发展争论个人善恶，个人不能放弃生存争论社会善恶。社会强化善恶是鼓励个人选择极端，个人强化善恶是鼓励社会走向极端。社会保障个人但不能强化善恶标准，个人保障社会但不能强化善恶意识。社会总想对个人做出区分，个人总想对社会做出区分。社会区分产生个人的思维怪圈，个人区分产生社会的思维怪圈。社会标准产生个人的思维缺陷，个人标准产生社会的思维缺陷。社会缺陷动摇个人的正常判断，个人缺陷动摇社会的正常判断。社会定性是误导个人，个人定性是误导社会。社会结论让个人无所适从，个人结论让社会无所适从。社会定性会缩小个人范围，个人定性会缩小社会范围。社会缩小会放弃发展的责任，个人缩小会放弃生存的责任。社会缩小会进入线性发展，个人缩小会进行线性生存。社会遇到个人的狭隘诉求，个人遇到社会的狭隘诉求。社会矛盾转化为权力的对立，个人矛盾转化为利益的对立。社会用权力划分个人善恶，个人用利益划分社会善恶。社会因为权力永远是正确的，个人因为利益永远是错误的。社会用善恶把个人锁定在权力当中，个人用好坏把社会锁定在利益当中。社会是权力的评价标准，个人是利益的评价标准。社会评价导致个人的权力倾向，个人评价导致社会的利益倾向。权力标准扭曲社会善恶，利益标准扭曲个人善恶。社会用权力考验个人，个人用利益考验社会。社会必须服从个人利益，个人必须服从社会权力。社会用权力改变了个人衡量，个人用利益改变了社会衡量。社会似乎是确定标准，其实是改变标准。个人似乎是使用标准，其实是破坏标准。社会为个人设置了门槛，个人为社会设置了门槛。社会门槛是不能侵犯权力，个人门槛是不能侵犯利益。侵犯权力是个人的邪恶，侵犯利益是社会的邪恶。社会不能越过利益的边界，个人不能越过权力的边界。社会必须阻挡个人的侵犯，个人必须阻挡住社会的侵犯。社会阻挡是权力的封锁，个人阻挡是利益的封锁。社会走向邪恶必须调动个人力量，个人走向邪恶必须调动社会力量。社会走向邪恶有巨大的个人空间，个人走向邪恶有巨大的社会空间。社会确立善恶是为了控制个人，个人确立善恶是为了控制社会。社会区分是为了服从权力，个人区分是为了服从利益。社会区分是为了分化个人，个人区分是为了分化社会。善恶是控制个人的主要方法，好坏是控制社会的主要方法。社会问题必须由个人承担，个人问题必须由社会承担。社会没有缺陷不可能制造偶像，个人没有缺陷不可能制造英雄。社会必须扮演正面的角色，个人必须扮演反面的角色。社会逻辑是个人缺陷，个人逻辑是动物缺陷。社会为个人设下了圈套，个人为社会设下了陷阱。社会认为个人不仅是行为的邪恶，而且是意识的邪恶。个人认为社会不仅是意识的邪恶，而且是行为的邪恶。社会区分是为了否定个人，个人区分是为了否定社会。社会必须有惩罚个人的工具，个人必须有惩罚社会的工具。社会不需要个人的善良，只需要个人的邪恶。个人不需要社会的善良，只需要社会的邪恶。社会出现问题可以惩罚个人，个人出现问题可以惩罚社会。社会是个人的反向使用，个人是社会的反向作用。社会是个人的逆向表演，个人是社会的逆向表现。社会需要个人的邪恶说明自己，个人需要社会的邪恶证明自己。

关于善恶的使用。个人善恶是情感的反映，也是利益的反映。社会善恶是理论的区分，也是现实的区分。个人以利益为核心建立社会标准，社会以权力为核心建立个人标准。利益得失是个人的善恶，权力得失是社会的善恶。个人善恶是利益的碰撞，社会善恶是权力的碰撞。个人没有单纯的善恶，社会没有单纯的好坏。触动利益会引发个人善恶，触动权力会引发社会善恶。个人的善良被社会利用，社会的邪恶被个人利用。个人善良会产生群体的连锁反应，社会邪恶会产生个体的连锁反应。善良是互动的结果，邪恶是互动的结果。善良是群体的表现，邪恶是群体的表现。个人有社会互动，善恶会同时发生。社会有个人互动，善恶会同时存在。个人善恶是社会集合，社会善恶是个人集合。个人好坏是社会延伸，社会好坏是个人延伸。个人善恶会相互模仿，社会善恶会相互加工。面对社会名利，个人不可能消除欲望。面对个人需求，社会不可能消除欲望。个人平衡就是善良，不平衡就是邪恶。社会公平就是善良，不公平就是邪恶。个人能够得到会极力拥护，不能够得到会极力反对。社会能够得到会极力创造，不能够得到会极力破坏。个人善恶取决于社会，社会善恶取决于名利。个人善恶取决于分配，社会善恶取决于分享。个人善良是社会满足，社会善良是个人满足。个人不能满足会对抗社会，社会不能满足会对抗个人。个人用底线衡量社会，社会用底线衡量个人。个人用高限压制社会，社会用高限压制个人。个人在发酵社会邪恶，社会在发酵个人邪恶。个人汇集社会缺陷，社会汇集个人缺陷。个人缺陷是胁迫社会的筹码，社会缺陷是胁迫个人的筹码。个人诱导社会走向极端，社会诱导个人走向极端。个人用残酷的手段对付社会，社会用残酷的手段对付个人。个人残酷是对社会的报复，社会残酷是对个人的报复。个人报复是社会的恶性循环，社会报复是个人的恶性循环。个人报复会恶化社会关系，社会报复会恶化群体关系。个人不能报复会使用狡诈，社会不能报复会使用欺骗。个人对社会反复无常，社会对个人反复无常。个人把一切智慧和手段都用于对付社会，社会把一切智慧和手段都用于对付个人。面对社会邪恶个人无法平静，面对个人邪恶社会无法平静。个人邪恶让社会丧失理性，社会邪恶让个人丧失理智。个人最终失去心理的平衡，社会最终失去管理的平衡。个人不作恶无法在社会当中生存，社会不作恶无法在个人当中立足。个人无法控制社会的邪恶，社会无法控制个人的邪恶。个人必须越过社会边界，社会必须越过个人边界。个人是从善良到邪恶的转化，社会是从善良到邪恶的转变。个人宣扬善良是面对社会邪恶，社会宣扬善良是面对个人邪恶。个人抨击社会是寻找借口，社会抨击个人是寻找借口。个人误区是过分宣扬社会的善恶，社会误区是过分宣扬个人的善恶。对个人不能过度否定，对社会不能过度肯定。个人必定是善恶的多次循环，社会必定是善恶的多次交替。个人不可能是固定的社会表现，社会不可能是固定的个人表现。个人善恶可能是作用前提的反弹，社会善恶可能是作用结果的反复。个人善恶是等距离的反弹，社会善恶是等距离的反复。个人是社会的动态反映，社会是个人的动态反映。个人强调善恶会失去社会平衡，社会强调善恶会失去个人平衡。个人必须在社会空间自我收缩，社会必须在个人空间自我收缩。

关于善恶的转化。社会本质是善良的，最终被名利所利用，个人本质是善良的，最终被功利所利用。社会回归本质必须维护公平，个人回归本质必须维护正义。公平是社会理念，正义是个人理念。社会被名利分割会丧失公平，个人被功利分割会丧失正义。社会失去公平会丧失合法性，个人失去正义会丧失合理性。社会不合理带来个人反应，现实不合理带来心理反应。社会不平衡需要秩序的维护，个人不平衡需要心理的维护。社会是制造不合理的过程，个人是承认不合理的过程。社会不合理会产生现实的连锁反应，个人不合理会产生心理的连锁反应。社会需要善良的激发，个人需要善良的激活。社会没有对比不会运动，个人没有对比不会运行。社会对比是个人的重新定位，个人对比是社会的重新定位。社会善良需要个人的重新提取，个人善良需要社会的重新提取。善良是表层的提取，邪恶是深层的提取。善良是横向的连接，邪恶是纵向的连接。善良总是缓慢的，邪恶总是快速的。突破社会表层就是罪恶，深入个人核心就是邪恶。社会核心被个人欲望所填充，个人核心被社会名利所填充。维护社会稳定让邪恶自然沉淀，维护个人稳定让邪恶自我冷却。社会和谐就是美好，个人安定就是美好。社会动荡必定从邪恶开始，个人动荡必定从邪恶展开。社会不可能消除邪恶，维护稳定就是培养善良。个人不可能消除邪恶，维护安定就是培育善良。社会受名利支配不可能稳定，个人受功利支配不可能安定。名利随时会颠覆社会，功利随时会颠覆个人。社会制造名利的氛围，个人就是名利的工具。个人制造功利的氛围，社会就是功利的工具。社会以名利建立个人关系，个人以功利建立社会关系。社会引导个人走向名利，个人引导社会走向功利。社会用逼迫的手段惩罚个人，个人用破坏的手段惩罚社会。社会惩罚是善恶的区分，个人惩罚是善恶的使用。社会惩罚是善恶的连续循环，个人惩罚是善恶的连续使用。名利已经超出社会的直观判断，功利已经超出个人的直观判断。社会善恶是名利的反复，个人善恶是功利的反复。社会反复会波及个人，个人反复会波及社会。社会必然为权力而疯狂，个人必然为利益而疯狂。社会转化是权力的作用，个人转化是利益的作用。社会在权力面前很难区分，个人在利益面前很难区分。社会本来没有特殊意义，名利附加了特殊意义。个人本来没有特殊需求，功利附加了特殊需求。社会必须从善恶当中寻找敌人，个人必须从善恶当中寻找朋友。社会走向大善大恶，个人走向大爱大恨。社会善恶只是名利的相对概念，个人善恶只是功利的相对概念。社会没有永远的好坏，个人没有永远的优劣。社会跟随个人在变化，个人跟随社会在变化。社会是隐藏邪恶的过程，个人是抑制邪恶的过程。社会有条件会爆发邪恶，个人有能力会实施邪恶。善良的结束是邪恶的开始，邪恶的结束是善良的开始。发动善良需要很大的能量，点燃邪恶只需要简单的原因。社会敢于放弃原则，个人就敢于放弃道德。社会是现实到意识的邪恶，个人是意识到现实的邪恶。社会邪恶隐藏在权力之中，个人邪恶隐藏在利益之中。善恶是社会释放也是个人释放，是社会约束也是个人约束。社会约束是体制和法律，个人约束是道德和精神。社会总以为自己是正确的，防范邪恶比消除邪恶更重要。个人总以为自己是善良的，防范自己比防范别人更重要。

二十九、人性的标准

　　不管人性怎么变化，总会有一定的标准。不管社会怎么发展，总会有一定的规范。个人需要参照社会建立标准，社会需要参照个人建立标准。个人标准是行为规范，社会标准是行为要求。个人是相对的建立，社会是相对的使用。

　　关于标准的形成。动物可以没有标准，人类必须有标准。动物群体可以没有标准，社会必须有标准。个人要有社会标准，社会要有历史标准。文明都是相通的，邪恶都是相投的。个人为社会要么留下善良的底片，要么留下邪恶的底片。社会为历史要么留下善良的蓝本，要么留下邪恶的蓝本。人类一旦形成必须创造行为标准，社会一旦形成必须创造行动标准。个人标准是道德依据，也是社会依据。社会标准是群体参照，也是个人参照。个人标准是自我成熟的标志，社会标准是相互成熟的标志。个人形成标准会作用于社会，社会形成标准会作用于个人。个人标准可以规范社会关系，社会标准可以规范个人关系。个人标准是从少到多的过程，社会标准是从无到有的过程。个人是动物行为上升为道德行为，社会是自然法则上升为人类法则。个人标准是道德参照原则，社会标准是原则参照道德。个人道德上升到社会就是原则，社会原则分配到个人就是道德。个人没有道德让社会失去参照，社会没有原则让个人失去参照。个人横向联合是相互道德，社会纵联合是相互原则。个人联合解决群体问题，社会联合解决个人问题。个人的横向坐标是群体，纵向坐标是社会。社会的横向坐标是群体，纵向坐标是个人。个人标准必须从道德出发，社会标准必须从原则出发。个人坐标必须向道德集中，社会坐标必须向原则集中。道德决定群体和社会关系，规则决定社会和个人关系。个人标准是道德还原，社会标准是原则还原。个人还原是精神浓缩道德，社会还原是原则浓缩精神。个人必须建立道德支撑体系，这是行为标准的发源。社会必须建立规则支撑体系，这是行动标准的发源。个人行为必须围绕道德逐步展开，社会行动必须围绕规则逐步展开。个人行为可以有多样性，但必须接受道德审查。社会行动可以有多样性，但必须接受规则审查。道德是自我审查，规则是相互审查。个人首先审查意识，然后审查行为。社会首先审查群体，然后审查个人。个人不仅是行为的主体，还是判别的主体。社会不仅是群体的屏障，还是个人的屏障。个人行为必须经过道德允许，社会行动必须经过规则允许。个人不能陷入道德放纵，社会不能陷入规则放纵。个人必须重复社会原则，社会必须重复个人道德。道德不是虚拟的，个人理性就是社会的有效限制。规则不是虚拟的，社会理性就是个人的有效限制。个人限制是道德实体，社会限制是规则实体。个人是社会基数而不是参数，社会是个人基数而不是参数。个人借助社会才能建立标准，社会借助个人才能巩固标准。个人需要道德沉淀，社会需要规则沉淀。个人沉淀是标准的厚重，社会沉淀是标准的加强。个人需要社会的优良传统，社会需要个人的优秀品质。个人品质是社会传统，社会品质是历史传统。个人标准是社会精华，社会标准是历史精华。个人是精神集合现实，社会是历史集合个人。个人集合需要自我判断，社会集合需要相互判断。个人无论如何变化都离不开基本要求，社会无论如何变化都离不开基本规范。个人参照社会形成自治，社会参照个人形成自律。个人参照是社会对比，社会参照是个人对比。

关于标准的作用。社会的主要载体是权力，权力必须有规范。个人的主要载体是利益，利益必须有规范。社会标准主要是针对权力，个人标准主要是针对利益。社会一定要认识到权力的危害，个人一定要认识到利益的危害。权力没有限制会危害个人，利益没有限制会危害社会。权力的标准由体制决定，利益的标准由法律决定。社会的作用在于强制，个人的作用在于自觉。社会首先强制权力，然后强制利益。个人首先是意识自觉，然后是行为自觉。社会自律是个人的约束，个人自律是社会的约束。社会标准被名利所改变，个人标准被功利所改变。社会是背离原则的过程，个人是背离道德的过程。社会背离产生道德错位，个人背离产生原则错位。社会错位是放弃原则追求道德，个人错位是放弃道德追求原则。社会只能嫁接虚拟的规则，个人只能嫁接虚拟的道德。社会标准渐行渐远，个人标准渐行渐离。社会标准只能调试个人利益，个人标准只能调试社会权力。社会调试是利益的个体化，个人调试是权力的社会化。社会支点向权力移动，个人支点向利益移动。社会移动是个人的适应能力，个人移动是社会的适应能力。社会集中权力会封锁个人关系，个人集中利益会封锁社会关系。社会文明是权力的收放程度，个人文明是利益的收放程度。社会权力不是唯一的，个人利益不是唯一的。社会标准是权力的让步，个人标准是利益的让步。社会让步是权力的取舍，个人让步是利益的取舍。社会取舍不会考虑个人平衡，个人取舍不会考虑社会平衡。社会需要时间的延长，个人需要空间的延长。社会延长是寻找时间的对称点，个人延长是寻找空间的对称点。社会标准是历史空间的大迂回，个人标准是社会空间的大迂回。历史为社会划出红线，社会为个人划出红线。社会可以协同历史，但不能胁迫历史。个人可以协同社会，但不能胁迫社会。社会可以改变形式，但不能改变内容。个人可以改变内容，但不能改变形式。社会建立标准是绝对的，执行标准是相对的。个人建立标准是相对的，执行标准是绝对的。社会移动标准是对个人的胁迫，个人移动标准是对社会的胁迫。社会胁迫是原则错乱，个人胁迫是道德错乱。社会需要原则归位，个人需要道德归位。社会坚持标准是简单的，放弃标准是复杂的。个人遵守标准是简单的，不遵守标准是复杂的。社会复杂是改变了标准，个人复杂是更换了标准。社会标准被名利改写，个人标准被功利改写。社会标准是原则的否定，个人标准是道德的否定。社会否定带来个人混乱，个人否定带来行为混乱。社会混乱是肆无忌惮，个人混乱是肆意妄为。社会需要原则重新定位，个人需要道德重新定位。任何社会都没有独特性，原则是历史与现实的双向坐标。任何个人都没有独特性，道德是精神与现实的双向坐标。社会原则必须延伸到个人，个人道德必须伸到社会。面对历史与个人，任何社会都是相对的。面对历史与社会，任何个人都是相对的。社会的绝对性只是幻想，个人的绝对性只是幻觉。名利不可能产生绝对性，功利不可能产生绝缘性。社会不能高估个人的觉悟，个人不能高估社会的觉悟。社会定力非常有限，个人定力非常脆弱。社会行为必须引起个人反思，个人行为必须引起社会反思。社会标准必须得到个人修正，个人标准必须得到社会修正。社会修正是原则的坚定性，个人修正是道德的坚定性。

关于标准的载体。个人是社会载体，建立标准才能有社会形象。社会是个人载体，建立标准才能有个人形象。个人失去标准不如动物，社会失去标准不如动物群体。人类是万善之源也是万恶之源，社会是万善之母也是万恶之母。动物是本能的驱使，人类是欲望的驱使。动物可以一饱而足，人类却是欲壑难填。个人可以善良也可以邪恶，社会可以和平也可以战争。个人改变是欲望的催化，社会改变是名利的催化。个人改变会使用一切智慧，社会改变会使用一切手段。个人被社会放大不会甘心，社会被个人放大不会罢手。个人坚守道德会陷入清贫，社会坚持原则会陷入清苦。个人使用破坏手段才能获得社会财富，社会使用破坏手段才能获得自然财富。个人欲望是社会掠夺，社会欲望是自然掠夺。个人欲望是燃烧利益，社会欲望是燃烧资源。面对社会诱惑个人蠢蠢欲动，面对名利诱惑社会蠢蠢欲动。个人要获得非正常利益必须投机钻营，社会要获得非正常权力必须飞扬跋扈。个人看起来是道德的，其实已经被功利置换。社会看起来是原则的，其实已经被名利置换。个人置换会丧失社会标准，社会置换会丧失个人标准。个人被功利所左右是意志堕落，社会被名利所左右是精神堕落。个人没有标准不可能判断社会，社会没有标准不可能判断个人。个人必须重新审视自己的价值，社会必须重新评估自己的价值。个人不能消耗道德的能量，社会不能消耗原则的能量。个人破坏标准是道德消耗，社会破坏标准是原则消耗。个人没有标准是社会的敌人，社会没有标准是个人的敌人。个人在缩短历史进程，社会在缩短自然进程。个人无节制是社会消耗，社会无节制是资源消耗。欲望需求让个人疯狂，物质需求让社会疯狂。个人命运被社会所掌控，社会命运被名利所掌控。个人不可能安静下来，社会不可能静止下来。个人需要功利的连续运行，社会需要名利的连续运行。个人必须为社会创造更多的价值，社会必须为个人创造更多的财富。个人需要社会价值的链接，社会需要个人需求的链接。个人价值不能与社会断裂，社会价值不能与个人断裂。道德判断对个人起不到制约作用，原则判断对社会起不到制衡作用。个人是绝对的利益，社会是绝对的权力。利益是个人最大的快乐，权力是社会最大的快乐。个人需要利益的不断刺激，社会需要权力的不断推动。个人需要道德稀释，社会需要原则稀释。道德萎缩是利益填充，原则萎缩是权力填充。个人已经转化为利益的工具，社会已经转化为权力的工具。个人用利益催化社会，社会用权力催化个人。个人陷入利益的困惑，社会陷入权力的困惑。个人困惑让道德窒息，社会困惑让原则窒息。个人没有能力社会支撑，社会没有能力个人支撑。个人不可能为社会确立标准，社会不可能为个人确立标准。个人标准倒向利益判断，社会标准倒向权力判断。个人判断产生社会的狭隘性，社会判断产生个人的狭隘性。个人必须在社会设定的空间循环，社会必须在个人设定的空间循环。个人判断是有利可图，社会判断是唯利是图。个人是社会载体的异化，社会是个人载体的异化。个人载体是无限的功利，社会载体是无限的名利。功利不需要标准，名利不需要原则。个人希望社会堕落带来优惠，社会希望个人堕落带来实惠。个人堕落让社会受益，社会堕落让个人受益。个人没有标准是物种改变，社会没有标准是种群改变。

关于标准的破坏。社会发展会破坏个人标准，个人发展会破坏社会标准。社会需要打破个人的围栏，让名利自由流通。个人需要打破社会的围栏，让功利自由流通。社会破坏标准是夺取更多的名利，个人破坏标准是夺取更多的功利。名利需要个人出让，功利需要社会出让。社会建立标准并不是出于道义要求，而是保护既得权力。个人建立标准并不是出于道德要求，而是保护既得利益。社会标准是建立到破坏的过程，个人标准是确立到否定的过程。社会破坏是名利的冲击，个人否定是功利的冲击。社会建立规则会阻碍名利的扩张，个人建立道德会阻碍功利的扩张。社会需要权力并不需要理性，个人需要利益并不需要理智。原则是社会障碍，道德是个人障碍。社会具有原则放不开手脚，个人具有道德放不开胆量。社会需要名利的热度，个人需要功利的热度。社会需要物质思考，个人需要现实思考。社会需要名利定格，个人需要功利定格。社会是名利的添加，个人是功利的添加。社会破损让个人获得丰厚回报，个人破损让社会获得丰厚回报。社会幸福指数是名利的多少，个人幸福指数是功利的多少。社会需要名利的喝彩，只要获得名利可以废除一切原则。个人需要功利的喝彩，只要获得功利可以废除一切道德。社会受权力的驱使必然越过道德边界，个人受利益的驱使必然越过规则边界。社会以成败论英雄，不会考虑更多的精神价值。个人以成败论英雄，不会考虑更多的道德价值。社会价值是现实导向，个人价值是现实衡量。社会走向现实不需要个人标准，个人走向现实不需要社会标准。社会希望个人道德分裂，个人希望社会原则分裂。社会分裂是个人的材料，个人分裂社会的材料。社会添加是极度自我，个人添加是极度自私。社会不关心个人素质，个人不关心社会形象。社会的关注点是如何积累，个人的关注点是如何占有。社会吸纳个人才有名利的积累，个人吸纳社会才有欲望的积累。社会打造名利的高山，个人打造功利的深渊。打开社会闸门让个人得到满足，打开个人闸门让社会得到满足。社会需要个人的运作空间，个人需要社会的运作空间。社会的宏观要求并不能阻挡个人，个人的宏观要求并不能阻挡社会。社会的虚拟标准并不能遏制个人，个人的虚拟标准并不能遏制社会。社会只有最高标准没有最低标准，个人只有最低标准没有最高标准。社会标准是弹性的，对个人不起作用。个人标准是弹性的，对社会不起作用。社会需要物质的安慰，个人需要欲望的安慰。社会需要物质的冲击，个人需要欲望的冲击。社会希望个人的堤坝尽快溃决，让所有的利益据为己有。个人希望社会的堤坝尽快溃决，让所有的权力据为己有。社会标准只是惩戒个人的工具，个人标准只是惩戒社会的工具。社会是宏观正确导致微观错误，个人是微观正确导致宏观错误。社会因为正确而陶醉，个人因为正确而麻木。社会在理论上有标准，现实中并没有标准。个人在理论上有标准，行为中并没有标准。社会标准是大尺度，个人标准是大范围。社会标准个人很难遵守，个人标准社会很难评判。社会文明不过是自我炫耀，个人文明不过是自我宣扬。社会问题是标准的缺失，个人问题是标准的丧失。文明的冲突是标准缺失，文明的排斥是标准错位。社会建立标准是防止个人出格，个人建立标准是防止社会出轨。社会不能有标准的宽松，个人不能有标准的宽容。

三十、人性的寄托

　　人性需要进步，社会需要发展。个人希望社会进步，社会希望个人发展。精神会鼓舞个人，物质会推动社会。个人寄托梦想，社会寄托理想。个人寄托友爱，社会寄托和谐。个人是精神到物质的寄托，社会是现实到未来的寄托。

　　关于个人的寄托。个人对现实总有疑问，社会对现实总有看法。个人意见来自相互攀比，社会意见来自相互对比。个人不满寄托于改变，社会不满寄托于发展。个人需要在现实之外打造一个理性的社会，社会需要在现实之外打造一个理想的世界。理性社会是个人的梦想，理性世界是社会的梦想。个人需要梦想，社会需要理想。个人是现实到精神的循环，社会是现实到未来的循环。人类有精神就会有梦想，社会有精神就会有理想。个人是接近梦想的过程，社会是接近理想的过程。个人梦想发源于社会，社会理想发源于个人。个人是社会存在必然渴望公平，是精神存在必然渴望自由。社会是个人存在必然希望和谐，是相互存在必然希望富强。人类必须友爱，不然会相互残杀。社会必须友好，不然会相互灭绝。个人道义是社会要求，社会道义是个人要求。个人是社会的主人，社会是个人的主宰。个人必须确定社会的和平原则，社会必须确定个人的友好原则。鼓励争斗违背人类精神，挑动争斗违背社会原则。个人不能反社会，社会不能反人类。个人理想是社会的美好，社会理想是个人的美好。个人目标是社会进入理性，社会目标是个人充满理性。个人理想是物质与精神的双重完善，社会理想是现实与未来的双重衔接。个人发展会推动社会，社会发展会鼓舞个人。个人有寄托社会就不会空虚，社会有寄托个人就不会空虚。个人不能删除物质，社会不能删除精神。物质是精神的土壤，未来是现实的指引。梦想会弥补个人的不足，理想会弥补社会的不足。个人对物质永远不会满足，精神会愈合物质的伤口。社会对现实永远不会满足，未来会淡化现实的缺陷。个人梦想是社会循环，社会梦想是历史循环。个人循环是物质到精神的过程，社会循环是精神到物质的过程。个人既要满足物质需求，更要满足精神需求。社会既要有物质的丰富，更要有规则的公平。个人希望社会丰富与公平，社会希望个人友好与尊重。个人的基本判断不会改变，过去和未来都是美好的。社会的基本判断不会改变，发展和变化都是美好的。个人是继承和创造美好，社会是继承和发展美好。美好的回忆就是历史，美好的追求就是现实。美好的精神就是心灵，美好的愿望就是行动。个人离不开美好，这是道德决定的。社会离不开美好，这是精神决定的。个人必须回归美好，社会必须发展美好。个人呈现美好才有意义，社会呈现美好才有价值。个人美好是人生的寄托，社会美好是人类的寄托。个人值得赞颂是美好的表现，社会值得赞颂是美好的体现。赞美个人是社会职责，赞美社会是个人职责。超越现实只有精神，超越精神只有道德。个人必须体现道德价值，社会必须体现精神价值。个人价值是社会道德，社会价值是个人道德。个人是美好的定性，社会是美好的定律。个人不能违背社会的基本定律，社会不能违背个人的基本定性。追求美好是个人的愿望，实现美好是社会的愿望。个人不完美才追求美好，社会不完善才表现美好。个人美好才能壮大，社会美好才能强大。追求美好是个人动力，发展美好是社会动力。个人违背美好是自甘堕落，社会违背美好是自取灭亡。

关于社会的寄托。社会创造美好会受到个人欢迎，个人创造美好会受到社会欢迎。社会美好是顺应历史也是开创历史，个人美好是认识规律也是实践规律。无论社会走得多远，最后必须回归理想。无论个人走得多远，最后必须回归理性。社会是可爱的，因为有了理想。个人是可爱的，因为有了梦想。理想是社会的快乐，梦想是个人的快乐。社会理想会激发个人追求，个人梦想会细化社会要求。社会有保障个人才有理想，个人有保障社会才有理想。社会必须保障个人的尊严，个人必须保障社会的尊严。社会可以自主发展，个人可以自主生存。社会是自由意志，个人是自由生活。社会有思考的权利，个人有表达的权利。社会有教育的权利，个人有学习的权利。社会不能受到个人胁迫，个人不能受到社会胁迫。社会不能自主是受到个人胁迫，个人不能自主是受到社会胁迫。社会理想往往是物质的狭隘性，个人理想往往是利益的狭隘性。社会深陷物质积累的动机，个人深陷利益积累的动机。社会只考虑积累不会考虑分配，个人只考虑索取不会考虑奉献。社会定位产生自利的倾向，个人定位产生自私的倾向。社会诉求没有表达个人意愿，个人诉求没有表达社会意愿。社会理想是对个人的剥离，个人理想是对社会的剥离。社会理想会产生个人差距，个人理想会产生社会差距。社会差距导致个人矛盾，个人差距导致社会矛盾。社会进入物质的简单循环，个人进入利益的简单循环。社会表达个人不能理解，个人表达社会不能理解。社会是单纯的物质表达，个人是单纯的利益表达。社会必须满足个人的物质需求，个人必须满足社会的精神需求。社会权利是公平获取个人精神，个人权利是公平获取社会物质。单纯的物质需求并不是社会理想，单纯的精神需求并不是个人理想。社会不可能超越精神，个人不可能超越物质。社会是物质派生精神，个人是精神派生物质。社会的出发点必须回归精神，个人的出发点必须回归物质。社会必须构建物质与精神的双层空间，个人必须构建物质与精神的双重诉求。社会物质固然重要，个人尊严更为重要。社会既要有物质保障，更要有精神保障。个人既要有物质诉求，更要有精神诉求。社会是物质到精神的交替，个人是精神到物质的交替。纯粹的物质是恶性循环，纯粹的精神是恶性循环。物质梦想代替不了社会，精神梦想代替不了个人。社会不考虑个人没有精神，个人不考虑社会没有原则。社会梦想是个人的还原，个人梦想是社会的还原。社会没有取代个人的能力，个人没有取代社会的能力。社会能力是不断丰富物质，个人能力是不断完善自我。物质丰富让个人产生寄托，精神丰富让社会产生寄托。分享物质产生个人精神，分享精神产生社会原则。社会不公平，物质丰富没有任何意义。个人不公正，精神丰富没有任何意义。社会理想是丰富前提下的公平，个人理想是保障前提下的公正。社会本来没有理想，是个人诉求产生了理想。个人本来没有梦想，是社会诉求产生了梦想。从社会推导就是个人梦想，从个人推导就是社会理想。社会不能产生理想的错位，个人不能产生梦想的错位。社会推导必须结合个人意愿，个人推导必须结合社会意愿。社会不能是简单的物质逻辑，个人不能是简单的精神逻辑。社会不能用物质娱乐个人，个人不能用精神娱乐社会。社会娱乐是个人的误导，个人娱乐是社会的误导。

关于精神的寄托。个人需要利益的寄托，社会需要权力的寄托。个人寄托产生利益的空虚，社会寄托产生权力的空虚。许多人并没有利益，多数人并没有权力。个人只能寄托于精神，社会只能寄托于未来。个人寄托是发展的预期，社会寄托是未来的预期。个人寄托是精神的需求，社会寄托是发展的需求。个人权利不会平等，社会财富不会平均。权利不平等需要公平，利益不平等需要公正。公平不可能实现，只能是精神的寄托。公正不可能实现，只能是精神的寄托。个人寄托是社会的无奈，社会寄托是现实的无奈。个人需要心理的平衡，社会需要精神的平衡。个人需要心理的慰藉，社会需要精神的慰藉。心理寄托可以缓和个人矛盾，精神寄托可以缓和社会矛盾。物质是有限的，精神是无限的。现实是有限的，未来是无限的。物质缺陷可以由精神弥补，现实缺陷可以由未来弥补。个人的社会欲望需要心理克制，社会的物质欲望需要精神克制。精神寄托会淡化个人欲望，理想寄托会淡化社会欲望。个人发明了精神，就应该有精神的归宿。社会发现了精神，就应该有精神的家园。个人需要物质的满足，也需要精神的满足。社会需要物质的充实，也需要精神的充实。个人依赖物质会更加强烈，社会依赖现实会更加悲观。个人需要精神的容器，社会需要精神的法器。个人是精神的终点，社会是精神的站点。个人没有精神可以相互借用，社会没有精神可以相互移植。凡是对个人有利的，对社会必定有用。凡是对社会有利的，对个人必定有用。个人因为精神而永恒，社会因为物质而永恒。物质是短暂的快乐，精神是长久的快乐。物质是个人的快乐，精神是社会的快乐。普通人需要简单的快乐，特殊人需要复杂的快乐。普通人需要简单的幸福，特殊人需要复杂的幸福。真正的快乐是简单的，真正的幸福是简单的。个人不卸掉欲望的包袱不可能快乐，社会不卸掉名利的包袱不可能快乐。个人的物质诉求不可能遏制，社会必须提供更多的物质。个人的精神诉求不可能遏制，社会必须提供更多的精神。物质寄托不能精神化，精神寄托不能物质化。个人必须丰富物质空间，社会必须丰富精神空间。压缩物质会带来个人的不满，压缩精神会带来社会的不满。个人有物质存在的合理性，社会有精神存在的合理性。个人不能随意贬低物质，社会不能随意贬低精神。个人可以用精神感染社会，社会可以用精神感化个人。多数人快乐是健康的社会，多数人幸福是健康的国度。个人简单是精神的淡定，社会简单是个人的恬静。个人需要简单的快乐，社会需要简单的安静。个人不需要更多的欲望，社会不需要更多的冲动。个人不应该承受更多的社会欲望，社会不应该承受更多的物质欲望。个人在欲望中不能自拔，社会在物质中不能解脱。个人扭曲会寻找物质刺激，社会扭曲会寻现实刺激。个人不能用欲望刺激社会，社会不能用欲望刺激个人。个人刺激会让社会疯狂，社会刺激会让个人疯狂。物质的疯狂会埋葬精神，欲望的疯狂会埋葬理想。个人的精神寄托是自我完善，社会的精神寄托是相互完善。个人寄托于公平与公正，社会寄托于丰富与发展。精神寄托是个人功能，理想寄托是社会功能。个人必须进入理性的境界，社会必须进入理想的境界。个人理性是精神的分享，社会理想是物质的分享。个人寄托是自我希望，社会寄托是相互希望。

关于未来的寄托。社会有希望才不能绝望，个人有希望才不会绝望。不管世界如何发展，社会必须抱有希望。不管社会如何发展，个人必须抱有希望。社会诞生是希望的动力，发展是希望的动力。个人出生是希望的期盼，成长是希望的期盼。即便世界明天就要毁灭，今天的社会仍然要抱有希望。即便个人明天就要诀别，今天的自己仍然要抱有希望。社会矛盾在不断积累，但仍然有解决的可能。个人矛盾在不断增加，但仍然有解决的办法。社会是积累矛盾的过程，也是解决矛盾的过程。个人是产生矛盾的过程，也是化解矛盾的过程。社会是物质矛盾的积累，需要精神的不断淡化。个人是利益矛盾的积累，需要修养的不断淡化。社会不能动摇信念，个人不能动摇信心。社会不能怀疑自己的未来，个人不能怀疑自己的选择。解决社会矛盾必须寄希望于个人发展，解决个人矛盾必须寄希望于社会发展。社会矛盾不可能彻底化解，个人矛盾不可能彻底消解。解决社会矛盾需要个人努力，解决个人矛盾需要社会努力。社会矛盾会推动发展而不会阻止发展，个人矛盾会推动进步而不会阻止进步。社会的希望在于发展，个人的希望在于进步。社会是发展中的矛盾，个人是进步中的困惑。社会有发展就有解决矛盾的办法，个人有进步就有摆脱困惑的能力。

现在做不到的将来可以做到，个人做不到的社会可以做到。社会有精神的鼓舞就会不断发展，个人有意志的坚定就会不断进步。只要社会有所发展，个人一定是获益者。只要个人有所发展，社会一定是获益者。随着技术的进步社会在不断发展，随着能力的提高个人在不断进步。社会发展是满足个人需要，个人发展是满足社会需要。现实发展是满足未来需要，未来发展是满足现实需要。社会的希望在于发展，个人的希望在于改变。社会只有发展才能解决所有的问题，个人只有发展才能改变所有的现状。社会是不断发展的过程，个人是不断改变的过程。社会不合理需要个人改变，个人不合理需要社会改变。社会改变是面向未来，个人改变是面向社会。社会改变让个人充满信心，个人改变让社会充满信心。社会信心会鼓舞个人，个人信心会鼓舞社会。社会有丰富的物质才能惠及个人，个人有精神的丰富才能推动社会。社会必定会创造更多的物质财富，个人必定会创造更多的精神财富。物质财富必然会进入均衡输出，精神财富必然会进入均衡输入。社会必须有创造未来的信心，个人必须有创造未来的信念。社会创造是丰富前提下的公平，个人创造是公平前提下的丰富。社会是长远的思考，个人是长久的行动。社会需要不懈探索，个人需要不懈努力。社会走向未来需要艰苦卓绝，个人走向未来需要艰难跋涉。社会必须寻找发展的路径，个人必须寻找完善的路径。社会不能用虚拟的幻想娱乐个人，个人不能用虚拟的幻觉娱乐社会。发展是社会的神圣职责，行动是个人的神圣职责。社会总是越来越美好，个人总是越来越完善。社会对个人要抱有希望，个人对社会要抱有信心。社会有信心个人才有希望，个人有信心社会才有希望。社会矛盾在发展中会逐步减少，个人矛盾在发展中会逐步缓解。困难总是暂时的，发展是克服困难的唯一办法。矛盾总是暂时的，进步是解决矛盾的唯一途径。社会不会因为矛盾而停止发展，个人不会因为困难而停止进步。社会最大的希望在于个人，个人最大的希望在于社会。

三十一、人性的秩序

人性是自我存在，需要社会秩序。社会是相互存在，需要个人秩序。个人秩序以道德为核心，以规则为模板。社会秩序以规则为核心，以道德为模板。个人生存需要秩序，社会发展需要秩序。个人秩序确定社会关系，社会秩序确定个人关系。

关于个人的秩序。自然存在的合理解释就是秩序，社会存在的合理解释就是秩序。人类是自然的组成部分，必须服从自然秩序。个人是社会的组成部分，必须服从社会秩序。自然秩序是行为服从，社会秩序是意识服从。个人既要有社会秩序，也要有自我秩序。既要有行为秩序，也要有精神秩序。自我秩序是道德控制，社会秩序是规则控制。自我意识是道德作用，社会规则是精神作用。精神法则决定自立自强，道德法则决定自爱自律。个人秩序首先是自我调控，然后是社会调控。首先是意识调控，然后是行为调控。意识的横向结构是友爱与怜悯，纵向结构是羞耻与惧怕。行为的横向结构是沟通与合作，纵向结构是服从与对抗。内在结构由自我决定，外在结构由社会决定。内在结构连接精神，外在结构连接行为。内在秩序的混乱从思想开始，外在秩序的混乱从行为开始。个人在社会当中存在是有条件的，社会在个人当中存在是有条件的。个人条件是遵守社会规则，社会条件是尊重个人道德。个人是缩小的社会，社会是放大的个人。社会规则必须浓缩于个人，个人道德必须放大于社会。个人放大必须有社会准则，社会浓缩必须有个人准则。个人必须维护社会秩序，这是自我存在的合理性。社会必须维护个人秩序，这是相互存在的合理性。个人无论多么高大，都是社会条件的组合。社会无论多么伟大，都是个人条件的组合。个人不可能有纯粹的道德，社会不可能有纯粹的精神。个人只能表现社会要求，社会只能表现个人要求。个人意识上可以独立，现实中不可能独立。社会精神上可以独立，现实中不可能独立。个人既然是社会存在，就得接受社会调控。社会既然是个人存在，就得接受个人调控。个人目标是建立自我秩序和遵守社会秩序，社会目标是建立相互秩序和尊重个人秩序。个人的内在秩序是合理性，外在秩序是合法性。社会的内在秩序是合法性，外在秩序是合理性。个人秩序是自我状态的社会理解，社会秩序是自我状态的个人理解。个人可以自我理解，但最终是社会理解。社会可以自我理解，但最终是个人理解。个人必须正确理解社会，这是建立自我秩序的前提。社会必须正确理解个人，这是建立相互秩序的前提。个人秩序是简单的，社会秩序是复杂的。精神秩序是简单的，利益秩序是复杂的。面对社会环境，个人秩序不能简单化。面对个人环境，社会秩序不能简单化。个人进入社会是利益复杂的过程，社会进入个人是权力复杂的过程。个人已经不是单纯的道德化身，社会已经不是单纯的精神化身。个人需要以利益为核心重新建立行为秩序，社会需要以权力为核心重新建立行为秩序。个人秩序主要是规范利益操作，社会秩序主要是规范权力操作。个人利益不能无序放大，必须有社会规范。社会权力不能无序放大，必须有个人规范。个人不能超越社会限制，社会不能超越个人限制。个人围绕利益选择社会，社会围绕权力选择个人。个人秩序是利益的社会解释，社会秩序是权力的个人解释。利益秩序很脆弱，可以随时建立与放弃。权力秩序很脆弱，可以随时建立与抛弃。个人秩序是利益的多元化，社会秩序是权力的多样性。

关于社会的秩序。社会开始的时候只需要简单的规则和秩序，发展以后需要复杂的规则和秩序。开始的时候只是协调个人和群体关系，发展以后变成权力和利益关系。社会首先建立权力的规则，保证权力的有序运行。然后建立利益的规则，保证利益的有序运行。社会首先关注权力和利益，然后才能关注群体和个人。社会秩序的侧重点在于权力，个人秩序的侧重点在于利益。社会是权力到利益的过渡，个人是利益到权力的过渡。社会通过秩序保证权力的安全，个人通过秩序保持利益的稳定。权力需要理论依据，利益需要道德依据。社会秩序既要有强制措施，又要有精神疏导。个人秩序既要有现实规则，又要有道德平衡。社会通过权力保证秩序的权威性，个人通过道德保证秩序的有效性。社会的出发点在于权力，侧重点在于个人。个人的出发点在于利益，侧重点在于社会。社会集中权力和利益需要秩序，分配权力和利益需要秩序。个人生产和生活需要秩序，管理和调配需要秩序。只要有权力和利益，社会永远需要秩序。只要有利益和需求，个人永远需要秩序。社会秩序首先说明合理性，然后是说明合法性。个人秩序首先服从社会管理，然后服从自我判断。社会要存在必须建立秩序，要发展必须巩固秩序。个人要存在必须建立秩序，要发展必须巩固秩序。社会并无特别之处，就是秩序的建立与巩固。个人并无特别之处，就是秩序的理解与遵守。社会秩序是个人的适应过程，个人秩序是社会的适应过程。社会经过多次反复才能建立秩序，个人经过多次反复才能遵守秩序。任何社会都有不合理的成分，需要秩序的不断解释。任何个人都有不合理的成分，需要秩序的不断说明。社会在寻找秩序的平行线，个人在寻找秩序的平衡点。社会在检验个人的承受能力，个人在检验社会的承受能力。社会重复是为了建立秩序，个人重复是为了稳定秩序。社会文明是秩序的延长，个人文明是秩序的延展。社会混乱是秩序的破坏，个人混乱是秩序的中断。社会需要秩序的链接，个人需要秩序的嫁接。社会需要秩序的锻造，个人需要秩序的锻炼。社会把秩序上升为制度，个人把秩序沉淀为道德。社会不能随意破坏制度，个人不能随意破坏秩序。社会破坏是自乱家门，个人破坏是自找麻烦。社会开始的时候与个人是平衡的，变成权力关系以后会发生偏差。个人开始的时候与社会是平衡的，变成利益关系以后会发生偏差。社会的侧重点向权力倾斜，个人的侧重点向利益倾斜。社会倾斜是权力的死角，个人倾斜是利益的死角。社会秩序被权力所破坏，个人秩序被利益所破坏。社会破坏是个人的反抗，个人破坏是社会的反抗。社会反抗遭到个人惩罚，个人反抗遭到社会惩罚。社会惩罚走向强权，个人惩罚走向强势。社会失去宽容，个人失去包容。社会对个人产生报复心理，个人对社会产生报复心理。社会有可能煽动个人仇恨，个人有可能煽动社会仇恨。社会对个人以暴易暴，个人对社会冤冤相报。社会的恶性事件是秩序引发的，个人的恶性事故是秩序引起的。社会秩序是连续性破坏，个人秩序是连续性冲击。社会秩序会失去公正，个人秩序会失去公平。社会秩序是维护不合理的存在，个人秩序是维护不合理的诉求。社会不合理需要理论的解释，个人不合理需要语言的解释。社会用一个错误说明另一个错误，个人用一个错误掩盖另一个错误。

关于精神的秩序。个人可以是社会秩序，但最终是自我秩序。可以是行为秩序，但最终是精神秩序。社会可以是自我秩序，但最终是个人秩序。可以是规则秩序，但最终是道德秩序。个人放大必须建立道德世界，社会放大必须建立精神世界。个人恶劣是道德败坏，社会恶劣是规则败坏。个人具有道德是社会形象，社会具有规则是个人形象。个人秩序是道德的内化，社会秩序是规则的外化。个人的内在秩序是道德把握，外在秩序是规则把握。社会的内在秩序是精神把握，外在秩序是制度把握。个人道德充实产生社会润滑，社会精神充实产生个人润滑。个人必须有社会的亲和力，社会必须有个人的亲和力。个人不能用粗糙的外表摩擦社会，社会不能用粗糙的外表摩擦个人。个人摩擦留下社会伤痕，社会摩擦留下个人伤痕。个人摩擦伤害社会原则，社会摩擦伤害个人感情。个人面向社会本来就不平衡，功利板结会产生新的摩擦。社会面向个人本来就不平衡，名利版块会产生新的摩擦。个人纠缠让社会陷入痛苦，社会纠缠让个人陷入痛苦。个人不能忍受会反抗社会不平，社会不能忍受会压制个人不平。个人需要道德打磨，社会需要规则打磨。道德打磨让个人光滑，规则打磨让社会光滑。个人道德充盈具有弹性，社会精神充实具有弹性。个人是道德支撑，社会是精神支撑。个人是道德融合，社会是精神融合。利益必须具有道德性，权力必须具有公正性。利益必须预置道德软件，权力必须预置规则硬件。道德塌陷是利益的腐败，规则塌陷是权力的腐败。个人需要道德反省，社会需要精神反省。个人需要道德秩序，社会需要精神秩序。个人需要道德权威，社会需要规则权威。个人应该从肉体提炼精神，从精神提炼道德。社会应该从现实提炼精神，从精神提炼原则。个人精神是提炼的过程，社会原则是提取的过程。个人需要道德提纯，社会需要精神提纯。个人是自我提纯，社会是相互提纯。个人提纯可以造就圣人，社会提纯可以造就完人。个人是道德升华，社会是精神升华。个人升华是道德文化，社会升华是信仰文化。道德文化是自觉的力量，信仰文化是灌输的力量。自我精神是道德繁殖，社会精神是原则繁殖。个人必须寻找道德的立足点，社会必须寻找精神的立足点。个人文明是道德的积累，社会文明是精神的积累。道德是个人最大的满足，精神是社会最大的满足。个人需要道德的紧密，社会需要规则的严密。个人是道德的期待，社会是精神的期待。个人用道德与社会互动，社会用规则与个人互动。个人互动产生道德文明，社会互动产生规则文明。个人文明可以渗透到社会，社会文明可以加强到个人。个人发展不能突破社会秩序，社会发展不能突破个人秩序。个人需要继承文明，社会需要发展文明。个人是道德的继承与发展，社会是精神的继承与发展。个人文明需要社会巩固，社会文明需要个人巩固。个人不能习惯于破坏，社会不能习惯于倒退。个人不能养成破坏的习惯，社会不能养成倒退的习惯。个人需要自我完善，社会需要相互完善。个人需要优秀的社会，社会需要优秀的个人。个人需要向社会输送道德，社会需要向个人输送原则。个人需要建立根本秩序，这就是道德与信仰。社会需要建立根本秩序，这就是体制与法律。个人需要自由与公平，社会需要法制与公正。个人需要保障与尊严，社会需要和平与稳定。

关于秩序的使用。社会越发展越需要秩序，个人越发展越需要秩序。社会混乱是对世界秩序的破坏，个人混乱是对社会秩序的破坏。社会必须是小尺度的存在，自律全靠规则。个人必须是小尺度的存在，自觉全靠道德。人类进化伴随投机，社会发展伴随投机。人类投机会复制到个人，社会投机会复制到文化。社会投机是利用缺点控制个人，个人投机是利用缺陷控制社会。凡是投机的都会成瘾，凡是成瘾的都会复制。社会在检验个人的严密程度，个人在检验社会的严密程度。社会不能有规则缺陷，个人不能有道德缺陷。社会秩序是规则与道德的结合，个人秩序是道德与规则的结合。社会不能完全依赖道德，过度依赖会把社会拖累致死。个人不能完全依赖规则，过度依赖会把个人拖累致死。社会秩序是多数人遵守，少数人不遵守。个人秩序是多数行为遵守，少数行为不遵守。社会秩序有个人漏洞，个人秩序有行为漏洞。社会秩序被少数人所破坏，个人秩序被少数行为所破坏。社会需要不断修补，个人需要不断修复。社会秩序需要个人付出代价，个人秩序需要社会付出代价。社会代价是权力的收敛，个人代价是利益的收敛。社会依靠又防范个人，个人依靠又防范社会。社会秩序是个人的相对距离，个人秩序是社会的相对距离。社会必须与个人保持距离，个人必须与社会保持距离。社会建立秩序需要很长的时间，个人建立秩序需要很多的努力。社会秩序是权力的收放程度，个人秩序是利益的收放程度。社会建立秩序不容易，破坏秩序很容易。个人遵守秩序不容易，放弃秩序很容易。社会不能突破个人的心理承受，个人不能突破社会的心理承受。只要社会有秩序，个人都是获益者。只要个人有秩序，社会都是获益者。社会动荡对个人没有好处，个人动乱对社会没有好处。社会不平衡需要权力的调整，个人不平衡需要利益的调整。社会调整需要时间，个人调整需要过程。社会不能急于求成，个人不能急于求变。社会不能以仇视的心理对待个人，个人不能以仇恨的心理对待社会。社会秩序的废墟会埋葬个人，个人秩序的废墟会埋葬社会。任何社会都不可能绝对合理，需要秩序的维护与调整。任何个人都不可能绝对合理，需要秩序的完善与提高。社会必须淡化名利的关照，个人必须淡化功利的关照。社会面向名利建立秩序，面向个人建立制度。个人面向功利遵守秩序，面向社会遵守制度。社会必须有制度反省，个人必须有秩序反省。社会建立秩序是廉价的，建立制度是昂贵的。个人遵守秩序是廉价的，遵守制度是昂贵的。社会必须用制度保护秩序，个人必须用秩序保护制度。社会不能建立廉价的制度，个人不能建立廉价的秩序。社会必须受到原则的保护，个人必须受到道德的保护。社会不能有原则的临界点，个人不能有道德的临界点。超越原则是对社会的破坏，超越道德是对个人的破坏。社会稳定比发展更重要，个人稳定比满足更重要。联系原则社会并没有多少自由，联系道德个人并没有多少自由。社会过度自由是对原则的蔑视，个人过度自由是对道德的蔑视。社会对个人不能有片面性，个人对社会不能有两面性。社会没有秩序不可能进入世界，个人没有秩序不可能进入社会。社会没有秩序不可能走得很远，个人没有秩序不可能走得很快。制度是社会的通行证，秩序是个人的通行证。建立社会秩序是对个人的尊重，建立个人秩序是对社会的尊重。

三十二、人性的疯狂

人性可以疯狂，社会可以疯狂。个人疯狂必须具备社会条件，社会疯狂必须具备名利条件。个人疯狂是自我膨胀，社会疯狂是相互膨胀。个人疯狂是自我破坏，社会疯狂是相互破坏。阻止个人疯狂需要最低约束，阻止社会疯狂需要最高约束。

关于个人的疯狂。个人弱小可以狂妄，但不能疯狂。社会弱小可以狂妄，但不能疯狂。个人强大才会疯狂，社会强大才能疯狂。个人疯狂必须借助社会力量，社会疯狂必须借助个人力量。个人拥有巨大的利益会走向疯狂，拥有巨大的权力会走向疯狂。社会拥有巨大的权力会走向疯狂，拥有巨大的利益会走向疯狂。利益刺激个人疯狂，权力刺激社会疯狂。生理刺激本能疯狂，欲望刺激行为疯狂。个人疯狂首先是欲望膨胀，然后是社会膨胀。社会疯狂首先是名利膨胀，然后是欲望膨胀。个人可以随时膨胀，但疯狂需要条件。社会可以随时膨胀，但疯狂需要前提。个人发展到一定程度会伴随疯狂，社会发展到一定阶段会伴随疯狂。个人疯狂是社会刺激，社会疯狂是名利刺激。个人发展起来会妄自尊大，社会发展起来会自不量力。个人能力在自然状态下是有限的，在社会状态下是无限的。社会能量在个人状态下是有限的，在群体状态下是无限的。个人具有无限能力是可怕的，社会具有无限能量是可怕的。普通人并不可怕，特殊人才会可怕。正常人并不可怕，非正常人才会可怕。个人无限放大让社会恐惧，社会无限放大让世界恐惧。个人具有无限能力会向社会释放，社会具有无限能量会向世界释放。个人释放导致社会失控，社会释放导致世界失控。个人首先是意识失控，然后是行为失控。社会首先是精神失控，然后是原则失控。个人失控会冲击社会秩序，社会失控会冲击世界秩序。个人失控是疯狂的行为，社会失控是疯狂的作为。个人失控会调动本能，社会失控会调动本性。本能的兴奋会刺激社会，本性的兴奋会刺激个人。个人疯狂会失去理智，社会疯狂会失去理性。个人丧失理智就是疯狂的动物，社会丧失理性就是疯狂的群体。社会动物比自然动物更可怕，故意疯狂比无知疯狂更可恶。个人没有办法阻止社会疯狂，社会没有办法阻止个人疯狂。个人必须为社会疯狂伴奏，社会必须为个人疯狂伴舞。个人加入疯狂会获得更多的能力，社会加入疯狂会获得更多的能量。个人没有疯狂不能显示社会能量，社会没有疯狂不能显示个人能力。个人疯狂是意识的病毒，已经侵入到骨髓与神经。社会疯狂是思维的病毒，已经侵入到群体与角落。个人对疯狂是病态的依恋，社会对疯狂是病态的依赖。疯狂本来是一种病态却变成了常态，本来是少数人发作却变成了多数人发作。个人在寻找社会机遇，社会在寻找个人机遇。个人条件成熟会表现疯狂，社会条件成熟会进入疯狂。创造需要疯狂，破坏需要疯狂。奇迹需要疯狂，业绩需要疯狂。疯狂是思维的助产师，也是现实的接生婆。个人没有疯狂不可能找到发展空间，社会没有疯狂不可能找到拓展空间。个人疯狂社会才能发展，社会疯狂个人才能发展。个人疯狂是社会逼迫，社会疯狂是个人逼迫。个人是社会发动的疯狂，社会是个人推动的疯狂。个人利用疯狂把各种力量迅速组织起来，社会利用疯狂把各种能量迅速调动起来。个人疯狂是为了调动社会，社会疯狂是为了调动个人。发动个人是社会前提，调动社会是个人目的。有疯狂的个人就有疯狂的社会，有疯狂的社会就有疯狂的个人。

关于社会的疯狂。社会拥有无限权力会走向疯狂，个人拥有无限利益会走向疯狂。社会拥有无限利益会助长疯狂，个人拥有无限权力会助长疯狂。社会走向疯狂是权力的绝对化，个人走向疯狂是利益的绝对化。社会继续疯狂是利益的绝对化，个人继续疯狂是权力的绝对化。社会疯狂是权力支配利益，个人疯狂是利益支配权力。绝对的拥有是绝对的疯狂，相对的拥有是相对的疯狂。社会进入绝对状态促使个人疯狂，个人进入绝对状态促使社会疯狂。社会疯狂刺激个人发作，个人疯狂刺激社会发作。社会疯狂是追求绝对的权力，个人疯狂是追求绝对的利益。绝对的权力导致绝对的利益，绝对的利益导致绝对的权力。社会要么不造就无限的权力，要么限制权力的使用。个人要么不造就无限的利益，要么限制利益的使用。社会膨胀造就权力的无限性，个人膨胀造就利益的无限性。社会的无限性吸引个人，个人的无限性吸引社会。社会用权力调动个人的狂热，个人用利益调动社会的狂躁。社会狂热是权力的追捧，个人狂躁是利益的追捧。社会追捧焕发个人激情，个人追捧焕发社会激情。社会激情是现实到精神的传导，个人激情是意识到行为的转化。社会想方设法调动个人的欲望，个人想方设法调动社会的潜能。社会必须让个人欲望持续发作，个人必须让社会潜能持续发酵。社会不发作个人没有机会，个人不发作社会没有机会。社会发作证明权力的作用，个人发作证明能力的作用。社会需要疯狂的兴奋源，个人需要疯狂的兴奋点。社会用疯狂证明活力，个人用疯狂证明能力。社会疯狂能吸引更多的权力，个人疯狂能吸引更多的利益。社会疯狂能引起个人的关注，个人疯狂能引起社会的关注。社会疯狂是权力的博弈，个人疯狂是利益的博弈。社会博弈是权力的幻觉，个人博弈是利益的幻觉。社需要权力的盛宴，个人需要利益的盛宴。社会盛宴需要个人出席，个人盛宴需要社会出席。社会追随个人的疯狂，个人追随社会的疯狂。社会疯狂才有更多的个人追随，个人疯狂才有更多的社会追随。社会追随是名利的主导，个人追随是功利的主导。社会主导是名利作用下的精神错乱，个人主导是功利作用下的意识错乱。名利诱惑社会，功利诱惑个人。社会疯狂让个人情绪化，个人疯狂让社会情绪化。疯狂的故事必定有疯狂的人物，疯狂的结果必定有疯狂的原因。社会走向疯狂必定隐藏着名利的故事，个人走向疯狂必定隐藏着功利的故事。社会在名利面前没有本质区别，个人在功利面前没有本质差别。社会功能是追名逐利，个人功能是追利逐名。有追逐就有比赛，有比赛就有激情。社会被权力搅动了平静，个人被利益搅动了平静。社会在放大个人的权力，个人在放大社会的利益。社会疯狂是权力的驱使，个人疯狂是利益的驱使。社会驱使权力的野心与贪婪，个人驱使利益的野心与贪婪。社会疯狂是权力的常态，个人疯狂是利益的常态。社会疯狂是权力的变态，个人疯狂是利益的变态。过度消费权力让社会贪得无厌，过度消费利益让个人贪得无厌。权力消费可以不顾廉耻，利益消费可以不顾一切。社会无耻导致卑劣，个人无耻导致卑鄙。社会卑鄙是利用权力，个人卑鄙是利用利益。社会疯狂带来权力的残酷，个人疯狂带来利益的残酷。社会疯狂到极点就是暴力，个人疯狂到极点就是暴行。社会疯狂让个人走向极端，个人疯狂让社会走向极端。

关于精神的疯狂。个人疯狂是意识的催化，社会疯狂是精神的催化。面对得失个人心理不会平衡，面对多少社会心理不会平衡。个人不平衡会产生心理问题，社会不平衡会产生情绪问题。心理问题会通过个体行为释放出来，情绪问题会通过群体行为释放出来。个人总想得到全部社会，但社会只能给予部分。社会总想得到全部个人，但个人只能给予部分。个人得不到会产生心理的不满，社会得不到会产生意识的不满。个人不满是心理左右行为，社会不满是意识左右行动。个人从正常渠道不能获得就会使用非常手段，社会从正常途径不能获得就会采取非常措施。个人使用手段会破坏社会秩序，社会使用手段会破坏个人秩序。个人破坏是社会疯狂，社会破坏是个人疯狂。面对诱惑个人理智是有限的，面对蛊惑社会理性是有限的。个人错误是从反面刺激社会，社会错误是从反面刺激个人。纯粹的个人并不存在，纯粹的社会并不存在。个人受到刺激会在社会中疯狂，社会受到刺激会在个人中疯狂。个人疯狂催化社会，社会疯狂催化个人。个人是现实到欲望的疯狂，社会是群体到个体的疯狂。个人欲望永远不会满足，社会欲望永远不会实现。少数人得到让多数人疯狂，多数人得到让少数人疯狂。为利益可以疯狂，为权力可以疯狂。为得到可以疯狂，为失去可以疯狂。真善美不一定是全方位的，假丑恶一定是全方位的。真善美不一定是全天候的，假丑恶一定是全天候的。个人疯狂需要社会买单，社会疯狂需要个人买单。个人买单是理智的煎熬，社会买单是理性的煎熬。个人疯狂是行为的痛苦，不疯狂是意识的痛苦。社会疯狂是行动的痛苦，不疯狂是精神的痛苦。个人痛苦要么是行为的压抑，要么是意识的压抑。社会痛苦要么是行动的压抑，要么是精神的压抑。个人痛苦是不能获得全部利益，社会痛苦是不能获得全部权力。个人不能忍受会向社会发泄，社会不能忍受会向个人发泄。个人不可能承担社会的全部痛苦，社会不可能承担个人的全部痛苦。个人要制造社会痛苦必须自我疯狂，社会要制造个人痛苦必须自我疯狂。权力会伴随利益的疯狂，群体会伴随个体的疯狂。个人博弈是心理的承受问题，社会博弈是个人的承受问题。个人不能承受是心理错乱，社会不能承受是精神错乱。个人错乱挑战社会秩序，社会错乱挑战个人秩序。个人疯狂改变了社会基因，社会疯狂改变了个人基因。个人与社会是疯狂的舞动，社会与个人是疯狂的扭动。个人是疯狂的舞蹈，社会就是疯狂的舞台。社会是疯狂的舞蹈，个人就是疯狂的舞台。个人疯狂是意识变形，社会疯狂是精神变形。个人疯狂是自我否定，社会疯狂是相互否定。个人否定产生社会的负能量，社会否定产生个人的负能量。个人的负能量会发挥到极致，社会的负能量会发挥到极限。个人疯狂会引起群体的连锁反应，社会疯狂会引起个人的连锁反应。个人是疯狂的插入，社会是疯狂的承接。社会是疯狂的插入，个人是疯狂的承接。个人是社会疯狂的源头，社会是个人疯狂的渊薮。个人不能过度聚集，社会不能过度释放。负能量不能过度聚集，正能量不能过度释放。个人过度聚集会被社会利用，社会过度释放会被个人利用。个人具有无限能量社会无法驾驭，社会具有无限能量个人无法驾驭。个人必须减少社会能量，社会必须减少个人能量。减少能量比阻止破坏更重要，规范运行比疯狂运行更持久。

关于发展的疯狂。社会不可能阻止疯狂，个人不可能阻止疯狂。社会因为发展会持续疯狂，个人因为发动会连续疯狂。社会疯狂自然不能承受，个人疯狂社会不能承受。社会疯狂导致自然破产，个人疯狂导致社会破产。自然灾难会危机社会，社会灾难会危机个人。社会疯狂发展会缩短人类进程，个人疯狂发展会缩短社会进程。经济温度决定大气温度，利益热情决定技术热情。社会热情已经从权力转移到利益，个人热情已经从利益转移到权力。社会潮汐是利益的推动，个人潮汐是权力的推动。社会因为利益而从众，个人因为权力而从众。社会因为利益而追风，个人因为权力而追风。社会已经被利益驯化，个人已经被权力驯化。社会进入隐性利益，个人进入隐性权力。隐性利益让社会躁动，隐性权力让个人躁动。社会借助权力燃烧利益，个人借助利益燃烧权力。利益欲望促使社会转向，权力欲望促使个人转向。社会转向是对自然的破坏，个人转向是对社会的破坏。社会既要面对名利的疯狂，又要面对个人的疯狂。个人既要面对社会的疯狂，又要面对欲望的疯狂。社会是权力与利益的同步放大，个人是利益与权力的同步放大。社会放大经济热情，个人放大权力热情。社会没有疯狂很寂寞，进入疯狂很无奈。个人没有疯狂很落寞，进入疯狂很可怕。社会是疯狂的可怕，个人是疯狂的可恨。社会可怕是面目全非，个人可恨是丑陋无比。社会疯狂到极点是人间地狱，个人疯狂到极点是社会败类。社会总想寻找疯狂的感觉，个人总想寻找疯狂的体验。社会是制造疯狂的过程，个人是进入疯狂的过程。社会需要疯狂的推动，个人需要疯狂的冲击。社会借助权力营造群体的疯狂，个人借助利益营造欲望的疯狂。社会借助技术营造利益的疯狂，个人借助群体营造权力的疯狂。社会疯狂需要精神的催化，个人疯狂需要意识的催化。精神催化会分裂原则，意识催化会分裂道德。社会没有原则是物欲的疯狂，个人没有道德是私欲的疯狂。冲破原则的阻拦让社会疯狂，冲破道德的阻拦让个人疯狂。物欲的能量会窒息社会，私欲的能量会窒息个人。社会用物欲强暴个人，个人用私欲强暴社会。社会不发展会产生停滞，要发展又会失控。个人不发展会产生积怨，要发展会产生失控。社会发展需要牺牲个人情操，个人发展需要牺牲社会原则。社会牺牲是个人的刻薄，个人牺牲是道德的刻薄。社会发展是报复自然，个人发展是报复社会。自然没有罪过却成为报复的对象，社会不留功德也成为报复的对象。社会发展不平衡会报复自然，个人发展不平衡会报复社会。物质发展不平衡会报复精神，精神发展不平衡会报复物质。社会报复是自然的惩罚，个人报复是社会的惩罚。自然惩罚加剧社会疯狂，社会惩罚加剧个人疯狂。社会是疯狂的聚集，个人是疯狂的分解。物质是疯狂的聚集，精神是疯狂的分解。自然不平衡导致社会变态，社会不平衡导致个人变态。物质不平衡导致精神变态，精神不平衡导致行为变态。社会用病态要挟自然，个人用变态要挟社会。社会用利益扭曲自然，个人用欲望扭曲社会。只要社会有反差个人必定疯狂，只要个人有反差社会必定疯狂。社会堕落在个人当中，个人堕落在社会当中。社会没有疯狂是精神压制，个人没有疯狂是意识压制。控制精神是社会任务，控制意识是个人任务。约束社会比约束个人更重要，约束精神比约束行为更现实。

三十三、人性的规则

　　人性需要规则，社会需要规则。个人是生存发展的需要，社会是发展壮大的需要。个人是自我规则的相互确定，社会是个人规则的相互确定。个人通过规则嫁接到社会，社会通过规则延伸到个人。个人是规则的无形支撑，社会是规则的有形作用。

　　关于个人的规则。人类是自然创造的，必须遵守自然规则。人类是社会创造的，必须遵守社会规则。人类是自我创造的，必须遵守自我规则。任何人必须遵守规则，不然就要灭亡。任何社会必须遵守规则，不然就会消亡。个人遵守规则才能生存与发展，社会遵守规则才能文明与进步。个人不是万能的，必须遵守社会规则。社会不是万能的，必须遵守世界规则。个人作为自我存在必须自律，作为社会存在必须他律。社会作为个人存在必须自治，作为名利存在必须他治。个人自治是精神的要求，自律是道德的要求。社会自治是个人的要求，他治是规则的要求。个人以道德为核心向社会推演，社会以规则为核心向个人推演。个人必须建立道德与精神的围栏，社会必须建立体制与法制的围栏。个人用精神约束本能，用道德约束社会。社会用体制约束权力，用法制约束利益。个人必须阻止动物本能与社会本能的侵袭，社会必须防止个人欲望与名利欲望的侵害。个人没有规则是物欲和情欲的支配，社会没有规则是权欲和利欲的支配。个人虽然有很多形式，基本内容受道德约束。社会虽然有很多形式，基本内容受规则约束。个人规则决定社会秩序，社会规则决定个人秩序。个人需要坚持规则，社会需要发展规则。创造和发展文明需要规则，理解和执行文明需要规则。个人规则是社会对象，社会规则是个人对象。个人规则是社会参照，社会规则是个人参照。个人需要社会认知，社会需要个人认知。个人认知是自我完善，社会认知是相互完善。个人完善是自我充实，社会完善是相互充实。个人充实是道德确定精神，社会充实是公平确定原则。个人需要道德定位，社会需要规则定位。个人需要道德培养，社会需要规则培养。个人没有道德是动物躯体，社会没有规则是名利躯壳。个人的精神支柱就是道德，社会的精神支柱就是个人。应该从个人的角度思考社会，不应该从社会的角度思考个人。个人思考是社会制度，社会思考是个人秩序。个人文明的差距在于道德，社会文明的差距在于规则。道德将个人固定下来，规则将社会固定下来。个人必须有固定的社会模板，社会必须有固定的个人模板。个人模板是道德的继承发展，社会模板是法制的继承发展。个人道德破裂会污染社会，社会规则破裂会污染个人。在道德面前个人不会有更多的自由，在规则面前社会不会有更多的自由。在社会面前个人不会有更多的自由，在个人面前社会不会有更多的自由。个人自由是道德允许的空间，社会自由是规则允许的空间。个人道德是对社会的尊重，社会规则是对个人的尊重。个人有维护规则的权利，社会有维护规则的义务。个人维护是社会安全，社会维护是个人安全。个人行为不能危害社会原则，社会行为不能危害个人原则。个人丧失原则会危害社会，社会丧失原则会危害个人。个人危害是社会成本，社会危害是个人成本。个人已经建立的规则社会不能歪曲，社会已经建立的规则个人不能歪曲。个人歪曲是道德危机，社会歪曲是精神危机。个人危机形成社会的曲面效应，社会危机形成个人的曲面效应。个人需要自我与相互矫正，社会需要自我与相互纠正。

关于社会的规则。社会有规则会屹立于世界，个人有规则会伫立于社会。社会必须是相对的，绝对的社会要犯历史性错误。个人必须是相对的，绝对的个人要社会性错误。社会不产生规则，个人边界就是规则。个人不产生规则，社会边界就是规则。社会边界是权力划定，个人边界是利益划定。社会规则是权力收缩，个人规则是利益收缩。社会规则正确是对坏人的过滤，规则错误是对好人的过滤。个人规则正确是对邪恶的过滤，规则错误善良的过滤。社会没有能力创造特殊规则，个人没有能力创造特别规则。社会规则是历史与个人的坐标，个人规则是历史与社会的坐标。历史之外没有社会，现实之外没有个人。社会歪曲规则是用心险恶，个人歪曲规则是存心不良。社会规则就是公平，个人规则就是公正。公平是面向所有的个人，公正是面向所有的社会。公平是现实而不是虚拟的，公正是客观而不是虚伪的。社会有规则个人才能接受，个人有规则社会才能接受。社会必须为个人树立标准，个人必须为社会树立标准。社会有规则可以完善个人，个人有规则可以完善社会。社会完善个人的价值取向，个人完善社会的价值体系。社会价值是个人分享，个人价值是社会分担。社会必须保证个人有序生存，个人必须保证社会有序发展。社会规范自己叠加个人，个人规范自己叠加社会。规范社会才能嵌入个人，规范个人才能嵌入社会。社会不可能孤立存在，个人不可能孤立生存。社会没有规则世界不可能容纳，个人没有规则社会不可能容纳。社会没有规则被世界淘汰，个人没有规则被社会淘汰。社会淘汰是规则的歪曲，个人淘汰是规则的扭曲。面向个人，社会规则都是普遍的。面向社会，个人规则都是普遍的。社会规则具有共同性，个人规则具有相同性。社会文明需要规则的标志，个人文明需要规则的标识。社会文明是规则的砝码，个人文明是规则的条码。社会文明是自立也是互立，个人文明是自生也是互生。孤立的文明很难存在，古怪的文明很难发展。小文明的时代已经过去，大文明的时代已经到来。文明的封闭性是自然经济，文明的开放性是互联时代。社会文明正在走向世界文明，个人文明正在走向社会文明。孤立的文明必定有孤立的手段，孤立的群体必定有孤立的目的。规范的社会不怕文明叠加，规范的个人不怕数量组合。把个人联系起来必定是社会规则，把社会联系起来必定是世界规则。社会文明是世界与个人的重合，个人文明是历史与现实的重合。社会文明必须寻找更多的参照维度，个人文明必须寻找更多的参照空间。社会要有游戏规则，个人要有行为规则。社会演出不能走下历史舞台，个人演出不能走下社会舞台。社会发展需要规则调整，个人发展需要规则调谐。社会快速发展会产生灰色权力，个人快速发展会产生灰色利益。灰色权力诱发利益投机，灰色利益诱发权力投机。社会永远存在灰色地带，个人永远存在灰色角落。社会敢于放纵权力，个人就敢于放纵利益。社会敢于突破原则，个人就敢于突破道德。社会理性在于规则的压缩，个人理性在于规则的浓缩。社会规则不能留下个人漏洞，个人规则不能留下社会漏洞。社会不能打开个人缺口，个人不能打开社会缺口。社会缺口让个人泛滥，个人缺口让社会泛滥。社会泛滥丧失个人原则，个人泛滥丧失社会原则。社会必须用规则屏蔽个人，个人必须用规则屏蔽社会。

关于精神的规则。规则是现实也是精神的，是理解也是执行的。现实的规则必须执行，精神的规则必须理解。个人确立规则是精神输入，社会确立规则是精神输出。个人不喜欢社会约束，社会不喜欢制度约束。个人喜欢绝对自由，社会喜欢绝对放纵。个人希望丢掉社会枷锁，社会希望丢掉个人包袱。个人约束是精神痛苦，社会约束是行为痛苦。个人痛苦会逃避社会，社会痛苦会逃避个人。个人痛苦会反抗社会，社会痛苦会反对个人。个人利用规则与社会博弈，社会利用规则与个人博弈。个人博弈是摆脱社会约束，社会博弈是摆脱个人约束。个人摆脱约束是主观愿望，社会摆脱约束是主观意愿。等距离的社会关系个人没有自由，等距离的个人关系社会没有自由。个人自由是寻找社会落差，社会自由是寻找个人落差。个人自由是对社会的剥夺，社会自由是对个人的剥夺。个人规则需要社会付出，社会规则需要个人付出。个人没有规则是少数人获利，社会没有规则是少数群体获利。破坏个人规则必定有社会目的，破坏社会规则必定有个人目的。个人建立规则才能让多数人获益，社会建立规则才能让多数群体获益。个人在规则面前是利己主义，社会在规则面前是实用主义。个人有利的就遵守，不利的就不遵守。社会有利的就执行，不利的就不执行。个人的实用性是滥用规则，社会的实用性是利用规则。个人总以为自己是万能的，可以遵守也可以破坏规则。社会总以为自己是万能的，可以创造也可以改变规则。有万能的个人就有万恶的社会，有万能的社会就有万恶的个人。创造的目的是为了破坏，破坏的目的是为了创造。个人总希望自己不受约束而别人受到约束，社会总希望自己不遵守规则而个人遵守规则。个人对规则的认识是恶性循环，社会对规则的使用是恶性循环。个人对待规则不可能敬畏，社会对待规则不可能敬重。精神当中没有规则，现实当中不可能有规则。理解当中没有规则，行为当中不可能有规则。个人破坏从精神开始，社会破坏从现实开始。个人不过是规则的挡箭牌，社会不过是规则的避难所。个人不利于自己才讲规则，社会不利于自己才有规则。个人要求千差万别，放弃自我利益才能建立规则。社会要求千差万别，放弃自我权力才能建立规则。个人规则是社会沉淀，社会规则是历史沉淀。个人方圆是社会规矩，社会方圆是个人规矩。个人规则必须与社会对接，社会规则必须与世界对接。个人是规则的融合，社会文明的差距会逐步缩小。社会是规则的融合，世界文明的差距会逐步缩小。共同的规则可以相互理解，共同的规范可以相互借鉴。个人文明是相互使用的工具，也是相互理解的工具。社会文明是相互约定的内容，也是相互接纳的内容。普遍文明有普遍的约束，普遍规则有普遍的遵守。个人文明是主题的外化，社会文明是主体的外化。个人没有文明社会没有意义，社会没有文明个人没有意义。个人规则以公正为模板，社会规则以公平为模板。回归公正是道德要求，回归公平是个人要求。个人规则需要道德转化，社会规则需要精神转化。道德发展到一定程度就是规则，规则发展到一定程度就是道德。规则的理解力来自道德，道德的执行力来自规则。对规则的敬畏就是道德敬畏，对道德的遵守就是规则遵守。规则是道德的总和，道德是规则的总和。真正的规则必须体现道德，真正的道德必须体现规则。

关于变化的规则。社会规则本来是调节个人关系，却陷入了名利的误区。个人规则本来是调节社会关系，却陷入了功利的误区。社会规则是维护既得利益的合法性，个人规则是维护既得利益的合理性。社会越发展既得利益越多，规则的合法性会逐步丧失。个人越发展既得利益越多，规则的合理性会逐步消失。社会发展是强化权力和利益的过程，个人发展是争取权力和利益的过程。权力反复碾压会破坏原则并产生嗜权倾向，利益反复碾压会破坏道德并产生嗜利倾向。社会争取权力会尔虞我诈，个人争取利益会投机取巧。社会聚集名利会突破个人规则，个人聚集功利会突破社会规则。社会突破是唯名是图，个人突破是唯利是图。社会拥有权力不会与个人分享，个人拥有利益不会与社会分享。社会规则是为了巩固权力，个人规则是为了巩固利益。社会巩固会破坏个人规则，个人巩固会破坏社会规则。社会破坏是规则的无序，个人破坏是道德的无序。社会无序需要权力重新链接，个人无序需要利益重新链接。权力链接是是非非，利益链接卿卿我我。社会规则以权力为核心，以利益为对象。个人规则以利益为核心，以权力为对象。社会需要打乱秩序建立新的规则，个人需要打乱规则建立新的秩序。社会规则不断调整，个人规则不断补充。社会已经没有可以遵循的规则，个人已经没有可以遵守的规则。社会规则已经脱离主体，个人规则已经脱离主题。社会脱离是稀释个人，个人脱离是稀释道德。社会稀释需要规则叠加，个人稀释需要道德叠加。社会叠加是规则纷繁，个人叠加是道德虚泛。社会规则个人不能把握，个人规则社会不能把握。社会是规则的迷宫，个人是规则的谜语。社会需要个人揣摩，个人需要社会猜测。社会用规则的权威指责个人，个人用道德的权威指责社会。社会用规则窒息个人，个人用道德窒息社会。社会已经容纳不了更多的个人，个人已经容纳不了更多的社会。社会产生个人混乱，个人产生社会混乱。社会制造混乱又想扮演救世主，个人制造混乱又想扮演大救星。社会陷入混乱是过于英明，个人陷入混乱是过于英雄。社会的合理性是相互限制，个人的合理性是自我限制。超出社会限制个人并不合理，超出个人限制社会并不合理。社会规则必须保证个人平等，个人规则必须保证社会公平。社会有规则可以解放个人，个人有规则可以解放社会。社会遵守规则让个人简单，个人遵守规则让社会简单。社会规则不是对个人的恩赐，个人规则不是对社会的恩赐。社会规则是恪尽职守，个人规则是谨言慎行。社会不能随意挑战个人底线，个人不能随意挑战社会底线。反复挑战是反复失败，反复失败是反复邪恶。偶像崇拜已经变成文明的崇拜，文明理解已经变成文明的行动。挑战共同文明是社会愚蠢，挑战共同规则是个人愚蠢。社会文明是规则的简单理解，个人文明是规则的简单行动。社会文明是多数人的理解而不是少数人的理解，个人文明是多数人的行动而不是少数人的行动。社会文明已经进入固化期而不是游离期，个人文明已经进入执行过程而不是辩解过程。社会文明需要规则保护，个人文明需要规则保障。社会轻视规则会受到惩罚，个人蔑视规则会受到制裁。社会惩罚是对个人的矫正，个人惩罚是社会的矫正。破坏社会文明是个人的敌人，破坏个人文明是社会的敌人。社会不能养成破坏的习惯，个人不能养成破坏的心理。

三十四、人性的阶段

人性是阶段性存在，社会是阶段性存在。个人是阶段性发展，社会是阶段性发展。个人阶段是社会划分，社会阶段是个人划分。个人阶段是社会浓缩，社会阶段是个人浓缩。个人进入社会需要回归自我，社会进入历史需要回归个人。

关于个人的阶段。任何人都是普通的，任何社会都是普通的。个人有生命也有生活，有自我也有社会。社会有权力也有利益，有现实也有精神。个人与社会错位产生，社会与个人错位发展。个人认识是超前的，行为是滞后的。社会认识是超前的，行动是滞后的。个人在利用社会终点，社会在利用个人起点。个人用神圣的眼光审视社会，用本能的行为满足自己。社会用神圣的眼光审视个人，用动物的行为对待个人。个人是精神前瞻与生理滞后，社会是过程前瞻与现实滞后。个人在理想与现实之间往复，社会在现实与理想之间徘徊。个人可以规划社会终点，社会只能复原个人起点。个人对社会的认识超越现实，社会对个人的认识低于现实。个人总想用理想改造社会，社会总想用现实改造个人。个人改造是社会的轻浮，社会改造是个人的轻浮。个人距离束缚了社会，社会距离还原了个人。个人反弹是自我否定，社会反弹是相互否定。个人是社会列车的乘客，社会是个人列车的乘客。个人让社会作圆周运动，社会让个人作圆周运行。个人圆心是生理的本能，社会圆心是名利的本能。个人没有利益很可怜，有了利益很可恶。没有权力很可怜，有了权力很可怕。社会没有名利很可怜，有了名利很可恶。没有实力很可怜，有了实力很可怕。个人是从可怜到可恨的过程，社会是从可怜到可怕的过程。个人的圆周运动让社会倒退，社会的圆周运动让个人倒退。个人倒退是社会反弹，社会倒退是个人反弹。个人是生理还原，也是社会还原。社会是名利还原，也是个人还原。个人还原让社会周而复始，社会还原让个人故态复萌。个人可以虚构人生，但不能虚构社会。社会可以虚构未来，但不能虚构现实。个人不可能跳越社会阶段，社会不可能跳越个人阶段。个人阶段是本能的往复，社会阶段是现实的回复。个人反弹会虚构离奇的故事，社会反弹会虚构离奇的过程。个人并不相信社会虚构，社会并不相信个人虚构。个人对现实不满只能用精神弥补，社会对个人不满只能用未来弥补。个人需要创造神话，社会需要创造故事。个人提供了社会的想象空间，社会提供了个人的想象空间。个人在营造神秘性，社会在营造神秘化。个人总想摆脱与动物的联系，社会总想摆脱与现实的联系。个人进入精神具有无限的想象力，社会进入虚拟具有无限的发挥性。个人会夸大自己的能力，社会会夸大自己的能量。个人夸大想改变社会进程，社会夸大想改变历史进程。个人在寻找神秘的元素，社会在寻找神圣的元素。个人过渡为神秘化，社会过渡为神圣性。个人进入精神循环，社会进入虚拟循环。个人循环超越现实，社会循环超越历史。个人循环并没有走得很远，社会循环并没有走得很快。个人是圆心与半径的距离，社会是圆周与半径的距离。个人距离不会根本改变，社会距离不会彻底改变。个人是社会的特定时段，社会是个人的特定空间。个人只能解决社会的部分问题，社会只解决个人的部分问题。个人的生理本能决定了社会阶段，社会的名利本能决定了个人阶段。个人是社会本能的表现，社会是个人本能的体现。虚构个人会误导社会，虚构社会会误导个人。

关于社会的阶段。社会只能属于现实，现实只能属于名利。个人只能属于社会，社会只能属于未来。社会支点就是名利，名利支点就是个人。社会原点就是本性，个人原点就是本能。社会拥有本性，个人拥有本能。社会本性就是名利，个人本能就是功利。社会是权力载体的利益运行，个人是利益载体的权利运行。社会存在是权力形式也是利益形式，个人存在是精神形式也是现实形式。社会可以划分为权力阶段，也可以划分为利益阶段。个人可以划分为社会阶段，也可以划分为自我阶段。社会权力可以间断，利益不能间断。个人现实可以间断，精神不能间断。社会丧失权力会中断利益，个人丧失利益会中断权力。社会时刻警惕权力的威胁，个人时刻警惕利益的威胁。社会总想进入权力的永恒状态，个人总想进入利益的永恒状态。社会产生权力的错觉，个人产生利益的错觉。社会总以为可以创造一切，个人总以为可以改变一切。社会拥有权力会无所不能，个人拥有利益会无处不在。社会总想扮演创世纪的角色，个人总想扮演救世主的角色。社会总想跨越历史阶段，个人总想跨越社会阶段。跨越历史是社会误区，跨越社会是个人误区。社会可以凭借权力强大起来，但最终还是由个人支配。个人可以凭借利益强大起来，但最终还是由社会支配。社会支配财富是个人利益的转移，个人支配权力是社会利益的转移。社会贪婪是为个人服务，个人贪婪是为社会服务。社会攫取权力并不能拥有权力，个人攫取财富并不能拥有财富。社会是虚拟的拥有，个人是虚拟的占有。社会权力被个人利用，个人财富被社会利用。社会利用会强化权力，个人利用会强化利益。社会不可能跨越权力，也不可能跨越个人。个人不可能跨越利益，也不可能跨越社会。只要有社会存在，会无端生出许多权力。只要有个人存在，会无端生出许多利益。社会不相信个人会强化权力，个人不相信社会会强化利益。权力是对抗个人的法宝，利益是对抗社会的利器。社会遭遇利益是权力的失败，个人遭遇权力是利益的失败。社会是权力的两极分化，个人是利益的两极分化。社会是权力的个人对峙，个人是利益的社会对峙。社会放弃权力结束个人对峙，个人放弃利益结束社会对峙。社会归还个人就得放弃权力，个人归还社会就得放弃利益。归还个人不再有权力的争斗，归还社会不再有利益的争斗。社会是权力的争斗，个人是利益的争斗。社会争斗是权力的恶性循环，个人争斗是利益的恶性循环。社会用简单的标准评判个人，个人用简单的标准评判社会。社会正义是压迫的呻吟，个人正义是盘剥的呻吟。社会正义是不平的呼喊，个人正义是不平的呐喊。社会没有权力是个人平衡，个人没有利益是社会平衡。社会是挖坑填坑的过程，个人是取土填土的过程。往复式的社会没有特殊意义，往复式的个人没有特别意义。平常的社会就是个人意义，平凡的个人就是社会意义。社会卸掉装备就是简单的个人，个人卸掉装备就是简单的社会。社会不能鼓励权力投机，个人不能鼓励利益投机。权力投机是社会的肮脏，利益投机是个人的肮脏。权力不公是对个人的玷污，利益不公是对社会的玷污。权力制衡并不能净化社会，利益制衡并不能净化个人。放弃权力可以净化社会，放弃利益可以净化个人。社会应该从集权到分权，个人应该从集利到分利。社会是权力的分解，个人是利益的分解。

　　关于现实的阶段。个人是现实的，社会是现实的。个人有修养不一定得到社会认可，社会有内涵不一定得到世界认可。个人从现实走向庸俗，社会从现实走向粗俗。个人庸俗是利益的膨胀，社会粗俗是权力的膨胀。个人没有道德准备不可能阻挡社会，社会没有制度准备不可能阻挡个人。个人陷落在欲望当中，社会陷落在名利当中。个人用动物思维对待社会，社会用动物行为对待个人。个人没有能力纠正自己的错误，社会没有能力纠正自己的失误。个人用一个谎言掩盖另一个谎言，社会用一种错误掩盖另一种错误。个人本来没有那么多欲望，利益调动了欲望。社会本来没有那么多冲动，权力调动了冲动。个人阶段是利益决定的，社会阶段是权力决定的。个人阶段是利益的分割，社会阶段是权力的分割。个人分割决定社会阶段，社会分割决定个人阶段。个人没有素质不能拥有更多的利益和权力，社会没有素质不能拥有更多的权力和利益。个人有利益很难有理想，社会有权力很难有理性。利益压差并不是个人理想，权力压差并不是社会理性。利益不仅没有净化个人，反而污染了个人。权力不仅没有净化社会，反而污染了社会。个人凭借利益会高人一等，社会凭借权力会高不可攀。个人不能把所有的问题都归结于社会，社会不能把所有的问题归都结于个人。个人问题是利益纠缠，社会问题是权力纠缠。个人陷入利益不能保证品质，社会陷入权力不能保证品性。个人问题诱发社会连锁反应，社会问题诱发个人连锁反应。个人世俗导致社会自私，社会世俗导致个人自私。弱化个人社会可以得到权力，弱化社会个人可以得到利益。个人是利益的剥离过程，社会是权力的剥离过程。个人争夺利益导致社会变形，社会争夺权力导致个人变形。与其说利益背叛个人，不如说利益撕裂个人。与其说权力背叛社会，不如说权力撕裂社会。利益聚集又撕裂个人，权力聚集又撕裂社会。利益的两面性是可以高尚也可以卑鄙，权力的两面性是可以阳光也可以黑暗。个人享受利益的优惠，就得面对利益的败害。社会享受权力的恭维，就得面对权力的贬损。利益可以划分个人，权力可以划分社会。利益可以制造个人差别，权力可以制造社会差别。个人差别是对社会的践踏，社会差别是对个人的践踏。个人践踏社会尊严，社会践踏个人尊严。在个人条件下以制约社会为核心，在社会条件下以制约个人为核心。利益制约是个人发展的必然要求，权力制约是社会发展的必然要求。个人文明的局限性在于利益，社会文明的局限性在于权力。归还个人，社会附加就会消失。归还社会，个人附加就会消失。还原于个人必须淡化权力，还原于社会必须淡化利益。还原于个人是自我与相互管理，还原于社会是自我与相互约束。个人首先还原于精神，然后还原于道德。社会首先还原于管理，然后还原于个人。个人是社会的终极目标，社会是个人的终极发展。个人必须从社会当中争取一切，社会必须从个人当中争取一切。个人是理性的集散而不是利益的集散，社会是理想的集散而不是权力的集散。个人失去理性是超社会的存在，社会失去理想超现实的存在。个人的阶段性社会不能超越，社会的阶段性个人不能超越。个人应该尊重社会进程，社会应该尊重历史进程。个人不能用利益终结社会，社会不能用权力终结个人。个人尊重社会需要空间的演变，社会尊重个人需要时间的演变。

关于发展的阶段。社会发展不会结束，个人发展不会结束。社会过程还没有结果，个人过程还没有结果。社会必须延长自己的进程，个人必须延长自己的过程。社会总想抬高自己终止个人过程，个人总想抬高自己终止社会进程。社会进程不可能随意终止，个人过程不可能轻易终止。社会已经经历了很多阶段，今后还要经历更多的阶段。个人已经经历了很多过程，今后还要经历更多的过程。社会的生命力在于个人顽强，不到最后时刻不会退出历史舞台。个人的生命力在于社会顽强，不到最后时刻不会退出现实舞台。社会发展是个人需要，个人发展是社会需要。社会不发展产生个人积怨，个人不发展产生社会积怨。社会化解矛盾就要延长进程，个人化解矛盾就要延伸过程。社会没有终极目标，个人没有终极目的。社会只想加快推进，个人只想加速推进。有社会存在个人不能停止，有个人存在社会不能停止。社会发展是从现实到虚拟的过程，个人发展从现实到虚拟的结果。社会能够发动个人，个人就能够发动社会。社会能够发明权力，个人就能够发明利益。社会能够发明利益，个人就能够发明欲望。社会被权力绑架，个人被利益绑架。权力被利益绑架，利益被欲望绑架。社会没有对错，个人没有对错。限制社会关键在于权力，限制权力关键在于利益。限制利益关键在于个人，限制个人关键在于欲望。社会越发展会进入非理性阶段，个人越发展会进入非理性过程。社会动力只能借助个人的本能反应，个人动力只能借助社会的本能反应。社会是无目的弹跳，个人是无目的追随。社会不清楚弹跳的方向，个人不清楚弹跳的落点。社会不知道下一次的起点，个人不知道下一次的落点。社会是对角投送，个人是对角迎接。社会是机械运动，个人是物理反应。社会被模糊的方向所指引，个人被模糊的目标所吸引。社会只知道做大，个人只知道做强。社会只知道豪华，个人只知道铺张。社会对做大没有具体概念，个人对做强没有具体说明。社会发展越来越模糊，个人发展越来越笼统。社会已经进入虚拟的扩张，个人已经进入虚拟的追赶。社会在空中架设权力，个人在空中挂靠利益。社会在寻找虚拟的结果，个人在寻找虚拟的归宿。社会发展是为了架空个人，个人发展是为了架空社会。社会与个人进行虚拟的博弈，个人与社会进行虚拟的搏击。社会已经找不到对手，个人已经找不到敌人。凡是社会阻碍必须机械破除，凡是个人阻碍必须物理消除。社会不知道为谁服务，个人不知道为谁辛苦。社会只是比较下的攀比，个人只是攀比下的比较。社会在盲目超越，个人在盲目跨越。社会不顾及自然和个人的承受，个人不顾及社会和自然的感受。社会需要膨胀的快乐，个人需要膨胀的满足。社会只是简单的膨胀，个人只是简单的满足。社会没有任何节制，个人没有任何理智。社会用大话鼓舞个人，个人用空话鼓舞社会。社会让个人不着边际，个人让社会不得要领。社会是为我所用，个人是为我所有。社会发展是为了满足共欲，个人发展是为了满足私欲。社会不能阻止个人欲望，个人不能阻止社会欲望。整个世界不能让社会满足，整个社会不能让个人满足。社会目的是独霸世界，个人目的是独享社会。社会已经违背个人原则，个人已经违背精神原则。社会发展会走向疯狂，个人发展会走向痴迷。社会疯狂会调动个人激情，个人疯狂会调动社会激情。

三十五、人性的压缩

　　人性需要放大，也需要压缩。社会需要放大，更需要压缩。个人需要道德放大，但不需要欲望放大。社会需要精神放大，但不需要名利放大。个人压缩实现社会价值，社会压缩实现个人价值。个人压缩可以恢复理智，社会压缩可以恢复理性。

　　关于个人的压缩。任何人都是普通的，任何社会都是普通的。个人在社会条件下会产生幻觉，总以为自己是全知全能的。社会在个人条件下会产生错觉，总以为自己是全知全能的。个人具有社会条件会不正常，社会具有世界条件会不正常。人类具有无限能力会危害自然，社会具有无限能力会危害世界。群体具有无限能力会危害社会，个人具有无限能力会危害群体。个人总以为可以改变一切，既想当英雄又想当偶像。社会总以为可以创造一切，既想当皇帝又想当上帝。任何人都不可能是超人，所谓的超人不过是心理幻觉。任何社会都不可能是超常的，所谓的超常不过是意识错觉。任何人能力总是有限的，道德更是有限的。任何社会能力总是有限的，道义更是有限的。个人能力过剩不过是意识膨胀，社会能量过剩不过是欲望膨胀。个人必须压缩自己的欲望，正确认识和使用有限的能力。社会必须压缩自己的欲望，正确认识和使用有限的能量。个人幻觉是社会错位，社会幻觉是个人错位。个人在寻找无限的目标，社会在寻找无限的答案。个人目标被社会改写，社会目标被名利改写。个人的合理性正在消除，社会的合理性正在消失。随着社会的膨胀，个人已经变得无足轻重。随着名利的膨胀，社会已经变得无足轻重。个人不知道为什么生存，社会不知道为什么发展。个人发展不是满足自我需要，而是满足社会需要，社会发展不是满足个人需要，而是满足名利需要。个人发展是量变到质变的过程，社会发展是质变到量变的过程。个人目标越来越糊涂，社会目的越来越模糊。个人只是社会欲望的催化，社会只是个人欲望的催化。个人用利益作为催化的介质，社会用权力作为催化的介质。利益催化个人意识，权力催化社会意识。个人膨胀社会难以控制，社会膨胀个人难以控制。个人是社会的核燃料，社会是个人的反应堆。个人是社会的反应堆，社会是个人的核燃料。个人裂变需要社会条件，社会裂变需要个人条件。个人裂变让社会获得能量，社会聚变让个人获得能量。个人不希望社会循规蹈矩，社会不希望个人中规中矩。个人有规矩社会不能利用，社会有规矩个人不能利用。个人混乱可以被社会利用，社会混乱可以被个人利用。个人膨胀利用了社会能量，社会膨胀利用了个人能量。个人膨胀会丧失理智，社会膨胀会丧失理性。个人发展是丧失理智的过程，社会发展是丧失理性的过程。个人问题需要社会消化，社会问题需要个人消化。个人让社会消化不良，社会让个人消化不良。个人浓缩社会缺陷，社会浓缩个人缺陷。个人缺陷爆发社会疾病，社会缺陷爆发个人疾病。个人出现利益的病态，社会出现权力的病态。利益的流行病会反复感染社会，权力的流行病会反复感染个人。个人是自我与社会的双重膨胀，社会是权力与利益的双重膨胀。个人膨胀让社会扭曲，社会膨胀让个人扭曲。个人扭曲社会难以复位，社会扭曲个人难以复位。个人被社会操控很难压缩，社会被名利操控很难压缩。个人必须听从社会安排，社会必须听从名利安排。个人安排违背道德意志，社会安排违背精神意志。个人对社会曲意逢迎，社会对名利曲意逢迎。

关于社会的压缩。社会可以掌握世界命运，不压缩会威胁世界。可以掌握个人命运，不压缩会威胁个人。社会没有阻力会无限膨胀，个人没有阻力会无限肿胀。社会不希望遇到阻力，因为有无限的权力和利益。个人不希望遇到阻力，因为有无限的欲望和需求。社会为了权力会扩张武力，个人为了利益会扩张权力。社会对内可以使用权力，对外可以使用武力。个人对内可以使用利益，对外可以使用权力。社会是权力的不同解释，有自我与他我的悖论。个人是利益的不同解释，有自我和他我的悖论。社会的不合理在于过度诉求，个人的不合理在于过度需求。社会不压缩有世界欲望，个人不压缩有社会欲望。社会发展会遇到世界和个人的双重矛盾，个人发展会遇到个体和社会的双重矛盾。社会能量不足会发动个人，个人能力不足会发动社会。社会过度发动让个人失控，个人过度发动让社会失控。社会失控会危机个人，个人失控会危机社会。社会总想释放自己的能量，无限释放是自然和个人的透支。个人总想释放自己的能力，无限释放是原则和道德的透支。社会不能高估自己的能量，所谓能量不过是欲望的强迫症。个人不能高估自己的能力，所谓能力不过是意识的强迫症。社会膨胀促使个人兴奋，个人膨胀促使社会兴奋。社会既要保持个人的兴奋度又要控制好个人，个人既要保持社会的兴奋度又要控制好社会。社会欲望强烈会迅速调动个人，个人欲望强烈会迅速调动社会。社会过于兴奋会面临爆炸的危险，个人过于激动会面临爆破的危险。社会不能经常发动个人，过度发动会产生意识的错觉。个人不能经常发动社会，过度发动会产生精神的错乱。社会错乱引导个人走向邪路，个人错乱引导社会走向邪路。社会本来是和平的，无限放大会走向战争。个人本来是善良的，无限放大会走向邪恶。即便无害的动物无限放大也会让人类恐惧，即便无害的个人无限放大也会让社会恐惧。放大社会必定有个人目的，放大个人必定有社会目的。社会犯错误主要是蠢蠢欲动，个人犯错误主要是蠢蠢欲行。社会一旦发动会产生深度反应，个人一旦发动会产生广度反应。社会利用名利鼓动个人，个人利用功利鼓动社会。社会用虚拟目标调动个人，个人用虚假需求调动社会。社会欲望是物理反应，个人欲望是化学反应。社会的重大改变必定有个人参与，个人的重大改变必定有社会参与。社会是个人的助推器，个人是社会的助燃剂。社会温度个人不能调控，个人温度社会不能调控。社会是名利的纵向放大，个人是功利的横向放大。社会可以有多种思考，但在权力面前只有一种思考。个人可以有多种选择，但在利益面前只有一种选择。社会不可能有权力的边界，个人不可能有利益的边界。社会边界需要个人压缩，个人边界需要社会压缩。社会总想一夜之间暴发，个人总想一夜之间暴富。社会在违背自然规律，个人在违背社会规律。社会放大只能依靠个人自觉，个人放大只能依靠社会自觉。社会不自觉会扰乱个人，个人不自觉会扰乱社会。社会不压缩让个人放纵，个人不压缩让社会放纵。社会自身没有理性，个人允许就是社会理性。个人自身没有理性，社会允许就是个人理性。社会需求是无限的，压缩才能回归合理。个人需求是无限的，压缩才能回归合法。社会不能是物质错乱，个人不能是精神错乱。社会错乱会动摇个人意志，个人错乱会动摇社会原则。

关于过程的压缩。个人是社会的变数，社会是个人的变数。人类已经进化为两只脚，社会不能再添上两只脚。人类已经站了起来，社会不能再让人类爬行。人类的站立主要依靠精神和道德，社会的爬行主要依靠权力和利益。抽取精神个人会缩小，抽取道德个人会爬行。抽取原则社会要瘫痪，抽取精神社会要干瘪。个人得了软骨病，社会得了瘫痪症。个人在可怜的活着，社会在可怜的走着。个人需要利益强打精神，社会需要权力强打神采。个人需要利益的鸦片，社会需要权力的鸦片。个人是利益的综合征，社会是权力的综合征。利益能够刺激个人，权力能够刺激社会。利益能够造就个人，权力能够造就社会。个人是利益的实体，社会是权力的实体。利益不能暴露，非法利益需要道德伪装。权力不能暴露，非分权力需要道义伪装。道德掩盖利益的虚伪，道义掩盖权力的虚伪。利益不能掩盖会巧夺豪抢，权力不能掩盖会面目狰狞。个人面向社会有巨大的争取空间，社会面向名利有巨大的争取空间。个人不仅是能力的放大，还有欲望的放大。社会不仅是善良的放大，还有邪恶的放大。欲望一旦放大个人不可能收敛，邪恶一旦放大社会不可能收敛。个人充满社会欲望不会主动压缩，社会充满个人欲望不会自觉压缩。个人欲望让社会躁动不安，社会欲望让个人寝食难安。个人紧盯社会的利益空间，有欲望就有行动。社会紧盯个人的权力空间，有想法就有做法。个人进入社会空间是利益膨胀，社会进入个人空间是权力膨胀。个人回归道德困难重重，社会回归原则阻力巨大。个人理想都是好的，真正实现并不容易。社会愿望都是好的，真正实现并不容易。个人理想是社会压缩，社会理想是个人压缩。个人压缩产生道德，社会压缩产生原则。个人在社会环境下会失去形状，压缩是回归道德的必由之路。社会在个人环境下会失去形象，压缩是回归原则的必由之路。个人压缩是防止功利的瓦解，社会压缩是防止名利的瓦解。个人瓦解是动物的本能，社会瓦解是名利的本能。个人可以追求利益，但利益必须格式化。社会可以追求权力，但权力必须格式化。个人不需要无限的利益，超出正常需求是意识的贪婪。社会不需要无限的权力，超出正常范围是思维的贪婪。个人必须分割利益，社会必须分割权力。没有社会空间，个人不可能获得巨大利益。没有个人空间，社会不可能获得巨大权力。个人利益是榨取社会油水，社会权力是榨取个人泪水。个人有无限利益并不合理，限制利益是社会职责。社会有无限权力并不合理，限制权力是个人职责。个人总想用权力改造社会，这就是权力的泛滥。社会总想用利益改造个人，这就是利益的泛滥。个人泛滥是社会的毒蛇猛兽，社会泛滥是个人的毒蛇猛兽。其实个人并不高明，投机钻营可以获得更多的利益。其实社会并不高明，尔虞我诈可以获得更多的权力。个人通过利益游走于社会空间，社会通过权力游走于个人空间。利益集中为个人投机创造了条件，权力集中为社会投机创造了条件。利益是个人的独木桥，权力是社会的独木桥。个人通过爬行可以获取利益，社会通过爬行可以获取权力。个人是利益的爬虫，社会是权力的爬虫。个人需要四足爬行，社会需要四足动物。个人直立没有社会空间，社会直立没有个人空间。个人高尚社会不能容纳，社会高尚个人不能容纳。个人必须变成虫子，社会必须变成虫洞。

关于结果的压缩。社会发展会缩小个人，个人发展会缩小社会。凡是有人群的地方必定有动物，凡是有缝隙的地方必定有爬虫。有利益的土壤就有权力的腐败，有权力的土壤就有利益的腐败。利益腐败需要权力分解，权力腐败需要利益分解。社会不希望压缩，收缩权力会产生骨骼的痛感。个人不希望压缩，收缩利益会产生肌肉的痛感。社会喜欢放纵，过度放纵就是个人的坟墓。个人喜欢放纵，过度放纵就是社会的坟墓。埋葬社会是个人的错误，埋葬个人是社会的错误。人类已经摆脱了自然束缚，不想造成社会危害必须相互限制。个人已经摆脱了动物束缚，不想造成相互危害必须社会限制。造就一个社会不容易，造就一个个人不容易。几千年的文明造就了社会，几百年的文明造就了个人。社会文明是自我压缩的结果，个人文明是相互压缩的结果。社会既然定位为权力，就得想尽办法压缩权力。个人既然定位为利益，就得想方设法压缩利益。社会需要压缩权力恢复形象，个人需要压缩利益恢复形象。社会需要脸面的维护，个人需要脸皮的维护。社会过度膨胀让个人变形，个人过度膨胀让社会变形。社会变形是权力的死结，个人变形是利益的死结。社会是人造的产物，恢复理性需要人为压缩。个人是社会的产物，恢复理智需要相互压缩。社会不能跟随权力无限延伸，个人不能跟随利益无限延伸。社会延伸诱发权力投机，个人延伸诱发利益投机。社会既要防止无限扩张，又要防止个人投机。个人既要防止无限膨胀，又要防止社会投机。社会不能纵容权力的投机，个人不能纵容利益的投机。社会通过限制权力达到限制利益，个人通过限制利益达到限制权力。只要社会限制权力，个人就能限制利益。只要社会放纵权力，个人就能放纵利益。社会压缩以权力为目标，个人压缩以利益为目标。社会压缩以个人为前提，个人压缩以社会为前提。压缩社会为个人提供空间，压缩个人为社会提供空间。社会的终极目标是还原个人道德，个人的终极目标是还原社会规则。恢复社会原则需要压缩个人边界，恢复个人道德需要压缩社会边界。社会混乱让个人无所适从，个人混乱让社会无所适从。社会规范权力个人不可能投机，个人规范利益社会不可能投机。社会所有的问题都是权力不规范造成的，个人所有的问题都是利益不规范造成的。社会如果可敬必定是权力的规范，个人如果可爱必定是利益的规范。任何社会都不是唯一的，还有个人和其他社会的存在。任何个人都不是唯一的，还有社会和其他人的存在。所有的社会都要强大，世界肯定承受不了。所有的个人都要强大，社会肯定承受不了。自然已经设定了界限，社会膨胀总要结束。社会已经设定了界限，个人膨胀总要结束。社会过于强势对内必定是权力因素，对外必定是利益因素。个人过于强势对内必定是欲望因素，对外必定是利益因素。社会强势让世界不得安宁，个人强势让社会不得安宁。社会强势必然走向好勇斗狠，个人强势必然走向争强好胜。社会需要正常的个人，个人需要正常的社会。社会需要正常的思维，个人需要正常的行为。社会需要精神思考，个人需要道德思考。社会思考是精神准备，个人思考是道德准备。社会准备是精神修复，个人准备是道德修复。社会需要精神救赎，个人需要道德救赎。社会需要精神永恒，个人需要道德永恒。压缩社会从现实开始，压缩个人从意识开始。

三十六、人性的载体

人性是自我载体，也是社会载体。社会是相互载体，也是个人载体。个人既是社会基础，又依托于社会。社会既是个人构成，又依托于个人。个人必须经过社会转化，社会必须经过个人转化。个人转化是社会分解，社会转化是个人分解。

关于个人的载体。个人是生命的载体，社会是生存的载体。个人有生命的权利就有生命的尊严，有生活的权利就有生活的尊严。社会有个人的存在就有个人的保障，有个人的活动就有个人的自由。个人首先是自我存在，然后是社会存在。首先是生理构成，然后是精神构成。社会首先是相互存在，然后是个人存在。首先是名利构成，然后是原则构成。个人愿望必须在社会中实现，社会愿望必须在个人中实现。个人完整是社会载体，不完整是社会流体。社会完整是个人载体，不完整是个人导体。个人生存离不开社会，社会发展离不开个人。个人对社会有存在价值，社会对个人有决定意义。个人完善需要社会环境，社会完善需要个人环境。个人依托于社会又独立于社会，社会依托于个人又独立于个人。个人必须自我成熟，然后才能相互成熟。社会必须自我完善，然后才能相互完善。个人成熟是自我意识的确立，社会成熟是相互意识的确立。个人确立是道德嵌入规则，社会确立是规则嵌入道德。个人是自我载体，不能随意分割与组合。社会是相互载体，不能随意分割与组合。个人分割就是动物和名利的两面性，社会分割就是权力和利益的两面性。个人道德合成精神，精神固定本能。社会精神合成原则，原则固定名利。个人以道德为载体，社会以原则为载体。个人是完整的载体不会被社会利用，也不会被本能利用。社会是完整的载体不会被名利利用，也不会被个人利用。个人不是孤立的存在，但存在是有边界的。社会不是孤立的发展，但发展是有边界的。个人边界是社会限定，社会边界是个人限定。个人错误是侵犯社会空间，社会错误是侵犯个人空间。个人空间是平面的，深度侵犯会破坏社会原则。社会空间是立体的，深度侵犯会破坏个人道德。个人载体奠定社会结构，社会载体奠定个人结构。个人体型相貌并不重要，主要差别是内在结构。社会表象假象并不重要，主要差别是内在结构。个人是生活保障下的道德形成，社会是原则保障下的精神形成。个人结构由道德搭建，社会结构由规则搭建。个人可以有功利的异彩，但不会有道德的光彩。社会可以有名利的异彩，但不会有规则的光彩。个人失去载体是社会负担，社会失去载体是个人负担。个人负担加剧社会的名利化，社会负担加剧个人的功利化。个人需求可以分解但精神不能分解，行为可以分解但道德不能分解。社会名利可以分解但精神不能分解，过程可以分解但原则不能分解。个人分解是社会工具，社会分解是个人工具。个人要注意自己的形状，道德的镜子让个人时刻反省。社会要注意自己的形象，规则的镜子让社会时刻反省。个人的可悲是不能认正确识自己，社会的可怜是不能正确使用自己。个人放弃自己就得攀附社会，社会放弃自己就得依附个人。个人不攀附权力没有地位，社会不攀附利益没有财富。个人不攀附名人没有影响，社会不攀附群体没有作为。个人自主只是社会主导，社会自立只是个人确立。个人诉求只是社会表达，社会意见只是个人意愿。个人看起来是完整的，其实是人格分裂。社会看起来是完整的，其实是个人分裂。个人是社会驱使，社会是个人幻化。

关于社会的载体。社会应该以个人为载体，但最终过渡为权力的载体。个人应该以生存为载体，但最终过渡为利益的载体。社会载体已经偏离个人，个人载体已经偏离精神。社会依靠权力必然延伸利益，个人依靠利益必然延伸欲望。社会以权力为核心分裂个人，个人以利益为核心分裂社会。社会分裂以利益为补偿，个人分裂以精神为补偿。社会补偿是权力的神秘化，个人补偿是意识的神秘化。社会载体是个人错位，个人载体是精神错位。社会错位是畸形权力导致畸形利益，个人错位我畸形利益导致畸形意识。社会载体是权力的虚拟连接，个人载体是利益的虚拟连接。社会连接是权力的负担，个人连接是利益的负担。社会本来依靠权力就可以解决所有问题，因为利益的变异又要寻找新的载体。个人本来依靠利益就可以解决所有问题，因为权力变异又要寻找新的载体。社会载体是主体的异化，个人载体是主题的异化。社会异化是为了占有更多的权力，个人异化是为了占有更多的利益。社会因为权力的负担发生结构倾斜，个人因为利益的负担发生结构倾斜。社会倾斜不可能是个人的载体，个人倾斜不可能是社会的载体。社会倾斜导致利益的溃决，个人倾斜导致权力的溃决。社会只需要部分的个人，个人只需要部分的社会。部分的社会就是利益，部分的个人就是权力。社会完整会威胁个人利益，个人完整会威胁社会权力。社会必须消除权力的威胁，个人必须消除利益的威胁。社会需要权力的支撑，个人需要利益的支撑。社会支撑需要重新梳理权力关系，个人支撑需要重新梳理利益关系。社会需要再造个人，个人需要再造社会。社会再造个人是放弃精神，个人再造社会是放弃原则。社会必须引导个人走向权力，个人必须引导社会走向利益。社会不可能约束权力，个人不可能约束利益。社会不可能淡化权力，个人不可能淡化利益。社会主导就权力的推动，个人主导是利益的推动。权力是供求关系，一个人不需要权力。利益是供求关系，一个人不需要利益。人数越多越需要权力，需求越多越需要利益。社会上空是权力的云团，个人上空是利益的云团。社会气候由权力决定，个人气候由利益决定。社会跟随权力风云变幻，个人跟随利益风云变化。社会放弃权力不可能是载体，人个人放弃利益不可能是载体。社会是权力的再生载体，个人是利益的再生载体。社会再生需要扩大权力，个人再生需要扩大利益。社会用权力统辖个人，个人用利益统辖社会。社会扩大权力必然引起个人矛盾，个人扩大利益必然引起社会矛盾。社会是载体的重新聚集与争夺，个人是载体的重新整合与争夺。社会只能用权力与个人交流，个人只能用利益与社会交流。社会交流是权力的认可，个人交流是利益的认可。社会认可是权力的服从，个人认可是利益的服从。社会必须支配个人，个人必须服从社会。社会是主动支配，个人是被动支配。社会支配是个人交付权力，个人支配是社会交付利益。社会有足够的权力必然裁定个人，个人有足够的利益必然裁定社会。社会因为权力而改变，个人因为利益而改变。社会因为权力而争斗，个人因为利益而争斗。社会争斗是个人的悲剧，个人争斗是社会的悲剧。社会争斗是放弃普遍原则，个人争斗是放弃普遍道德。社会争斗是武力代替权力，个人争斗是手段代替道德。社会载体是权力不断转化，个人载体是利益的不断转化。

关于精神的载体。个人是道德载体才能自主，是精神载体才能自立。社会是规则载体才能自立，是精神载体才能自律。个人载体是民主自由，社会载体是公正法治。个人载体是人生观和价值观，社会载体是世界观和发展观。个人需要道德基础和精神提升，社会需要精神基础和规则提升。个人载体是如何确定高度，社会载体是如何确定宽度。个人载体是自我反省能力，社会载体是相互反省能力。个人具有道德会确定精神空间，社会具有原则会确定个人空间。个人空间是社会定位，社会空间是个人定位。个人载体是社会尊重，社会载体是个人尊重。个人尊重是道德价值，社会尊重是精神价值。个人价值是自我治理，社会价值是相互治理。个人治理是道德作用，社会治理是精神作用。个人可以服从社会，但最终必须服从道德。社会可以服从权力，但最终必须服从原则。个人服从道德安排，社会服从原则安排。个人载体被社会改变，社会载体被名利改变。个人改变回归本能，社会改变回归本性。个人本能会背叛道德，社会本性会背叛原则。个人背叛是低等动物，社会背叛是低等群体。个人可以有无限的能力，但不会有无限的道德。社会可以有无限的能量，但不会有无限的原则。个人丧失道德会失去主体地位，社会丧失原则会失去主体作用。个人需要道德觉悟，社会需要精神觉醒。个人觉悟是自我批判，社会觉醒是相互批判。个人批判让社会反省，社会批判让个人反省。个人反省社会的丑陋，社会反省个人的丑陋。个人丑陋是社会的镜子，社会丑陋是个人的镜子。个人没有反省是道德崩溃，社会没有反省是精神崩溃。感动个人的总是精神，感动社会的总是个人。道德不能庸俗化，精神不能世俗化。个人的源头在于精神，精神的源头在于道德。社会的源头在于个人，个人的源头在于原则。个人面向精神会产生道德，社会面向精神会产生原则。个人背后必定有道德支撑，社会背后必定有原则支撑。个人道德是社会厚度，社会原则是个人厚度。个人传承的就是道德，社会传承的就是原则。道德决定个人内涵，原则决定社会内涵。道德解决个人问题，原则解决社会问题。个人解决理解力的问题，社会解决执行力的问题。个人道德是社会依靠，社会原则是个人依靠。个人需要道德添加，社会需要原则添加。个人添加是互助友爱，社会添加是共存共荣。个人具有利益必须与社会分享，社会具有权力必须与个人分享。个人分享是道德演化，社会分享是原则演化。个人不能充满仇恨，社会不能充满仇视。个人幸福为社会创造条件，社会和谐为个人创造条件。个人是利益的有序竞争，社会是权力的有序使用。个人必须淡化利益的依恋，社会必须淡化权力的依赖。个人淡化利益是精神主导，社会淡化权力是个人主导。个人文明需要精神创造，社会文明需要个人创造。个人文明是精神盈余，社会文明是个人盈余。个人必须为自己负责，社会必须为个人负责。个人负责是道德责任，社会负责是精神责任。个人面向道德必须重新定位，社会面向精神必须重新定位。个人定位是自我认可，社会定位是相互的认可。自我认可是个人作用，相互认可是社会作用。个人应该从社会中解放出来，社会应该从权力中解放出来。个人解放是道德文明，社会解放是精神文明。个人行动决定社会文明，社会行动决定历史文明。个人不能颠覆社会文明，社会不能颠覆历史文明。

关于转化的载体。社会不需要奇谈怪论，个人不需要奇形怪状。面向社会都是普通的个人，面向个人都是普通的社会。普通的社会思考普通的问题，普通的个人处理普通的事情。社会的普遍性在于原则，个人的普遍性在于道德。社会原则是全体的个人，个人道德是全体的社会。社会不能随意解释个人，也不能随意解释原则。个人不能随意解释社会，也不能随意解释道德。社会没有高低之分，个人没有贵贱差别。社会没有名利附加都是普遍的，个人没有社会附加都是普通的。社会附加名利才能高贵，个人附加功利才能尊贵。社会区分是践踏个人，个人区分是践踏社会。社会去掉附加什么都不是，个人去掉附加什么都没有。社会附加是神化的过程，个人附加是神秘的过程。没有社会维系，个人仍然是动物。没有个人维系，社会仍然是动物群体。社会权力并不神秘，就是群体组合的管理形式。个人利益并不神秘，就是社会组合的占有过程。社会只有解决自身问题，才能解决个人问题。个人只有解决自身问题，才能解决社会问题。社会造就了个人，个人应该感激社会。个人造就了社会，社会应该尊重个人。社会的分子就是个人，个人的分母就是社会。权力并不代表社会，利益并不代表个人。社会并没有给个人授权，个人并没有给社会授权。社会不授权个人不能行使，个人不授权社会不能行使。社会拥有权力不能蔑视个人，个人拥有利益不能蔑视社会。权力欺压个人是社会罪恶，利益欺骗社会是个人罪恶。没有社会烘托，个人不会显要。没有个人烘托，社会不会显赫。社会必须合理分配个人距离，个人必须合理分配社会距离。社会应该是个人的等距离，个人应该是社会的等距离。社会等距离利益不会集中，个人等距离权力不会集中。社会没有必要抬高个人，个人没有必要抬高社会。社会抬高会装腔作势，个人抬高会装神弄鬼。失去社会抬举，个人一文不名。失去个人抬举，社会一钱不值。没有社会交换，个人价值归零。没有个人交换，社会价值归零。社会必须寻找个人价值，个人必须寻找社会价值。社会价值是个人的形状，个人价值是社会的形象。社会不需要权力的再造，个人不需要利益的再造。社会需要个人的整体组合，个人需要社会的整体组合。社会没有必要附加更多的权力，个人没有必要附加更多的利益。社会需要真实的个人，个人需要真实的社会。过多的名利会虚拟社会，过多的功利会虚拟个人。虚拟的社会会蔑视历史，虚拟的个人会蔑视现实。社会不是神话，没有能力虚拟世界。个人不是故事，没有能力虚拟社会。社会应该认真面对个人，个人应该认真面对社会。社会不能脱离历史走向神坛，个人不能脱离社会走向圣坛。社会是原则的载体，也是个人的载体。个人是道德的载体，也是社会的载体。社会必须为自己和个人留下足够的运动空间，个人必须为自己和社会留下足够的运行空间。社会脱离个人必然受到权力的挤压，个人脱离社会必然受到利益的挤压。社会挤压是权力的往复，个人挤压是利益的循环。社会依赖权力不可能信任个人，个人依赖利益不可能信任社会。社会矛盾是主体的转化，个人矛盾是主题的转化。社会矛盾加快权力的转化，个人矛盾加快利益的转化。社会转化消失个人载体，个人转化消失社会载体。社会消失原则会破坏个人，个人消失道德会破坏社会。社会不能粗暴无礼，个人不能厚颜无耻。

三十七、人性的信仰

　　人性需要自我信仰，社会需要相互信仰。个人信仰是道德的无限性，社信仰是精神的无限性。个人应该定位为道德，社会应该定位为精神。个人是道德的追求过程，社会是精神的追求过程。个人是道德的实现过程，社会是精神的实现过程。

　　关于个人的信仰。个人有物质与精神的双重信仰，社会有现实与未来的双重信仰。个人有两个世界，社会有两个预期。个人是物质和精神的构成，社会是现实和未来的构成。个人可以信仰物质，也可以信仰精神。社会可以信仰现实，也可以信仰未来。个人信仰需要物化载体，也需要精神载体。社会信仰需要现实载体，也需要虚拟载体。个人与社会嫁接就是社会信仰，与精神嫁接就是精神信仰。社会与现实嫁接就是现实信仰，与未来嫁接就是未来信仰。个人是现实的起点和思维的终点，社会是现实的终点和思维的起点。个人可以信仰社会，也可以信仰自我。可以信仰现实，也可以信仰道德。社会可以信仰名利，也可以信仰精神。可以信仰原则，也可以信仰个人。个人信仰是依次寄托的过程，社会信仰是依次还原的过程。个人不能实现会寄托于社会，社会不能实现会寄托于神灵。社会不能实现会寄托于偶像，偶像不能实现会寄托于未来。个人寄托需要社会转化，社会寄托需要个人转化。个人能力总是有限的，社会寄托化解精神压力。社会能力总是有限的，精神寄托化解现实压力。个人必须有现实和精神寄托，社会必须有现实和未来寄托。现实反差越大，精神寄托越多。欲望反差越大，虚拟寄托越多。个人催生精神偶像，社会催生现实偶像。个人是物质到精神的演变，社会是过程到结果的演变。个人演变走向神灵，社会演变走向偶像。神灵需要偶像的载体，偶像需要神灵的载体。自然不能实现会寻求超自然的力量，社会不能实现会寻求超社会的力量。个人信仰需要超自然的力量，社会信仰需要超社会的力量。个人超越现实是精神循环，社会超越现实是虚拟循环。个人循环进入社会的虚拟空间，社会循环进入未来的虚拟空间。个人不可能满足社会的所有需求，未来可以弥补实现的不足。社会不可能满足个人的所有要求，精神可以弥补物质的不足。个人可以回归物质世界，也可以回归精神世界。社会可以进入现实世界，也可以进入未来世界。个人信仰需要精神的延长，社会信仰需要时间的延长。个人延长是精神鼓励，社会延长是未来鼓励。个人需要物质基础和精神动力，社会需要现实基础和未来动力。个人动力以自我为中心，以时空为参照。社会动力以现实为中心，以过程为参照。个人让社会失望会寻找未来的寄托，社会让个人失望会寻找精神的寄托。个人寄托于自我改变，也寄托于社会改变。社会寄托于现实改变，也寄托于个人改变。个人愿望不能实现会求助于神灵，社会愿望不能实现会求助于偶像。个人对神灵的期待是无限的，社会对偶像的期待是无限的。个人期待是实现的不平等，社会期待是现实的不平衡。个人要求过多让社会产生不平衡，社会要求过多让个人产生不平衡。个人不平衡需要心灵抚慰，社会不平衡需要精神安慰。个人安慰是痛苦的反射，社会安慰是痛苦的反差。个人反差是社会信仰，社会反差是个人信仰。个人挫折需要心灵疗伤，社会挫折需要精神疗伤。个人需要虚幻的慰藉，社会需要虚拟的慰藉。个人慰藉是精神崇拜，社会慰藉是偶像崇拜。个人偶像需要社会创造，社会偶像需要个人创造。

关于社会的信仰。社会依靠权力会信仰权力，个人依靠利益会信仰利益。社会很难脱俗，个人很难免俗。社会用权力可以解决一部分问题，但会产生更多的问题。个人用利益可以解决一部分问题，但会产生更多的问题。社会面临权力的悖论，个人面临利益的悖论。社会悖论需要精神调和，个人悖论需要道德调和。社会信仰是名利的合理解释，个人信仰是功利的合理解释。社会解释是权力推导利益，个人解释是需求推导祈求。社会信仰很难逃脱名利的窠臼，个人信仰很难逃脱功利的窠臼。社会运行是名利的条件反射，个人运行是功利的条件反射。社会希望拥有更多的权力，个人希望拥有更多的利益。社会拥有权力不可能与个人分享，个人拥有利益不可能与社会分享。良好的社会信仰是分享权力，良好的个人信仰是分享利益。社会不分享是精神的虚拟解释，个人不分享是道德的虚拟解释。社会信仰权力没有过错，关键是不能走向绝对化。个人信仰利益没有过错，关键是不能走向绝对性。社会异体信仰是强盛富足，同体信仰是个人分享。个人异体信仰是强大富裕，同体信仰是社会分享。社会应该富强，但最终成果是个人分享。个人应该富足，但最终成果是社会分享。社会信仰不是个人掠夺，个人信仰不是社会掠夺。社会可以没有外部分享，但必须有内部分享。个人可以没有精神分享，但必须有物质分享。社会不可能孤立发展，外延正在扩大。个人不可能孤立生存，外延正在扩展。社会必然扩大为世界性，个人必然扩大为社会性。社会信仰最终要回归个人，个人信仰最终要回归社会。人类必须面对自然的约束，个人必须面对社会的约束。顺应自然是社会信仰，顺应社会是个人信仰。社会发展不是无限的，需要精神不断收缩。个人发展不是无限的，需要道德不断收缩。社会不收缩会遇到自然矛盾，个人不收缩会遇到社会矛盾。社会面对个人必须收缩权力，个人面对社会必须收缩利益。社会不能有无限追求，个人不能有无限需求。社会是无限到有限的过程，个人是无限到有限的选择。社会的无限性让自然付出代价，个人的无限性让社会付出代价。社会没有能力左右世界，个人没有能力左右社会。社会没有自然的允许不可能走得很远，个人没有社会的允许不可能走得很快。自然为人类划定了界限，社会为个人划定了界限。超出自然允许社会必须收缩，超出社会允许个人必须收缩。社会选择只能是适度发展，个人选择只能是适度需求。社会可以追求更多的权力和利益，但必须更加尊重自然和个人。个人可以是追求更多的利益和权力，但必须更加尊重自然和社会。社会信仰必须经过精神过滤，个人信仰必须经过道德过滤。社会过滤是精神还原，个人过滤是道德还原。社会还原精神是最终的信仰，个人还原道德是真正的信仰。人类文明的熏陶应该让社会脱俗，社会文明的熏陶应该让个人脱俗。成熟的社会应该有格调，成熟的个人应该有品位。社会品位是权力的距离，个人品位是利益的距离。社会既要创造物质神话，又要创造精神神话。个人既要创造现实神话，又要创造道德神话。社会需要崇拜精神，个人需要崇拜道德。社会需要崇拜个人，个人需要崇拜自我。只要社会有精神必定产生个人信仰，只要个人有道德必定产生社会信仰。社会超越权力是精神信仰，个人超越利益是道德信仰。社会世俗是权力的沉降，个人世俗是利益的沉降。

关于精神的信仰。个人是物质存在，也是精神存在。社会是物质构成，也是精神构成。物质推导有一定的逻辑，精神推导有一定的层次。物质世界有终极逻辑，精神世界有终极层次。个人有精神就有逻辑，有逻辑就有终点。社会有精神就有推导，有推导就有终结。个人是现实与精神的双重推演，社会是现实与精神的双重推导。个人必须构筑现实与精神两个世界，社会必须构筑现实与精神二维空间。个人可以崇拜物质，但必须崇拜道德。社会可以崇拜现实，但必须崇拜精神。个人可以有同体信仰，这就是自我道德。可以有异体信仰，这就是相互精神。社会可以有同体信仰，这就是自我文明。可以有异体信仰，这就是相互文明。个人文明是道德启发，社会文明是道德灌输。个人文明可以相互借用形式，社会文明可以相互借用内容。个人的作用点必须是共同文明，社会的作用点必须是个人文明。个人没有精神需要社会借用，社会没有精神需要个人借用。个人借用会崇拜偶像，社会借用会崇拜假象。个人信仰必须回归自我，社会信仰必须回归个人。回归自我会消除道德差别，回归个人会消除精神差别。异体崇拜最终要回归自我崇拜，物质崇拜最终要回归精神崇拜。个人回归是社会过程，社会回归是历史过程。个人精神是社会理解的工具，道德是社会使用的工具。社会精神是个人理解的工具，道德是个人使用的工具。精神让个人高大，道德让个人伟大。精神让社会高大，道德让社会伟大。个人精神不能被社会稀释，社会精神不能被物质稀释。个人判断不能是有利或者无利，社会判断不能是有用或者无用。有利不能成为个人崇拜的原因，有用不能成为社会崇拜的原因。个人信仰是道德的绝对化，社会信仰是精神的绝对化。个人必须寻找道德源头，社会必须寻找精神源头。个人源头需要理顺道德关系，社会源头需要理顺精神关系。个人是道德复合社会，社会是精神复合个人。道德必须经过社会检验，精神必须经过个人检验。不管现实的重力有多大，道德必须始终保持升力。不管物质的需求有多大，精神必须始终保持浮力。个人需要现实轮回进入到精神轮回，社会需要直线演义进入到弧线演义。不管个人高低贵贱，最终必须解决道德问题。不管社会大小强弱，最终必须解决精神问题。个人必须有道德追求，社会必须有精神追求。道德不是个人的多余环节，精神不是社会的多余环节。个人失去道德根本没有存在的必要，社会失去道义根本没有存在的必要。个人不能是生理和功利的直白，社会不能是动物和名利的直白。个人必须建立道德屏障，社会必须建立精神屏障。道德信仰是精神屏障，精神信仰是道德屏障。个人发展到一定的程度需要回归道德，社会发展到一定的程度需要回归精神。个人发展必须放大道德环节，社会发展必须放大精神环节。道德完善是个人信仰，精神完善是社会信仰。个人追求美好是基础信仰，社会发展美好是基本信仰。个人的自我组织能力是追求美好，社会的自我组织能力是发展美好。美好的个人会鼓舞社会，美好的社会会鼓舞个人。个人必须掌握自己的道德命运，社会必须掌握自己的精神命运。个人道德塑造让精神圆满，社会精神塑造让道德圆满。个人信仰是自我信心，社会信仰是相互信心。重塑个人在于道德的力量，重塑社会在于精神的力量。个人发展是道德的感召，社会发展是精神的感召。

关于发展的信仰。社会始终有权力的假象，个人始终有利益的假象。扩大权力不能成为社会信仰，扩大利益不能成为个人信仰。社会信仰是培养自强，个人信仰是培养自信。社会需要信仰的感动，个人需要信仰的感召。社会感动是精神的凝聚，个人感召是道德的凝聚。社会永远不会完善，需要个人不断努力。个人永远不会完善，需要社会不懈努力。社会是个人不合理的存在，个人是社会不合理的存在。社会不可能变成完美的个人，个人不可能变成完美的社会。社会不足需要个人弥补，个人不足需要社会弥补。社会必须为个人提供想象空间，个人必须为社会提供想象空间。社会空间是物质和精神的满足，个人空间是预期和结果的满足。社会信仰富足和强大，个人信仰保障和公平。社会必须有发展目标，个人必须有奋斗目标。社会需要永恒的动力，个人需要永恒的追求。社会必须有相互认可，个人必须有相互信任。社会认可是个人追求，个人信任是相互追求。社会信仰是相互信任，个人信仰是自我信任。社会不信任是相互毁灭，个人不信任是自我毁灭。社会不能陷入物质毁灭，也不能陷入精神毁灭。个人不能陷入物质绝望，也不能陷入道德绝望。社会在物质满足的同时必须培养精神元素，个人在物质保障的同时必须培养道德元素。社会是物质与精神的综合文明，个人是本能与道德的综合素质。社会需要综合检验，个人需要综合考验。社会是物质到精神的信仰，个人是精神到物质的信仰。社会的物质信仰就是富强平等，精神信仰就是公平公正。个人的物质信仰就是保障富足，精神信仰就是民主自由。社会信仰必须有精神保障，个人信仰必须有物质保障。物质必须有法制的保障，精神必须有道德的保障。社会没有原则，物质丰富是个人灾难。个人没有道德，利益丰厚是社会灾难。社会信仰是朴素的精神，个人信仰是朴素的道德。社会崇高在于个人定位，个人崇高在于道德定位。社会精神就是责任，个人道德就是义务。社会没有责任个人不会信仰，个人没有责任社会不会信仰。社会责任让个人产生信仰，个人责任让社会产生信仰。责任让社会站立起来，道德让个人站立起来。责任是社会的塑造剂，道德是个人的塑造剂。社会上升为责任才有信仰追求，个人上升为信仰才有道德追求。社会信仰是责任的联合，个人信仰是道德的联合。物质可以崇拜但不能信仰，偶像可以崇拜但不能信仰。社会必须有跨越现实的能力，个人必须有跨越自我的能力。跨越现实是精神联合，跨越自我是道德联合。社会的自我追溯就是责任，个人的自我追溯就是道德。自我信仰是自我美好，相互信仰是相互美好。社会不追求美好是自取灭亡，个人不追求美好是自甘堕落。社会坐标需要精神的基线，个人坐标需要道德的基线。社会坐标是正确处理群体关系，个人坐标是正确处理社会关系。社会价值在于对个人付出，个人价值在于对群体付出。良好的个人关系是社会信仰，良好的群体关系是个人信仰。社会信仰是精神的约束，个人信仰是道德的约束。社会不能违背个人的常理，个人不能违背社会的常理。社会常理是道德认知，个人常理是道德践行。社会道德是个人定位，个人道德是社会定位。社会需要相互界定，个人需要自我界定。社会界定是责任划分，个人界定是责任落实。社会信仰是相互信任，个人信仰是相互尊重。社会应该建立信仰体系，个人应该确立信仰实体。

三十八、人性的现状

　　人性过程是社会现状，社会过程是个人现状。个人在重复社会过程，社会在重复历史过程。个人在复制社会内容，社会在复制历史内容。个人形式没有固定，社会内容没有固定。个人现状决定社会阶段，社会现状决定个人阶段。

　　关于自然的现状。人类发展在持续恶化自然，个人发展在持续恶化社会。自然恶化是社会能力的提高，社会恶化是个人能力的提高。自然很难承受社会高速的发展，社会很难承受个人的欲望要求。社会在榨取自然的最后能量，个人在榨取社会的最后能量。从利用到破坏自然是社会背叛，从利用到破坏社会是个人背叛。社会为了私利不可能爱护自然，个人为了私心不可能爱护社会。社会希望攫取最大利益，个人希望占有最多财富。自然能够承受是人类的福祉，社会能够承受是个人的福祉。超出自然承受是对人类的报复，超出社会承受是对个人的报复。人类对自然的警告并不重视，个人对社会的警告并不在意。人类在跨越自然的红线，个人在跨越社会的红线。自然红线是对人类的惩罚，社会红线是对个人的惩罚。人类在自然面前是功利主义，个人在社会面前是功能主义。人类是自然防范的对象，个人是社会防范的对象。从自然的统一到矛盾是人类进化，从社会的统一到矛盾是个人进化。自然的统一就是自然制衡，社会的统一就是社会制衡。打破自然制衡是人类智慧，打破社会制衡是个人智慧。人类智慧是自然变性，个人智慧是社会变性。功利主义改变了人类的自然诉求，功能主义改变了个人的生存诉求。人类虐待自然是利益驱使，个人虐待社会是欲望驱使。虐待自然已经开始，虐待社会已经实施。自然规律是自然平衡，社会规律是社会平衡。打破自然平衡可以创造社会奇迹，打破社会平衡可以创造个人奇迹。人类为了奇迹会加速破坏自然，个人为了奇迹会加速破坏社会。恢复自然状态人类才能长久，恢复社会状态个人才能长久。人类对自然的利用是有限度的，个人对社会的利用是有限度的。为自然服务可以换取生存空间，为社会服务可以换取发展空间。美好的自然才会有美好的社会，美好的社会才会有美好的个人。证明人类的伟大必须爱护自然，证明个人的伟大必须爱护社会。爱护自然是人类文明，爱护社会是个人文明。破坏自然是人类的病态，破坏社会是个人的病态。强调人类利益会脆化自然，强调个人利益会脆化社会。人类文明是自然成果的延伸，个人文明是社会成果的延伸。对抗自然是人类的错误，对抗社会是个人的错误。人类文明需要自然嫁接，个人文明需要社会嫁接。社会必须有思考的能力，个人必须有认知的能力。社会思考以历史为背景，个人思考以社会为背景。历史背景是人类和自然的关系，社会背景是现实与未来的关系。历史背景决定从哪里来，社会背景决定到哪里去。人类是自然与社会的大背景，个人是自然与社会的小背景。人类不可能再创造自然，个人不可能再创造社会。自然规律不可能接受人类的支配，社会规律不可能接受个人的支配。自然规律不可能推倒重建，社会规律不可能推倒重来。人类有利用自然的能力，但没有改变自然的能力。个人有利用社会的能力，但没有改变社会的能力。人类的思维怪圈是超越自然，个人的思维怪圈是超越社会。超自然的人类并不存在，超社会的个人并不存在。人类依托自然才能发展下去，个人依托社会才能生存下去。处理自然关系是人类的功能，处理社会关系是个人的功能。

关于社会的现状。自然蕴藏着巨大财富，社会蕴藏着巨大权力。个人面对财富充满贪婪，社会面对权力充满诱惑。社会的原动力是追逐权力，个人的原动力是追逐利益。社会没有权力不可能存在，拥有权力会成为争夺的对象。个人没有利益不可能存在，拥有利益会成为争夺的焦点。社会开始的时候没有多少利益，权力规则相对简单。伴随着利益的出现，权力规则也会复杂起来。一旦出现利益纠结，权力必须化解。一旦出现利益漏洞，权力必须修补。利益在无限延伸，权力在无限扩大。利益漏洞百出，权力修修补补。利益最终失去平衡，权力最终失去平衡。利益导致权力的垮台，权力导致利益的垮台。社会重新开始，历史重新开始。权力重新分配，利益重新分配。社会围绕权力的兴衰周而复始，个人围绕利益的兴衰周而复始。社会发轫于权力又终结于权力，个人发迹于利益又终结于利益。只要有权力和欲望的存在，社会必然循环。只要有利益和欲望的存在，个人必然循环。社会是自私的，只会考虑眼前的利益。个人是自私的，只会考虑眼下的利益。社会自私是个人的贪婪，个人自私是社会的贪婪。社会自私是历史的短视，个人自私是社会的短视。社会短视只关心权力的始终，个人短视只关心利益的始终。权力是社会的绞索，利益是个人的绞索。权力是社会的绞刑架，利益是个人的断头台。社会是权力的周期，个人是利益的周期。有权力的周期就有战争的周期，有利益的周期就有善恶的周期。社会始终面临战争，个人始终面临斗争。社会发生战争是社会毁灭，世界发生战争是世界毁灭。个人发生争斗是个人恶化，群体发生争斗是群体恶化。地球如果毁灭社会不能存活，社会如果毁灭个人不能存活。社会不能用权力作孽，个人不能用利益作孽。跳出权力才能思考社会，跳出利益才能思考个人。有名利的尺度，社会只是自我解说。有功利的尺度，个人只是自我解说。人类不会听从社会的解释，社会不会听从个人的解释。社会解释是名利的废话，个人解释是功利的废话。社会废话让个人厌烦，个人废话人社会厌烦。社会是名利的烦恼，个人是功利的烦恼。社会烦恼是名利的压抑，个人烦恼是功利的压抑。社会压抑是名利的贪婪，个人压抑是功利的贪婪。社会贪婪会压缩个人空间，个人贪婪会压缩社会空间。社会没有空间不会思考，个人没有空间不会思想。社会没有思考是名利的交易，个人没有思想是功利的交易。社会交易会出卖个人，个人交易会出卖社会。社会让个人叛变，个人让社会叛变。社会是个人的敌人，个人是社会的敌人。社会是个人的壁垒，个人是社会的壁垒。不打破社会界限个人不可能自由，不打破个人界限社会不可能自由。社会封闭让个人无从选择，个人封闭让社会无从选择。社会不能选择会压迫个人，个人不能选择会压迫社会。社会压迫是个人的黑洞，个人压迫是社会的黑洞。社会黑洞让个人变质，个人黑洞让社会变性。社会需要个人的垃圾，个人需要社会的垃圾。社会需要个人的掩护，个人需要社会的掩护。社会是名利的实体就应该受到制度的限制，个人是功利的实体就应该受到社会的限制。社会是制度的产物，个人是社会的产物。好的制度可以锻造好的社会，好的社会可以锻造好的个人。社会没有好的制度可以毁灭个人，个人没有好的习惯可以毁灭社会。制度决定社会现状，习惯决定个人现状。

关于个人的现状。个人应该有形象，社会应该有形状。个人应该有形状，社会应该有形象。个人形象被社会破坏，社会形象被名利破坏。个人形状被功利改变，社会形状被名利改变。个人改变是社会化过程，社会改变是名利化过程。个人与社会争夺名利，社会与个人争夺功利。个人争夺造就社会动物，社会争夺造就个人动物。个人不能自我理解，社会不能相互理解。个人不能正确对待，社会不能正确对话。个人在利益面前失去形象，社会在权力会面前失去形状。个人与社会是利益的朋友和权力的敌人，社会与个人是权力的朋友和利益的敌人。个人惧怕社会争夺利益，社会惧怕个人争夺权力。个人需要利用社会权力，社会需要利用个人利益。个人需要权力的回路，社会需要利益的回路。个人既离不开社会又对抗社会，社会既离不开个人又对抗个人。个人必须利用社会派生利益，社会必须利用个人派生权力。没有社会空间会消失个人利益，没有个人空间会消失社会权力。个人是利益的统一和矛盾，社会是权力的统一和矛盾。个人无所谓好坏，利益决定言行的现状。社会无所谓好坏，权力决定举止的现状。个人拥有利益很难判断，社会拥有权力很难判断。个人因为利益而变化，社会因为权力而变化。个人因为利益而恶化，社会因为权力而恶化。个人能力有限，不宜拥有更多的利益。社会能力有限，不宜集中更多的权力。个人道德有限，不宜使用更多的权力。社会道义有限，不宜使用更多的利益。如果个人成熟，过度集中权力导致社会愚蠢。如果社会成熟，过度集中利益导致个人愚蠢。个人拥有巨大利益是对社会的扭曲，社会具有巨大权力是对个人的扭曲。个人扭曲是利益倾斜，社会扭曲是权力倾斜。个人倾斜需要道德支撑，社会倾斜需要规则支撑。个人支撑让道德沉重，社会支撑让规则沉重。个人沉重是道德烦琐，社会沉重是规则烦琐。个人需要更多的利益，社会需要更多的权力。个人利益需要权力依附，社会权力需要个人依附。个人依附是私欲膨胀，社会依附是物欲膨胀。个人羡慕社会的权力，社会羡慕个人的利益。个人用利益交换权力，社会用权力交换利益。个人是利益向权力的渗透，社会是权力向利益的渗透。个人渗透失去道德原则，社会渗透失去理性原则。只要有利益交换，道德并不可靠。只要有权力交换，规则并不可靠。个人不能指望权力改变一切，社会不能指望道德改变一切。个人习惯是利益养成，社会习惯是权力养成。个人病毒是利益基因，社会病毒是权力基因。个人利益是社会消费，社会权力是个人消费。个人消费是利益内耗，社会消费是权力内耗。个人内耗破坏经济生态，社会内耗破坏权力生态。个人始终伴随社会内耗，社会始终伴随个人内耗。个人内耗激化社会矛盾，社会内耗激化个人矛盾。个人矛盾只能加剧不会减缓，社会矛盾只能积累不会消除。个人发展是积累社会矛盾，社会发展是积累个人矛盾。个人矛盾需要社会稀释，社会矛盾需要个人稀释。个人不能稀释会爆裂社会，社会不能稀释会爆裂个人。有利益和私心的存在，个人不得安宁。有权力和私心的存在，社会不得安宁。利益是合理到不合理的过程，权力是合理到不合理的过程。个人聚集利益是社会筹码，社会聚集权力是个人筹码。个人筹码是攫取社会资源，社会筹码是劫取个人资源。个人因为利益而可怕，社会因为权力而可怕。

关于运行的现状。社会运行是权力的固化，个人运行是利益的固化。社会现状是权力的变化，个人现状是利益的变化。社会不可能满足自然关系的固有划分，也不可能满足个人关系的固有划分。个人不可能满足权力关系的固有划分，也不可能满足利益关系的固有划分。社会权力是自然和个人的双向索取，个人利益是自然和社会的双重索取。社会可以维持现状但不会安于现状，个人可以安于现状但不会维持现状。社会的动机在于发展，要发展必然与自然和个人发生冲突。个人的目的在于发展，要发展必然与社会和自然发生冲突。社会冲突会颠覆自然和个人关系，个人冲突会颠覆社会和道德关系。社会不可能放弃权力，个人不可能放弃利益。权力是社会的朋友也是敌人，利益是个人的朋友也是敌人。社会问题是权力的反复，个人问题是利益的反复。集中权力是社会病态，集中利益是个人病态。崇拜权力是社会灾难，崇拜利益是个人灾难。权力过于集中导致社会扭曲，利益过于集中导致个人扭曲。社会崇拜权力必须约束权力，个人崇拜利益必须约束利益。权力是实体力量，约束不能依靠自觉。利益是实体力量，约束不能依靠自律。自觉解决不了权力问题，自律解决不了利益问题。社会依靠自觉会犯历史性错误，个人依靠自律会犯现实性错误。社会是现实的存在，不可能有上帝的属性。个人是现实的存在，不可能有天使的属性。社会的现实性就是名利，个人的现实性就是功利。社会精神并不可能改变名利运行，个人道德并不可能改变功利运行。社会不可能跳越现实走向未来，个人不可能跳越现实走向精神。社会在历史的大潮下只能循序渐进，个人在社会的大潮下只能逐步完善。社会现状个人并不满意，个人现状社会并不满意。改造社会的主要目标是培养个人，改造个人的主要目标是完善社会。社会改造不可能超越历史阶段，个人改造不可能超越实现阶段。社会的现实性是阻止名利的侵害，个人的现实性是阻止功利的侵害。社会必须受到限制，个人必须受到约束。社会限制的重点在于权力，个人限制的重点在于利益。社会不能相信道义的万能，个人不能相信道德的万能。社会需要刚性监督，个人需要刚性约束。社会刚性在于体制，个人刚性在于机制。社会不能为权力打开缺口，个人不能为利益打开缺口。社会不能随意想象，个人不能随意组合。社会运行不能付出历史代价，个人运行不能付出社会代价。社会学问在于个人平衡，个人学问在于社会平衡。社会问题在于权力失衡，个人问题在于利益失衡。社会万能导致个人无能，个人万能导致社会无能。社会不能扮演万能的角色，个人不能扮演无能的角色。社会不能把所有问题都推卸给个人，个人不能把所有问题都推卸给社会。社会对个人不能实施愚昧管理，个人对社会不能采取愚蠢行动。随着社会的发展，个人必然觉醒。随着个人的发展，社会必然文明。社会要相信个人，个人要相信社会。社会不是权力的祭品，个人不是利益的祭品。社会不是权力的神坛，个人不是利益的神坛。缩小社会差距必须限制权力，缩小个人差距必须限制利益。社会不能有极端的认识，个人不能有极端的行为。社会必须跳出思维的怪圈，个人必须跳出行为的怪圈。社会只是重复一个过程，个人只是重复一个道理。社会的合理性就是普遍性，个人合理性就是普通性。社会不能是造神运动，个人不能是造势运动。

三十九、人性的运行

人性在不停地运行，社会在不停地运转。个人运行借助社会力量，社会运行借助个人力量。个人是自我驱动社会，社会是物质驱动精神。个人运行衍生社会现象，社会运行衍生个人现象。个人现象是社会的部分集合，社会现象是个人的总体集合。

关于个人的运行。个人是动物也是社会运行，是生理也是精神运行。社会是整体也是个人运行，是名利也是规则运行。个人是动物决定生理行为，社会是现实决定意识行为。个人以生命为核心，最低满足生理需要。社会以生存为核心，最低满足生命需要。个人的基本需求是维持生命，延伸需求是维持生存。社会的基本需求是维持生存，延伸需求是维持发展。个人生命是最宝贵的，社会生存是最宝贵的。个人维持生命需要生存条件，社会维持生存需要发展条件。个人需求是依次递增的过程，实现是依次递减的过程。社会需求是依次递增的过程，实现是依次递减的过程。个人的底线是保护生命，社会的底线是保护生存。个人不能危害生命，社会不能危害生存。危害个人生命必然反抗，危害社会生存必然反抗。个人可以放弃权力但不能放弃利益，可以放弃生存但不能放弃生命。社会可以放弃利益但不能放弃权力，可以放弃个人但不能放弃生存。生命是个人的载体，生存是社会的载体。个人是生命到生存的运行，社会是生存到发展的运行。个人首先考虑生命的存在，然后考虑生存方式。社会首先考虑整体的存在，然后考虑存在形式。个人有明确的存在目的，这就是生命的繁衍。社会有明确的存在目的，这就是群体的繁衍。个人是生命决定生存，生存决定发展。社会是生存决定发展，发展决定生存。个人的精神考量是有限的，生存决定一切。社会的原则考量是有限的，发展决定一切。个人不可能随意放弃生命，社会不可能随意放弃生存。随意剥夺生命是反人类的，随意剥夺生存是反社会的。生命的唯一性需要倍加呵护，生存的唯一性需要倍加珍惜。个人生命是自然赋予的，尊重生命就是尊重自然。社会生存是个人赋予的，尊重社会就是尊重个人。个人生命不能用权力交换，生存不能用利益交换。社会生存不能用权力交换，发展不能用原则交换。个人是高等动物，生命已经附加了精神意义。社会是高等形态，生存已经附加了人类意义。生命意义已经得到人类和社会的认可，生存意义已经得到历史和现实的认可。个人需要社会尊重，社会需要个人尊重。个人不是低等动物，不能随意杀戮。社会不是低等群体，不能随意消除。个人可能会犯错误，但不是杀戮的理由。社会可能会犯错误，但不是消除的理由。个人运行是社会基础，社会运行是个人基础。只要有个人存在，社会不可能终止。只要有社会存在，个人不可能终止。个人运行必须有专属空间，同时开放公共空间。社会运行必须有专属空间，同时开放公共空间。个人的专属空间是生命和尊严，社会的专属空间是权力和利益。个人是以生命为载体的自我运行和附加运行，社会是以权力为载体的自我运行和附加运行。个人运行必须有社会保障，社会运行必须有个人保障。个人有保障社会才能安定，社会有保障个人才能安全。个人保障是底线要求，发展是附加要求。社会保障是底线要求，发展是附加要求。生命是个人的原动力，生存是社会的原动力。个人应该保障生命维护生存，社会应该保障生存维护发展。个人必须满足生命和生存的基本要求，社会必须满足生存和发展的基本要求。

关于社会的运行。社会以生存为核心，主要依靠权力的运行。个人以生存为核心，主要依靠利益的运行。社会本来是被动的，最终被权力激活。个人本来是被动的，最终被利益激活。社会一旦激活具有权力的组织能力，个人一旦激活具有利益的组织能力。社会能力以权力为标志，个人能力以利益为标志。社会标志是权力的划分，个人标志是利益的划分。社会划分制造个人差别，个人划分制造社会差别。社会差别导致个人分化，个人差别导致社会分化。社会利用差别管理个人，个人利用差别管理社会。社会强大需要维护的力量，个人强大需要维护的手段。社会力量向权力集中，个人力量向利益集中。权力强大导致利益亏损，利益强大导致权力亏损。社会强大需要高昂的成本，个人强大需要高昂的代价。社会强大转化为个人的虚荣心理，个人强大转化为社会的虚荣心理。社会被权力的光环所笼罩，个人被利益的光环所笼罩。社会对个人有权力的传染病，个人对社会有利益的传染病。社会推崇权力是自然法则的支配，个人推崇利益是动物法则的支配。低级动物服从高级法则，高级动物服从低级法则。动物没有攀比和炫耀，人类喜欢攀比和炫耀。社会炫耀权力会施展权力，个人炫耀利益会施展利益。社会是高级形态的低级表现，个人是高等动物的低级趣味。社会没有权力不能运行，拥有权力会无序运行。个人没有利益不能运行，拥有利益会疯狂运行。社会发明了权力又发明了占有，个人发明了利益又发明了私有。社会是权力和欲望的同体膨胀，个人是利益和欲望的同体膨胀。社会不解除权力的魔咒不会安宁，个人不解除利益的魔咒不会安静。社会因为权力而恶性循环，个人因为利益而恶性循环。社会用权力测试个人的深度，个人用利益测试社会的深度。社会放弃权力是失职，集中权力也是失职。个人放弃利益是无能，集中利益也是无能。社会集中权力会创造文明，释放权力会走向文明。个人集中利益会创造文明，释放利益会走向文明。社会是集中也是释放的过程，个人是集中也是释放的结果。社会集中权力就得监督权力，个人集中利益就得约束利益。权力自身无法衡量，监督决定性质。利益自身无法衡量，约束决定性质。社会文明是有限的，只能缩短距离和范围来认识。个人文明是有限的，只能缩短时间和标准来认识。社会放大范围和过程并不完善，个人放大范围和标准并不完美。社会文明需要有更多的参照，个人文明需要有更多的参考。社会文明是权力的两面性，个人文明是利益的两面性。社会过度使用权力导致个人扭曲，个人过度使用利益导致社会扭曲。社会扭曲导致个人邪恶，个人扭曲导致社会邪恶。社会可能用权力作恶，个人可能用利益作恶。社会必须阻止动物的还原，个人必须阻止本能的还原。社会必须有体制的保障，个人必须有机制的保障。社会不能反复利用个人的本能，个人不能反复利用社会的本能。社会不是权力的买方市场，个人不是利益的买方市场。社会不能形成权力的夹层，个人不能形成利益的夹层。社会重视权力会透析个人的动物属性，个人重视利益会透析社会的动物属性。社会是权力的聚散与透析，个人是利益的聚散与透析。社会饱受权力的折磨，个人饱受利益的折磨。社会成熟并不需要更多的权力，个人成熟并不需要更多的利益。社会走向文明需要淡化权力，个人走向文明需要淡化利益。

关于精神的运行。个人应该有超越生理的精神解释，社会应该有超越现实的精神解读。个人是物质运行，也是精神运行。社会是现实运行，也是理论运行。理论很容易，现实不容易。神仙很容易，凡人不容易。创造理论需要天才，创造现实更需要天才。个人在艰苦状态下需要意志，发达以后只需要意识。社会在艰难状态下需要毅力，发展以后只需要意识。个人是本能的收缩与还原，社会是本性的收缩与还原。个人还原是意识考验精神，社会还原是精神考验原则。个人的精神世界非常脆弱，时刻面临着道德解体。社会的精神世界非常脆弱，始终面临着原则解体。个人的精神运行需要艰难展开，社会的精神运行需要艰难覆盖。生存的沉重让个人产生了返祖现象，名利的沉重让社会产生了返祖现象。个人过分强调利益是低级意识，社会过分强调权力是低等思维。低级意识不需要精神过滤，低等思维不需要思想过滤。个人没有精神是低级运行，社会没有思想是低等运行。个人精神不过是意识的条件反射，社会思维不过是现实的条件反射。个人反射是本能的收缩，社会反射是本性的收缩。个人过度收缩就是自私，社会过度收缩就是自利。个人延伸是本能的撕裂，社会延伸是本性的撕裂。个人撕裂是动物本能上升为社会本能，社会撕裂是个人本能上升为名利本能。个人的精神世界并不完全，社会的精神世界并不完整。在物质覆盖个人的时候，精神是残缺的。在物质决定社会的时候，精神是多余的。物质外溢并不是精神满足，精神外溢并不是物质满足。意识只是本能的附加，精神只是社会的附加。个人是本能封闭意识，社会是精神封闭本能。个人封闭是意识的畸形，社会封闭是精神的畸形。个人畸形让意识扭曲，社会畸形让精神扭曲。个人扭曲回归本能，需要意识的再次发动。社会扭曲回归本性，需要精神的再次发动。个人强化意识产生精神错觉，社会强化精神产生思维错觉。个人错觉是自我至上，社会错觉是自我至大。个人把社会幻化为自我存在，社会把个人幻化为自我存在。个人在追求社会泡影，社会在追求个人泡影。个人没有实现会寄托于天堂，社会没有实现会寄托于未来。物质天堂里并没有物质，精神天堂里并没有精神。个人本来没有那么多欲望，社会刺激了个人欲望。社会本来没有那么多困惑，个人制造了社会困惑。个人原本是简单的，走向社会变得异常复杂。社会原本是简单的，走向名利变得异常复杂。个人发展让社会复杂，社会发展让个人复杂。个人复杂是社会角色的替换，社会复杂是个人角色的替换。个人通过意识发酵本能，社会通过精神发酵本性。个人发酵社会本能，社会发酵个人本能。个人发酵是利益自负，社会发酵是权力自负。个人自负是道德脆弱，社会自负是原则脆弱。个人对社会既爱又恨，社会对个人既恨又爱。个人站在本能的角度批判社会，社会站在本能的角度批判个人。批评个人功利化并没有多少意义，每个人都是受益者也是受害者。批判社会名利化没有多少意义，每个社会都是受益者也是受害者。个人把功利强加给社会，社会把名利强加给个人。个人强化需要社会过程，社会强化需要个人过程。个人是利益的交换过程，社会是权力的交换过程。个人交换丢失精神密码，社会交换丢失个人密码。个人只是利益形式的解读，社会只是权力形式的解读。个人解读是意识的混乱，社会解读是精神的混乱。

关于现实的运行。社会运行需要权力的支点，个人运行需要利益的支点。社会大部分现象是权力派生的，个人大部分现象是利益派生的。社会现象几乎都可以找到权力的动因，个人现象几乎都可以找到利益的动因。社会动因是权力的建立与解释，个人动因是利益的建立与解释。社会解释需要个人理解，个人解释需要社会理解。社会理解打上权力的烙印，个人理解打上利益的烙印。社会喜欢权力会催生权力，个人喜欢利益会催生利益。社会依靠权力建立个人关系，个人依靠利益建立社会关系。权力延伸是利益的融合与阻抗，利益延伸是权力的融合与阻抗。社会既面临权力的复杂，也面临利益的复杂。个人既面临利益的诉求，也面临权力的诉求。社会运行需要权力的分界线，个人运行需要利益的分界线。社会分界需要简化个人，个人分界需要简化社会。社会简化是坚持和完善规则，个人简化是坚守和完善道德。社会不能因为权力而改变，个人不能因为利益而改变。社会不是利用而是监督的对象，个人不是利用而监管的对象。社会被个人利用是权力的泛滥，个人被社会利用是利益的泛滥。社会必须保持权力的警觉，个人必须保持利益的警觉。纯粹的权力并不复杂，一旦与利益结合就会复杂。纯粹的利益并不复杂，一旦与权力结合就会复杂。社会运行呈现多面性，个人运行呈现多样性。社会必须建立规则保持公平，个人必须建立道德保持公正。社会没有公平丧失个人信心，个人没有公正失去社会信任。社会运行不是理论而是现实问题，个人运行不是说教而是实践过程。发明任何复杂的理论都有可能，实践任何简单的道理都有困难。社会面向名利是复杂的道理，面向个人是简单的道理。个人面向功利是复杂的道理，面向社会是简单的道理。社会不可能生活在天空当中，个人不可能生活在真空当中。社会不需要复杂的解释，个人不需要复杂的理解。社会必须发展，但目的是为了个人。个人必须发展，但目的是为了社会。社会必须有正确的方向，个人必须有正确的导向。社会向个人每一次移动都是文明的进步，个人向社会每一次移动都是文明的提升。社会巨大名利容易诱发个人错误，个人巨大需求容易诱发社会错误。社会错误在于名利的霸道，个人错误在于功利的霸道。社会失去个人环节导致逻辑错误，个人失去社会环节导致系统错误。社会错误是理论与现实的歪曲，个人错误是心理与行为的扭曲。歪曲制度会错乱现实，扭曲心灵会错乱行为。社会运行应该与个人换位思考，个人运行应该与社会换位思考。社会理想是实现个人价值，个人理想是实现社会价值。社会价值是个人诉求，个人价值是社会诉求。社会诉求是规则运行，个人诉求是道德运行。社会不能陷入精神危机，个人不能陷入道德危机。社会发展不能让个人产生恐惧，个人发展不能让社会产生恐惧。社会不能经常产生权力的冲动，个人不能经常产生利益的冲动。社会冲动是权力的疯狂，个人冲动是利益的疯狂。社会疯狂是个人的敌人，个人疯狂是社会的敌人。社会需要制度与个人的双重完善，个人需要社会与道德的双重完善。社会不能为权力寻找理由，个人不能为利益寻找理由。社会必须有个人共鸣，个人必须有社会共鸣。社会必须有个人信任，个人必须有社会信任。社会必须用公正感动个人，个人必须用善良感动社会。社会不感动是权力的顽固，个人不感动是利益的顽固。

四十、人性的终结

　　人性必然要终结，社会必然要终结。人类终结是自然规律决定的，社会终结是个人发展决定的。人类只能延长生存的过程，社会只能延长发展的过程。人类是自然现象到社会现象的过渡，个人是社会现象到自我现象的过渡。

　　关于自然的终结。人类在自然面前要么是终结者，要么是被终结。地球已经诞生四十多亿年，还要存在差不多相同的时间。在如此漫长的过程中，适合人类生存的时间并不多。从动物到人类是自然奇迹，从低级到高级是社会奇迹。人类进化是动物博弈，社会进化是自然博弈。人类从依赖自然到崇拜自然，社会从利用自然到征服自然。人类没有能力会崇拜自然，社会没有能力会依赖自然。人类具有能力会破坏自然，社会具有能力会掠夺自然。人类已经认识到自然的有限性，正在抓紧掠夺自然资源。社会已经认识到自然的有限性，正在抓紧占有自然资源。人类与自然的矛盾在加深，社会与自然的矛盾在加剧。如果气候持续恶化，人类终将失去最后的家园。如果资源持续枯竭，社会终将失去文明的载体。人类首先终结自然，然后再被自然终结。社会首先终结人类，然后再被人类终结。无论人类怎样延长自己的寿命，不可能陪伴到地球毁灭的那一天。任何一场巨大的灾难都有可能让人类提前终结，即便没有终结也有可能转换为其他物种。人类不是万能的，如果是万能的就是知道自己最终如何灭亡。地球消失是必然的，人类消失是必然的。地球没消失人类也会消失，人类没有消失社会也会消失。人类不过是大千世界的一个物种，社会不过是纷繁复杂的一种现象。地球小憩的时候有了人类，人类小憩的时候有了社会。地球可以自我毁灭，也可以在人类手中毁灭。人类延长地球的时间是做不到的，延长自己的时间是可以做到的。大自然已经设置了绝对的临界点，人类必须争取相对的临界点。人类有了财富和欲望的概念不会爱护自然，社会有了权力和利益的概念不会尊重自然。人类喜欢人造自然，个人喜欢人造社会。人类进化让自然终结，社会进化让个人终结。人类终结了动植物的进化，只有终结人类才能开始新的进化。人类与自然的矛盾是社会引起的，社会与个人的矛盾是发展引起的。人类拓展社会功能会引起自然矛盾，社会拓展人类功能会引起个人矛盾。社会发展必然争夺自然空间，个人发展必然争夺社会空间。自然空间的有限性加剧社会矛盾，社会空间的有限性加剧个人矛盾。人类首先经历自然变异，然后经历社会变异。社会首先经历群体变异，然后经历个人变异。人类与自然的矛盾不会结束，社会与个人的矛盾不会结束。人类必须防止自然系统的崩溃，社会必须防止个人系统的崩溃。人类与自然的平衡被社会打破，社会与个人的平衡被名利打破。人类只有社会意义，社会只有名利意义。人类发展造成社会拥堵，社会发展造成个人拥堵。人类越发展越自私，社会越发展越自利。自然资源没有被彻底利用人类不会罢手，社会财富没有被彻底挖掘个人不会罢手。自然资源是长期积累的过程，人类只想在最短的时间内使用完毕。社会资源是长期积累的过程，个人只想在最短的时间内利用完毕。自然不可能是永续的，迟早要终结人类。人类不可能是永续的，迟早要终结社会。自然没有终结，灾难会终结。和平没有终结，战争会终结。自然没有语言只有行动，没有警告只有报复。如果人类不想提前终结自己，从现在开始就要爱护自然。

关于社会的终结。社会是自然和个人的分割，个人是社会和自然的分割。社会是人类的胜利也是失败，个人是社会的胜利也是失败。社会发展首先终结自然进程，然后终结个人进程。终结自然进程是财富的原因，终结个人进程是权力的原因。社会占有财富会激化自然矛盾，占有权力会激化个人矛盾。社会只有激化矛盾的能力，没有化解矛盾的能力。社会本来是生存概念，最终演变成利益概念。本来是管理概念，最终演变成权力概念。社会不可能停止发展，但发展是有成本和代价的。社会是利益的载体，对自然的索取不可能终止。社会是权力的载体，对个人的索取不可能终止。面对自然会产生利益崇拜，面对个人会产生权力崇拜。面对自然会滥用技术权力，面对个人会滥用行政权力。获得利益需要征服自然，获得权力需要征服个人。社会依靠技术制造自然的愚蠢，依靠管理制造个人的愚蠢。社会正在走向权力的愚蠢，个人正在走向利益的愚蠢。社会愚蠢是索取更多的权力，个人愚蠢是索取更多的利益。社会利用个人的盲区获取权力，个人利用社会的盲区获取利益。利益叠加权力是双重愚蠢，权力叠加利益是双重无知。社会愚蠢是盲目破坏自然，个人愚蠢是盲目破坏社会。社会是聪明到无知的过程，个人是智慧到愚蠢的过程。社会无知是自然灾难，个人无知是社会灾难。社会不可能理想，个人不可能理想。权力不可能理性，利益不可能理性。权力让社会终结，利益让个人终结。权力让社会蒙羞，利益让个人蒙羞。社会必须依靠自然，但最终成为自然的敌人。个人必须依靠社会，但最终成为社会的敌人。社会一旦壮大不可能接受自然规律的支配，权力一旦壮大不可能接受个人意志的支配。社会要么成为终结自然的力量，要么成为自然终结的对象。个人要么成为终结社会的力量，要么成为社会终结的对象。社会不可能摆脱自然矛盾，也不可能摆脱个人矛盾。自然矛盾是利益的有限性，个人矛盾是权力的有限性。社会不可能自我终结，自然与个人的矛盾还在加剧。个人不可能自我终结，社会和自然的矛盾还在继续。社会缺陷是个人设计造成的，个人缺陷是社会设计造成的。社会因为缺陷而存在，修正缺陷是永恒的任务。个人因为缺点而存在，改正缺点是永恒的责任。社会是生命形式的集合并没有特殊性，个人是生理形式的集合并没有特别性。社会的特殊性在于相互制衡，个人的特殊性在于相互制动。社会需要权力的管控，个人需要利益的管控。社会文明是自然与个人的悖论，个人文明是自我与社会的悖论。社会发展不可能有纯粹的精神动机，个人发展不可能有纯粹的道德动机。社会强调发展是为了压制矛盾的爆发，个人强调发展是为了延缓矛盾的爆发。社会在自然面前要么是最高尚的，要么是最卑鄙的。个人在社会面前要么是最伟大的，要么是最渺小的。社会总想利用能力改变自然的运行方式，利用权力改变个人的价值观念。个人总想利用能力改变社会的运行方式，利用利益改变社会的价值观念。社会发展既是积累自然矛盾，也是积累个人矛盾。个人发展既是积累社会矛盾，也是积累自我矛盾。自然矛盾不能解决导致人类困惑，社会矛盾不能解决导致个人困惑。自然不允许人类无限发展，个人不允许社会无限发展。自然不可能提供无限的能量，个人不可能提供无限的数量。面对自然是顶层终结，面对个人是底层终结。

关于个人的终结。个人首先是社会终结，然后是自我终结。首先是现实终结，然后是精神终结。个人产生于社会又终结于社会，产生于自然又终结于自然。个人必须接受社会选择，然后才能选择社会。必须接受自然选择，然后才能选择自然。个人是社会集合，社会理解决定行为方式。个人是自我集合，精神理解决定思维方式。个人与社会的统一与矛盾不会结束，社会与个人的集合与分解不会结束。个人问题是社会变异产生的，社会问题是个人变异产生的。个人本来不需要很多利益，社会创造了财富观念。本来不需要很多管理，社会创造了权力观念。个人需要利益会终结精神，需要权力会终结自我。社会需要利益会终结自然，需要权力会终结个人。个人与社会是矛盾的统一，社会与自然是矛盾的统一。个人不可能放弃财富，这是与自然的争夺。社会不可能放弃权力，这是与个人的争夺。有了财富和占有的概念，个人不可能安分守己。有了权力和占有的概念，社会不可能安分守己。利益是个人矛盾的爆发点，权力是社会矛盾的爆发点。个人既然是社会集合，优点和缺点会同时存在。社会既然是个人集合，优点和缺陷会同时存在。个人既是本能的集合，也是社会集合。社会既是名利的组合，也是个人组合。个人既高尚又庸俗，社会既高贵又低俗。个人是社会行为，不可能有特别之处。社会是个人行为，不可能有特选人群。个人并不神秘，就是功利与社会的结合。社会并不神秘，就是名利与个人的结合。切断个人联系，一切社会现象就此终结。切断社会联系，一切个人现象就此终结。个人现象只能从社会层面得到解释，社会现象只能从个人层面得到解释。个人是社会理解的角度，社会是个人理解的角度。个人必须从社会中分离出来，社会必须从权力中分离出来。权力必须从利益中分离出来，利益必须从私有中分离出来。个人延伸利益会终结社会活力，社会延伸权力会终结个人活力。个人空心化助长社会权力，社会空心化助长个人利益。个人强化功利让社会不能解脱，社会强化名利让个人不能解脱。个人占据功利是自我退化，社会占据名利是相互退化。个人退化是利益的野蛮，社会退化是权力的野蛮。个人野蛮回归动物，社会野蛮回归原始。个人首先放弃动物属性，然后才能放弃自私属性。社会首先放弃暴力倾向，然后才能放弃自利倾向。个人应该终结利益主导，社会应该终结权力主导。结束利益主导才能亲近自然，结束权力主导才能亲近个人。人类的第一循环从社会开始，社会第一循环从权力开始。人类应该进入自我循环，社会应该进入个人循环。个人循环是社会终结，社会循环是个人终结。个人不能分解为社会工具，社会不能分解为个人工具。个人凭借道德不能支撑社会陷落，社会凭借道义不能支撑个人陷落。个人寄托道德是社会误区，社会寄托道义是个人误区。个人误区是社会逻辑的错误，社会误区是历史逻辑的错误。个人既不能犯名利的高级性错误，也不能犯动物的低级性错误。社会既不能犯切断历史的错误，也不能犯虚拟历史的错误。个人必须是制度和道德的双重塑造，社会必须是体制和个人的双重塑造。个人最大的威胁是利益，终结利益需要制度的完善。社会最大的威胁是权力，终结权力需要体制的完善。个人必须有自我和社会的双重保护，社会必须有自我和个人的双重保护。个人保护终结于精神，社会保护终结于制度。

　　关于精神的终结。社会存在是文化的作用，个人存在是精神的作用。社会必须对权力做出合理的解释，个人必须对利益做出合理的解释。社会并不可怕，关键是不能放纵权力。个人并不可怕，关键是不能放纵利益。社会滥用权力走向可怕，个人滥用利益走向可怕。社会释放权力让个人亲近，个人释放利益让社会亲近。社会不能制造权力动物，个人不能制造利益动物。社会受到限制是权力的释放，个人受到限制是利益的释放。社会释放是精神理解，个人释放是道德理解。社会需要权力的平衡，个人需要利益的平衡。社会需要制度的平衡，个人需要道德的平衡。社会好坏取决于个人文明，个人好坏取决于社会文明。社会善恶取决于个人约束，个人善恶取决于社会约束。社会约束产生个人道德，个人约束产生社会精神。社会抛弃精神是直线运行，个人抛弃道德是直接运转。社会是直线终结，个人是直接终结。社会必须有精神转化，个人必须有道德转化。社会需要健康的精神，个人需要健康的道德。社会集合应该是精神模式，个人集合应该是道德模式。社会既然集合名利，就应该有制度作保障。个人既然集合本能，就应该有道德作保障。社会制度是面向个人的运行，个人道德是面向社会的运行。社会还原于个人必须有制度保证，个人还原于社会必须有道德保证。社会应该用精神透视个人，个人应该用道德透视社会。社会必须改变个人的评价标准，个人必须改变社会的评价标准。社会标准是个人的道德价值，个人标准是社会的精神价值。社会价值是个人信仰，个人价值是社会信仰。社会信仰是超越名利的精神，个人信仰是超越功利的道德。社会超越名利就是法律，个人超越功利就是道德。法律是道德的底线，道德是法律的底线。合法性是社会秩序，合理性是个人秩序。社会必须建立以法治为核心的规则体系，个人必须建立以道德为核心的行为体系。社会要培养规则的敬畏，个人要培养道德的敬畏。社会不能违背个人意志，个人不能违背道德意志。社会在物质领域必须尊重规则，在精神领域必须尊重个人。个人在社会领域必须遵守规则，在精神领域必须遵守道德。社会是规则的坚守，个人是道德的坚守。社会是规则的尊严，个人是道德的尊严。社会分享权力就是个人平等，个人分享利益就是社会公平。分享物质与分享精神同样重要，分享权力与分享道德同样重要。社会集中权力导致个人不公，个人集中利益导致社会不公。结束社会循环只有个人的力量，结束个人循环只有精神的力量。社会必须建立个人模式，个人必须建立精神模式。社会理性是确立个人地位，个人理性是确立精神地位。突出个人是为了确立精神，突出精神是为了确立道德。社会滥用权力是时间的终结，个人滥用利益是空间的终结。只有精神让社会永恒，只有道德让个人永恒。延长社会过程需要精神力量，延长个人过程需要道德力量。最能感动社会的是个人精神，最能感动个人的是社会道德。无论社会走得多远必须回归个人，无论个人走得多远必须回归精神。社会可以创造历史，个人可以创造未来。社会可以创造物质辉煌，个人可以创造精神辉煌。社会是物质的排列组合，个人是精神的排列组合。社会必须有物质的组织能力，个人必须有精神的组织能力。社会必须让个人站立起来，个人必须让精神站立起来。社会需要个人文明的再造，个人需要精神文明的再造。

人性的社会解读

附 录

一、人类的逻辑与悖论

自然和人类的一切现象都是各种力量相互作用的结果，引力产生正向逻辑，斥力产生反向逻辑。正向逻辑产生合理现象，反向逻辑产生不合理现象，合理与不合理同时存在。合理现象产生秩序，不合理现象产生混乱，正论与悖论交替进行。已知的存在服从空间需要，未知的存在服从时间需要，空间与时间不断转换。

（一）关于自然逻辑。自然逻辑是无意识的运行，归根到底是力量的纠缠。均衡的力量产生平衡，不均衡的力量产生运动。没有绝对的静止一切都在变化，没有绝对的运动一切都在平衡。从宇宙的角度来看，地球非常渺小根本不值得一提；从人类的角度来看，宇宙非常宏大不可能完全认知。人类认识自然的顺序是从地球到太阳系，从银河系到宇宙，这样的认识产生了一个错觉，似乎地球就是宇宙的中心。人类一方面感叹宇宙的浩繁，有无所适从的心理；另一方面又把自己作为认知中心，有自私偏狭的心态。太阳系或银河系并不可能是宇宙的中心，地球有可能处于宇宙的边缘。从地球观察宇宙会产生放大效应，从人类观察自然会产生偏执效应。按目前的理论，宇宙大爆炸是一次形成的，按照人类的极限思维，一次集中这么大的空间和这么多星球是很困难的，会不会是多次爆炸、批次形成的。"上帝"之手是否在不同的时间和空间分批次释放"烟花"，最终产生了空间与时间的叠加。如果按照一次性生成来理解，那么爆炸之前是不是还有若干次爆炸，之后是不是还有若干次爆炸。科学技术并不是万能的，平面思维是认识自然的最后屏障。宇宙的巨大空间需要巨大尺度，也许以百万年、千万年甚至亿万年作为时间刻度。人类是一种渺小的动物，有限的空间只能以分秒或天年作为时间刻度。宇宙没有时间概念，空间就是时间；人类只有时间概念，时间就是空间。地球不过是宇宙的颗粒，人类不过是地球的过客；因为有地球才打开了认知宇宙的窗口，因为有人类才颠覆了自然的逻辑顺序。

在人类没有诞生之前，一切顺序服从自然安排；在人类诞生以后，一切顺序服从自我安排。人类诞生之前动植物都在高大，这是自然规律的安排；人类诞生以后动植物都在缩小，这是人类规律的安排。人类没有能力的时候服会从自然安排，有能力的时候会服从自我安排；没有能力的时候会崇拜自然，有能力的时候会崇拜自我。突出地球是在缩小宇宙，突出人类是在缩小地球；人类的自我放大是想征服宇宙，个人的自我放大是想征服地球。感谢"上帝"没有让人类生出翅膀，不然宇宙也不会得到安宁；感谢"上帝"没有创造更多的地球，不然星球大战不可避免。把人类牢牢锁定在地球或太阳系是正确的选择，大不了作为实验品再次毁灭就是了。宇宙最大的错误是造就了地球，地球最大的错误是造就了人类；人类最大的错误是造就了能力，个人最大的错误是造就了欲望。人类对宇宙的探索似乎是科学的，其实充满征服的欲望；对地球的探索似乎是科学的，其实充满霸占的想法。自然必须隐藏好所有的秘密和财富，一旦被人类发现就是命运的终结。人类发现地球就想占领地球，发现星系就想支配星系；具备能力会催化欲望，具有欲望会催化能力。人类作为自然动物是可爱的，作为社会动物是可怕的；作为生存动物是可爱的，作为发展动物是可怕的。以目前和今后的能力而言，人类可以创造一切也可以毁灭一切；可以顺从自然规律也可以违背自然规律。如果继续发展下去，不想毁灭自然是不可能的，不想毁灭自己是不可能的。违背自然规律就是毁灭自然的力量，违背人类规律就是毁灭自我的力量；自然博弈失败是地球的毁灭，自我博弈失败是人类的毁灭。

地球有意识应该感谢宇宙的庇护，人类有意识应该感谢地球庇护。地球是宇宙的共生体，人类是地球的共生物。地球的感谢应该是冷冰冰的面孔，不应该创造温暖湿润的环境；即便创造了动物和植物也不应该创造人类，即便创造了人类也不应该创造智慧。其他动物有产生就有消亡，有进化就有退化；人类有产生不想消亡，有进化不想退化。大自然的一切存在没有谁敢违背自然规律，只有人类想违背自然规律把自己打造成为超级动物。人类几乎所有的成功都是违背自然规律的杰作，几乎所有的努力都是二律背反的结局。人类变成超级动物以后首先是征服自然，然后是破坏自然。只要有空间就想占领，只要有财富就想掠夺；只要有价值就想利用，只要有威胁就想消灭。在逐步消灭自然对手以后，人类把所有的智慧和能量用于对付自己。有同类的存在就有暴力，有社会的存在就有战争；有权力的存在就有阴谋，有利益的存在就有争夺。在自然面前有坚定的意志，在同类面前有残酷的手段。需求构造在改变，心理结构在改变；主宰一切的幻觉演变为行动，破坏一切的意识演变为灾难。人类对提供生存的自然没有任何感恩之心，对给予帮助的动植物没有任何友好之情。只要对自己有利，任何存在都是延揽的对象；只要对自己不利，任何存在都是破坏的对象。因为自然具有价值，人类与自然的矛盾永远不会结束；因为社会具有价值，个人与社会的矛盾永远不会结束。自私催生欲望，阴谋伴随手段；人类在恶性循环，个人在恶性循环。人类不会反省自己的错误，个人不会反省自己的失误；面对自然是可怕的怪物，面对自我是可怕的动物。

（二）关于人类逻辑。人类在自然面前并无特别之处，充其量是自然演化的副产品。人类的前身不过是生物，然后进化为动物。即便进化为人类还是动物，最终还得走向灭绝。人类的生理构造与其他动物并没有本质的区别，生存能力和技巧甚至不如一只虫子。人类与动物的区别在于利用群体的智慧和力量，在于占有使用权力和财富。如果切断所有的社会联系，任何人都会返归为自然动物。人类的高大不过是自我认知的幻觉，这种幻觉是犯低级错误的根源。个人的全能不过是社会认知的错觉，这种错觉是犯幼稚错误的根源。违背自然规律让人类得到进化，违背人类规律让社会得到进化。人类改变不了动物的本能，社会改变不了动物的本性。人类虽然赋予了思想意识，但依然是动物本能的循环；社会虽然赋予了权力利益，但依然是动物本性的循环。自然进化产生自然动物，社会进化产生社会动物；自然进化是自然本能，社会进化是社会本能。人类是自然动物叠加社会动物，是自然本能附加社会本能。自然本能是可控的，社会本能是不可控的；自我意识是有限的，社会意识是无限的。自然逻辑的解体与社会逻辑的强大，让人类进入到超自然和超社会的状态。自然逻辑的终止让社会逻辑得以展开，自我进化的终止让社会进化得以展开；违背自然规律是人类的基本逻辑，违背动物规律是社会的基本逻辑。自然界终于迎来了一个可怕的对手，动植物终于迎来了一个可怕的敌人；上帝的权力变成了人类的主宰，个人的权力变成了社会的主宰。人类必须开辟自然和自我两个战场，个人必须面对群体和动物两个敌人；外斗与内斗是人类的本性，自斗与互斗是个人的本能。

自从有了人类自然逻辑开始减弱，社会逻辑开始加强。人类形成的初期主要是依托自然，中期主要是利用自然；农业社会是利用自然，工业社会是改造自然。人类文明是从自然崇拜开始的，然后进入自然的利用和改造。农业文明延长了人类的时间，工业文明缩短了人类的时间；农业文明体力进化，工业文明智力进化。随着科学技术的发展，自然界的秘密被逐步破解；人类在征服自然的道路上越走越远，在征服自我的道路上越走越近。人类似乎破解了自然的所有秘密，其实更大更隐蔽的秘密正在聚集；我们永远不可能征服自然，只能聚集更多的报复力量。人类是自然动物地球可以承受，是社会动物很难承受；是农业文明可以承受，是工业文明很难承受。人类从受益者变成施虐者，自然界从主动介入变成被动介入。自然界没有改变命运的能力，只能通过报复让人类止步。人类在巨大的财富面前不会罢手，向自然索取的欲望和能力还在加强。在没有人类介入的时候，自然演化也许以百年或千年为周期；在人类深度介入以后，也许以十年或几年为周期。人类在自然面前永远是无知的，技术再怎么进步也不过是幼儿的嬉戏。微观改变并不代表规律，也许天文或病毒等更大的灾难正在等待我们。人类一支独大是所有动植物的终结，凡是能够观察到的地方都已经停止进化。这样的结局大自然不高兴，必须推翻人类强加的规律重新开始；动植物也不高兴，必须推翻科学强加的规律重新进化。不毁灭人类就意味着自然的毁灭，不终结人类就意味着自然的终结。人类是自然的朋友更是自然的敌人，是自我的朋友也是相互的敌人；创造的同时就是破坏，福音的传播就是丧钟。

人类面对自然是自私的，社会面对人类是自私的。人类想占有自然的所有财富，社会想占有人类的所有财富。自然资源是人类的所有财富，人类资源是社会的所有财富。人类没有发现自身的价值却发现了自然价值，没有发展自身的能力却发展了社会能力。人类本来是生存概念，因为财富变成了发展概念；本来是自我存在，因为权力变成了社会存在；本来是有限需求变成无限欲望，本来是自主意识变成群体互动。一群充满欲望又充满本能的动物，一个具有智慧又具有手段的动物，一批充满活力又充满激情的动物，在主宰着人类、社会和自然。人类与自然的搏斗并没有结束，相互的争斗早已经开始。人类文明似乎是高级循环，其实是低级循环；似乎是超越本能，其实是重复本能。文明的建立与毁灭，不过是权力与利益的循环；正义的建立与消失，不过是个体与群体的循环。发现利益让人类充满活力，也在争斗中走向毁灭；发现权力让人类充满动力，也让在争斗中走向毁灭。上帝造就人类的时候知道难以驾驭，于是又造就了权力、利益和欲望；上帝已经没有能力毁灭人类，只能通过争斗让他们走向自我毁灭。只要被人类发现了自然价值，自然存在距离毁灭就已经不远了；只要发现了相互的价值，人类存在距离毁灭就已经不远了。人类的欲望永远不会满足，无耻与贪婪迟早要发挥到极致。人类有批判一切的能力，唯独没有批判自己的能力；有反省别人的能力，唯独没有反省自己的能力。人类占有一切的目的是毁灭一切，欢乐自己的目的是痛苦一切。破坏自然是生存的悖论，加快发展是相互的悖论；在人类的欲望没有彻底消除之前，自然和社会的痛苦才刚刚开始。

（三）关于群体逻辑。群体是所有动植物进化的必经阶段，也是保留或扩大物种的必经过程。低级动物的进化停留在群体阶段，高级动物的进化延伸到社会阶段。物种的兴盛是群体的扩大，物种的消亡是群体的缩小。动植物的生存繁衍依靠群体，扩大与缩小取决于气候和食物等因素。人类的生存繁衍依靠群体，扩大与缩小取决于知识和能力的提高。动物进化需要服从自然安排，人类进化需要接受社会选择。动物群体无论多么庞大，始终是个体连接与生存繁衍的需要；人类也是一个庞大的群体，但远远超出了动物进化的意义。动物群体遵循自然逻辑，社会群体遵循人类逻辑。动物群体是数量的连接，社会群体是质量的连接；动物群体以生存繁衍为纽带，社会群体以权力利益为纽带。动物是群体的建立与消失，人类是群体的扩大与升级；动物没有能力上升为社会属性，人类没有意愿倒退为自然属性。人类前期进化主要展现自然属性，后期进化主要展现社会属性；本能驱动是基本过程，社会驱动是附加过程。以生存为核心决定了动物属性，以发展为核心决定了人类属性；以食物为载体决定了动物群体，以利益为载体决定了人类群体。动物群体是个体叠加没有权力概念，是食物多寡没有利益概念；人类群体是权力叠加利益，是物质叠加精神。动物因为群体组合起来，又被群体瓦解下去；人类因为群体支撑起来，又被社会强化下去。动物群体是简单的重复，社会群体是复杂的重复；动物群体没有建立超越自然组合的纽带，人类群体建立了适应社会需要的一切手段。动物是群体之间的竞争，人类是社会之间的竞争；动物是自生自灭的结局，人类是互生互灭的结果。

人类最大的成功是进入社会，个人最大的成功是进入群体。社会通过权力组合群体，通过利益组合个人；个人通过群体获取知识，通过社会获得能力。个人的生存发展离不开群体，群体的生存发展离不开社会；个人越发展对群体的依赖越强烈，群体越发展对社会的依赖越强烈。个人会通过不同的形式连接群体，群体通过不同的形式连接社会；个人连接可以是物质与精神的多种形式，社会连接可以是权力与利益的多种形式。社会初期连接可能是生存和安全的需要，后期连接必定是权力和利益的需要；工业社会需要知识能力的连接，信息社会需要虚拟空间的连接。个人升级正是利用了群体到社会的力量，社会升级正是利用了群体到个人的力量。个人需要群体的转化，社会需要群体的转换；个人转化是群体标志，社会转换是群体代言。低级动物的标志是群体性，高级动物的标志是社会性；动物进化受制于自然因素，社会进化受制于人类因素。没有什么力量可以阻挡人类的进化，没有什么力量可以阻挡社会的进化。人类是超越自然的存在，社会是超越人类的存在；人类已经不受自然规律的束缚，社会已经不受人类规律的束缚。个人借助群体在延伸能力，社会借助群体在延伸能量。个人能力是对社会的检验，社会能量是对个人的检验；个人检验是社会的承受能力，社会检验是个人的承受能力。个人需要群体的聚集与释放，社会需要群体的释放与聚集。个人的分散与弱化需要社会集中，这就是强权产生的原因；个人的集中与强化需要社会分散，这就是民主产生的原因。个人需要重新进入社会，社会需要重新进入个人；个人文明是社会转折，社会文明是个人转折。

社会违背动物规律发明了权力，个人违背生存规律发明了利益。社会是权力的集结，个人是利益的集结；社会不可能离开权力，个人不可能离开利益。社会不可能倒退到自然阶段，个人不可能倒退到原始社会。社会需要分享个人的红利，个人需要分享社会的红利；社会红利是积累的价值，个人红利是创造的价值。一切美好的愿望都发源于群体，一切邪恶的行为都产生于群体；权力通过群体再集中，利益通过群体再分配。个人本来没有高低贵贱，是群体对个人进行了划分；社会本来没有好坏优劣，是群体对社会进行了划分。面对社会个人不可能平等，面对个人社会不可能平等；个人打上了群体的烙印，群体打上了社会的烙印。正面的力量在利用群体，这就是社会的善良；反面的力量在利用群体，这就是社会的邪恶。个人在发酵群体，群体在发酵个人；个人被群体所裹挟，社会被群体所垄断。个人没有自由，是群体意志的反映；社会没有自由，是群体意志的表达。社会是强化或消灭群体的过程，个人是进入或退出群体的过程；个人集结为群体必定有利益关系，社会集结为群体必定有权力关系。利益群体是对公平的伤害，权力群体是对公正的伤害；群体的积极意义正在失去，消极作用正在显现。毁灭世界必定是社会的力量，毁灭社会必定是群体的力量；弱化社会力量应该分化群体，弱化群体力量应该分化个人。个人不可能有超越群体的能力，社会不可能有超越群体的诉求；突出个人道德需要群体的防伪能力，突出群体道德需要社会的防伪能力。历史不过是群体的交易与转换，现实不过是个体的交易与转换；前进与后退是时间的错觉，精神与现实是空间的错觉。

（四）关于社会逻辑。本来没有社会，群体的增加产生了社会；社会本来没有权力，管理的需要产生了权力。社会是人类的副产品，权力是社会的副产品；利益是需求的副产品，欲望是个人的副产品。管理需要权力，社会最终被权力所取代；生存需要利益，个人最终被利益所取代。个人需要向社会输送权力，社会需要向个人输送利益；个人出让权力换取利益，社会出让利益换取权力。个人是社会理解，社会是个人理解；个人理解决定社会模式，社会理解决定个人模式。社会初期并不一定需要权力，也许简单的道德与规则就能解决问题；社会发展需要管理，权力正是沿着群体切线推导出来的。人类初期并不一定需要利益，也许简单的生产与获取就能保障生存；资产增多必须需要分配，利益正是沿着个体切线推导出来的。权力置换需要自由，利益置换需要保障；社会公平是权力的前置条件，个人公平是利益的前置条件。权力的目的是建立秩序，在秩序的要求下会强化权力；利益的目的是合理分配，在分配的要求下会强化利益。权力强化到一定的程度会脱离秩序的要求，最终蜕变为凌驾社会之上的权威；利益强化到一定的程度会脱离分配的要求，最终蜕变为傲视一切的砝码。没有权力不可能组织起来，没有利益不可能发动起来；不断强化的权力会让社会走向疯狂，不断强大的利益让个人走向疯狂。社会的悲喜剧是权力的更迭，个人的悲喜剧是利益的取舍；权力只有恩怨没有善恶，利益只有情仇没有对错。社会逻辑最终被权力所改造，个人逻辑最终被利益所改造；权力脱离管理需要是群体的私属品，利益脱离生存需要是个人的私属品。

社会以权力为核心，个人以利益为核心。社会最大的资源是权力，必然引起群体的争斗；个人最大的资源是利益，必然引起个体的争斗。世界不得安宁是社会争权夺利，社会不得安宁是个人争名夺利；权力的膨胀加剧社会矛盾，利益的膨胀加剧个人矛盾。人类本来是自在自为的产物，最终被社会所绑架；社会本来是自生自灭的产物，最终被权力所绑架。权力本来是自警自律产物，最终被利益所绑架；利益本来是自聚自散的产物，最终被欲望所绑架。权力的聚集会形成权力集团，利益的聚集会形成利益集团；权力集团瓜分利益，利益集团瓜分权力。社会倾轧不过是权力作祟，个人倾轧不过是利益作祟；权力会刺激群体欲望，利益会刺激个体欲望。无论怎样美化权力，作用不可能发生改变；无论怎样美化利益，性质不可能发生改变。取消权力并不可能，社会文明主要是限制权力；取消利益并不现实，个人文明主要是限制利益。建立与限制权力都是社会文明，聚集与分散利益都是个人文明。社会不能追求极端权力，个人不能追求极端利益；畸形权力造就畸形利益，畸形环境造就畸形个人。社会想通过权力的更迭消灭差别，这本身就是权力的悖论；个人想通过利益的更替消除差别，这本身就是利益的悖论。理论说教很难解决社会问题，道德说教很难解决个人问题；限制权力是社会的必然选择，限制利益是个人的必然选择。社会不消除权力，个人永远不会平等；个人不消除利益，社会永远不会公平。社会强大是权力的悖论，个人强大是利益的悖论；社会悖论受制于世界，个人悖论受制于社会。社会理念是世界悖论的倒逼，个人理念是社会悖论的倒逼。

社会一切美好理念既源自人类的初衷，也源自个人问题的倒逼；个人一切美好理念都源自社会的初衷，也源自社会问题的倒逼。社会理念是保障个人的一切权利，个人理念是保障社会的一切权利。社会本来没有那么多矛盾，是权力制造了矛盾；个人本来没有那么多恩怨，是利益制造了恩怨。社会为缓和矛盾创造了民主，个人为缓和矛盾创造了公平；为了实现民主和公平又创造了法制，为了不能实现这些理想又创造了秩序。社会是个人的适应过程，个人是社会的适应过程；社会不合理需要个人适应，个人不合理需要社会适应。社会建立之初需要权力，但权力坐大必定危害个人；个人生存需要利益，但利益坐大必定危害社会。现在就想消灭权力社会不答应，现在就想消灭利益个人不答应；社会文明的建立与回归需要同样的路程，个人文明的建立与回归需要同样的时间。缩短社会进程是理论的错觉，缩短个人过程是认识的错觉。社会不走向两极对立是个人的幸福，个人不走向两极分化是社会的幸福；社会走向极端是人类文明的破坏，个人走向极端是社会文明的破坏。社会需要完善不能作为试验品，个人需要完善不能作为试制品；人类文明需要社会的平均线，社会文明需要个人的平均线。社会在经历宗教和道德文明以后，必然会过渡到制度文明和个体文明；个人在经历权力和利益文明以后，必然会过渡到自我文明与相互文明。抱残守缺阻挡不了时间的冲击，急躁冒进解决不了固有的问题；权力回归个人需要时间，财富回归社会需要时间。建立文明是历史演化的过程，回归文明是现实演化的过程；社会是现实的不需要想象，个人是现实的不需要做作。

（五）关于个人逻辑。个人逻辑是追溯生命固有的意义，追索社会剥夺的权利；建立以自我为核心的逻辑，淡化以社会为核心的逻辑。个人本来是生存意义却被发展所代替，本来是自我意义却被社会所代替；本来是自由选择却被强制所代替，本来是友好相处却被邪恶所代替。个人面对社会已经失去很多，社会面对个人已经附加很多；社会文明的建立是对个人的剥夺，个人文明的建立是对社会的剥夺。面对权力必须找回民主与自由，面对利益必须找回公平与公正；面对秩序必须找回法律与监督，面对自我必须找回互助与友爱。还原为动物个人是简单的，还原为社会个人是复杂的；面对生存个人是简单的，面对发展个人是复杂的。社会成就了个人又毁灭了个人，提纯了人性又污染了人性。生存需要衣食住行，需要亲情爱情友情；人生观是生命的注解，也是健康与保障的价值。发展需要知识和能力，需要资源与帮助；价值观是群体的注解，也是社会的核心与维系。生命决定生存，生存决定发展；发展决定社会，社会决定公平。对生命的赞美是人类永恒的主题，对正义的赞美是社会永恒的主题；人类是和平动物需要赞美，个人是友好动物需要爱护。生存意义需要真实，这是生命的顽强；发展意义需要善良，这是道义的展现；追求意义需要美好，这是理性的信仰。社会所有的理念都来自人类，人类所有的理念都来自个人；面向人类才能找到真正的社会意义，面向个人才能找到真正的人类意义。名利扭曲了社会，必定遭到人类的报复；欲望扭曲了个人，必定遭到社会的报复。社会因为名利冤冤相报，个人因为欲望冤冤相报；社会不能结束这种循环，个人不能结束这个过程。

个人看起来是自我驱动，其实是社会驱动；社会看起来是自我驱动，其实是名利驱动。个人是利益的再造，社会是权力的再造；个人从动物本能转化为社会本能，社会从名利本能转化为动物本能。社会扩大了个人本能也放大了个人欲望，给予了正面引导也给予了反面参照；个人扩大了社会权力也扩大了社会利益，注入了本能需求也注入了意识需求。如果个人是硬件需要社会软件的插入，如果社会是硬件需要个人软件的插入；社会软件是名利驱动，个人软件是欲望驱动。社会可以压缩为个人，个人可以扩展为社会；社会受制于个人很难产生理想，个人受制于社会很难产生理性。社会被个人所奴役，个人被社会所奴役；社会通过名利奴役个人，个人通过欲望奴役社会。也许社会并不需要权力，是个人欲望催生了权力；

也许个人并不需要利益，是社会欲望催生了利益。有权力就有权力的博弈，有利益就有利益的博弈；有欲望就有欲望的对抗，有手段就有手段的发展。社会在诱导个人投机，个人在诱导社会投机；既是投机的对象又是投机的主体，既是高尚的表现又是卑劣的结果。阳光与黑暗同时存在，肮脏与洁净交替进行；把社会的阴暗洗刷干净，正义不复存在；把个人的肮脏洗刷干净，道义不复存在。社会驱动促使个人膨胀，个人驱动促使社会膨胀；在欲望面前没有逃脱的个人，在名利面前没有逃脱的社会。个人好坏是社会环境的改变，道德推论已经没有标准意义；社会好坏是个人环境的改变，原则推论已经没有参照意义。个人并不可靠需要制度约束，社会并不可靠需要法律约束；权力并不可靠需要体制约束，利益并不可靠需要规则约束。

个人是心理与环境的互动，善良与邪恶都是刺激的结果；社会是个人与世界的互动，良性与恶性都是连锁的反应。个人远离社会也许原始古朴，融入社会也许聪明狡诈；社会远离世界也许淡泊宁静，融入世界也许急功近利。社会基因被世界改变，个人基因被社会改变。社会是个人背景的投放与折射，个人是社会背景的回放与投射；离开社会没有办法理解个人，离开个人也没有办法理解社会。社会因为名利让个人无所适从，个人因为欲望让社会无所适从；社会是个人的挣扎与徘徊，个人是社会的亲近与排斥。社会在个人面前是矛盾的，既想利用又想放弃；个人在社会面前是矛盾的，既想进入又想退出。社会矛盾是既想圆满自己又不能伤害个人，个人矛盾是既想丰富自己又不能伤害社会；社会是正反两方面的聚合，个人是正反两方面的集合。社会强大有可能伤害个人，个人强大有可能伤害社会；社会原则与个人不一致，个人理性与社会不一致。社会需要进步，个人需要提升；社会需要文明，个人需要素质。社会置换个人是文明建立的过程，个人置换社会是文明转折的过程；社会过程还在延长，个人过程还在等待。结束社会驱动，个人逻辑才能展开；结束个人驱动，社会逻辑才能展开。一种文明必定被多种文明所代替，自我理解必定被相互理解所同化。权力的弱化是社会趋势，利益的弱化是个人趋势；个体觉醒是社会的回应，精神觉醒是历史的回应。社会作用早已经开始，个人必须忍受名利的奴役；个人作用才刚刚开始，社会必须忍受时间的煎熬。社会转化需要过程，个人转变需要时间；提前到来不是幸福而是苦难，延迟到来不是希望而是失望。

（六）关于历史逻辑。人类总想通过历史证明现实，其实历史都是倒叙方式；总想通过现实探究未来，其实未来都是倒排模式。我们对自然逻辑的认知是有限，这就是自然悲观；对社会逻辑的认知是有限的，这就是社会悲观；对自我逻辑的认知是有限的，这就是自我悲观。自然悲观带来神灵崇拜，社会悲观带来现实崇拜，自我悲观带来命运崇拜。自然规律并不接受人类的安排，社会规律并不接受群体的安排，个人命运并不接受意识的安排。科学技术并不能颠覆自然，理论文章并不能颠覆社会，知识能力并不能颠覆个人。社会现象不一定是逻辑的安排，有可能是反逻辑的推导；个人行为并不一定是理性的展现，有可能是非理性的表现。社会现象从一个极端走向另一个极端，通过潮汐运动实现相对平衡；个人现象从一种状态进入另一种状态，通过钟摆运动达到相对清醒。社会判断的失误是平面推动，个人判断的失误是静止推演。社会的许多现象都是偶发事件促成的，个人的许多行为都是偶遇环境造成的；社会的循环往复是反作用的结果，个人的起起落落是反向力的刺激。社会是群体的宿命，个人是环境的宿命。社会是适应现实的过程，个人是接受现实的过程；社会不可能为人类的命运担忧，个人不可能为社会的命运担忧。人类在对自然投机，社会在对人类投机；个人在对社会投机，现实在对未来投机。自然能够承受是人类的幸运，世界能够承受是社会的幸运；个人能够承受是群体的幸运，精神能够承受是实现的幸运。农业社会造就了文明，工业社会强化了文明，信息社会颠覆了文明。一切幸福都来自于创造，一切痛苦都来自于破坏，一切平静都来自于适应。

人类的错觉是主宰自然，社会的错觉是主宰世界，个人的错觉是主宰社会。人类需要励志，征服的对象就是自然；社会需要励志，征服的对象就是世界；个人需要励志，征服的对象就是社会。冠冕堂皇的口号就是逻辑悖论的根源，人类的无限索取是对自然造孽，社会的无限索取是对世界造孽，个人的无限索取是对社会造孽。人类利用地球间歇所创造的文明，根本不可能抗拒下一次的变迁，地球有可能回归动物世界。社会利用世界空间所创造的文明，根本不可能抗拒下一次的整合，社会有可能回归小国寡民。个人利用社会资源所创造的辉煌，根本不可能抗拒下一次的冲击，个人有可能回归自然状态。社会需要虚无历史而歌颂现实，个人需要贬低别人而抬高自己；社会是悖论思考下的逻辑安排，个人是逻辑思考下的悖论安排。历史断层是现实的悖论，思维断层是行为的悖论；人类不是无耻而是无知，个人不是无知而是无耻。如果历史有合理的逻辑，现实不可能有那么多矛盾；如果现实有合理的逻辑，未来不可能有那么多矛盾。人类的野心跟随技术在膨胀，社会的野心跟随武力在膨胀，个人的野心跟随名利在膨胀。人类需要无数个地球才能满足，社会需要无数个世界才能统治，个人需要无数个社会实才能施展。人类悖论是自然关系的颠倒，社会悖论是世界关系的颠倒，个人悖论是社会关系的颠倒。人类在自然面前失去耐心，但自然并没有为人类预留更多的时间；社会在世界面前失去耐心，但世界并没有为社会预留空间；个人在社会面前失去耐心，但社会并没有为个人预留舞台。一切都是匆匆过客，一切都是自娱自乐，一切都是周而复始。

人类的聪明是自娱自乐，社会的聪明是自高老大，个人的聪明是自以为是。人类总想扮演自然的救星，社会总想扮演世界的救星，个人总想扮演社会的救星。自然灾难不足以让人类清醒，世界灾难不足以让社会清醒，社会灾难不足以让个人清醒。人类进化是对自然的投机，社会进化是对世界的投机，个人进化是对社会的投机。人类的投机心理被社会强化，社会的投机心理被个人强化，个人的投机心理被欲望强化。人类投机是社会的逆淘汰，社会投机是群体的逆淘汰，个人投机是相互的逆淘汰。人类借助技术对自然逆淘汰，社会借助权力对个人逆淘汰，个人借助利益对社会逆淘汰。自然矛盾的积累是技术能力的提高，社会矛盾的积累是供求关系的改变，个人矛盾的积累是占有欲望的膨胀。权力为社会打了死结，利益为权力打了死结，欲望为个人打了死结；谁也没有能力打开死结，充其量只是松动一下或者重新集结。社会空间被名利压缩，规则很难产生；个人空间被欲望占领，道德很难挂靠。社会的逆向空间需要个人进入，这就是投机钻营；个人的逆向空间需要社会进入，这就是投机取巧。社会的正面形象被反向逻辑攻破，个人的正面表现被反向逻辑所否定；社会悲哀是建立名利的堤坝阻挡欲望的冲击，个人悲哀是建立欲望的高墙阻挡名利的冲击。社会在名利面前毫无还手之力，个人在欲望面前毫无还手之力；要么被动俘虏，要么主动缴械。社会没有十全十美，不可能跨越人类文明；个人没有十全十美，不可能跨越社会文明。突出社会并不能改变人类的逻辑，突出个人并不能改变社会的逻辑。人类文明应该重新梳理与自然的关系，社会文明应该重新梳理与个人的关系。

（七）关于精神逻辑。人类必须生活在两个世界当中，一个是物质世界，另一个是精神世界。物质世界在不断丰富，精神世界也在不断丰富；物质世界在不断完善，精神世界也在不断完善。物质世界有推导逻辑，精神世界有连接逻辑；物质世界有层级和终点，精神世界有终点和层级。物质世界是平面展开，精神世界是立体展开，只有人类的抽象思维达到一定高度才能产生信仰的力量。精神世界或者以神为核心集结与展现，或者以人为核心集结与展现；以神为核心塑造天堂与地狱两个虚拟的世界，以人为核心塑造善良与邪恶两个现实的选择。人类既然生活在两个世界当中，既需要现实的引导与约束，也需要精神的引导与约束。精神引导是追求真善美，精神约束是警惕假丑恶；现实世界需要品格，精神世界需要人格；品格是道德的力量，人格是精神的力量。现实世界需要制度与法律，精神世界需要道德与信仰；社会必须有边线，个人必须有底线。现实世界是物质力量的抗衡，精神世界是思辨力量的抗衡，两个世界既需要对称也需要平衡。现实的刚性需要精神的柔性，社会的越强大越需要人文的配比。物质世界是权力和利益的延伸，精神世界是善良与邪恶的分辨。现实逻辑一旦建立具有顽强性，精神逻辑一旦建立具有顽固性；改变物质世界需要精神付出，改变精神世界需要物质付出。物质世界的改变是空间代价，精神世界的改变是时间代价。物质世界的随意剪贴是秩序混乱，精神世界的随意剪贴是思维混乱。物质缺陷需要精神的弥补，精神缺陷需要物质的弥补；物质强大需要精神的匹配，精神强大需要物质的匹配。文化是过渡的桥梁，精神是平衡的杠杆。

社会核心是建立秩序，个人核心是建立道德；社会是宽和严选择，个人是羞和怕的选择。现实判别是对与错，虚拟判别是善与恶；行为需要美好的参照，思维需要邪恶的警示。社会有巨大的能量，全部释放会让人类终结；个人有巨大的能量，全部释放会让社会终结。社会需要塑造也需要批判，个人需要培养也需要批评。社会面向个体就是人文，个人面向社会就是精神。意识的沉淀产生文化，文化的沉淀产生思想；思想的沉淀产生信仰，信仰的沉淀产生力量。社会产生物质信仰，个人产生精神信仰；神灵的演义需要人类的过渡与接应，人类的演义需要神灵的过渡与接应。神灵与神话是否存在并不重要，人类对美好的追求与邪恶的敌视不可能阻挡。人类把最美好的愿望集中于某一个偶像进行崇拜，把最邪恶的行为集中于某一个载体进行鞭打。现实世界不可能随意进行排列与组合，精神世界可以重新编排与组装；物质的绝望让精神看到了希望，现实的非礼让精神找到了合理。物质的不足可以用精神弥补，现实的错误可以用精神纠正。现实依托需要精神的构筑，精神依托需要现实的构筑；社会既需要物质的连接，也需要精神的连接；个人既需要物质的维护，也需要精神的维护。社会不能堕落为群体动物，个人不能堕落为生理动物；因为名利的强势，社会需要持续的人文启蒙；因为现实的强迫，个人需要持续的道德启蒙。物质强大会产生精神错乱，道德失衡会产生行为混乱。社会需要精神的弥补与缓冲，个人需要物质的保障与安全。现实逻辑必须延伸到精神领域，精神逻辑必须延伸到现实领域；对接过程让两个世界不断融合，覆盖过程让两个世界不断整合。

历史惯性让社会选择非常有限，现实惯性让个人选择非常有限。社会可以有不同的理解，但很难有不同的选择；个人可以有不同的理解，也很难有不同的抉择。社会承接是物质前提下的规则完善，个人承接是生存前提下的道德完善；社会是规则与道德的对接，个人是道德与规则的对接。社会理解以规则为核心，个人理解以道德为核心；社会精神是规则的认知与使用，个人精神是道德的认知与使用。社会是规则文化，个人是道德文化；社会是规则信仰，个人是道德信仰。社会信仰是对个人的理解，个人信仰是对社会的理解。没有个人价值，社会存在没有任何意义；没有社会价值，个人存在没有任何意义。没有精神判别，现实存在没有任何意义；
没有现实判别，精神存在没有任何意义。文化是从自我到社会再到自然的
逐级推导，信仰是从自然到社会再到个人逐级灌输；不管使用什么形式，
人类的美好的愿望不会改变；不管使用什么载体，社会美好的愿望不会改
变。社会在寻找个人的支撑点，个人在寻找社会的支撑点；社会在寻找道
德动因，个人在寻找规则动因。社会具有权力和利益必须附加精神，个人
具有地位和财富必须附加道德；社会是精神的重新整合，个人是道德的重
新组合。精神溶解让社会具有合理性，道德溶解让个人具有合理性；精神
不应该为权力服务，道德不应该为利益服务。精神属于人类，道德属于个
人；文化属于群体，信仰属于社会。精神可以有不同的理解，因为人类并
没有统一；文化可以有不同的理解，因为群体并没有统一。理解的权利是
平等的，使用的权利是平等的；没有超越一切的文化，也没有超越一切的
理解。

（2016年4月）

二、社会的管理与博弈

社会历来重视管理，但几乎所有的问题都是管理产生的；社会越重视管理个人问题越多，个人越重视管理社会问题越多。社会管理的模式似乎理论上很多，但现实中并没有多大改变；社会可以多种方式产生，但只有几种方式消亡。都认为自己是正确的，最终却是错误的；都认为自己是永恒的，最终却是短暂的。人类是自然的博弈，社会是世界的博弈；个人是群体的博弈，欲望是本能的博弈。

（一）主体的博弈。社会是由人类组成的，整体是由个体组成的；没有人类就没有社会，没有社会就没有历史。社会看起来是独立的存在，其实是人类的存在；人类看起来是社会的存在，其实是个体的存在。社会无论大小强弱充其量是一种客体存在，一切现象都是由主体产生或派生的；社会只有颠倒主体和客体关系，才能在虚拟的架构上附加各种功能。社会强大是因为人口众多和地域辽阔，也是因为权力强势和利益强盛；如果把人口和地域无限分解，社会不可能独立存在。在个体情况下所有的社会现象都会消失，在群体情况下所有的社会现象都会产生；社会的主要功能是权力和利益，个人的主要功能是生存与发展。社会需要权力和利益，个人需要独立和思考；社会模式改变个人，个人模式改变社会。社会并不神圣，不过是权力和利益的反复链接；个人并不神圣，不过是群体和社会反复的链接。个人出让权利，社会才拥有权力；个人出让需求，社会才拥有利益。社会是人类的片段，有产生的前提就有消亡的过程；社会是主体的附加，有共同的需求就有共同的放弃。社会架构一旦形成必然产生各种属性，个人作用会在社会环境下重新定位；社会功能是对个人的置换，个人功能是对社会的置换。社会不过是群体功能，最终被名利所取代；个人不过是载体功能，最终被欲望所取代。社会通过归属循环产生权力，通过需求循环产生利益；个人通过权力循环产生地位，通过利益循环产生财富。社会必须借助个人力量进行大幅度的循环，个人必须借助社会力量进行小幅度的循环；社会荣耀是个人置换带来的，个人问题是社会置换产生的。

个人作用弱化，社会作用必定强化；个人没有地位，社会必定有地位。历史忽视了主体，现实掩盖了主体；知道的都是帝王将相才子佳人，看到的都是争名夺利悲欢离合。社会已经被名利所绑架，讨论对错并没有多少意义；个人已经被社会所绑架，讨论善恶并没有多少意义。社会善恶是个人附加，个人善恶是社会附加；单纯的社会存在没有善恶，单纯的个人存在没有善恶。社会善恶是权力的左右，个人善恶是利益的左右；社会不能阻止权力的侵害，个人不能阻止利益的侵蚀。社会的连锁反应是调动本能，个人的连锁反应是调动本性；社会需要本能的推动，个人需要欲望的驱动。社会通过名利在召唤个人，个人通过欲望在召唤社会；社会是名利的连锁反应，个人是欲望的连锁反应。个人有反省能力让社会痛苦，社会有反省能力让个人痛苦；个人痛苦是社会博弈，社会痛苦是个人博弈。自然博弈之后是社会博弈，社会博弈之后是个人博弈；权力博弈之后是利益博弈，利益博弈之后是欲望博弈。社会首先唤醒名利意识，然后才能唤醒个人意识；个人首先唤醒社会意识，然后才能唤醒自我意识。社会所有的欲望都是个人附加，个人所有的欲望都是社会附加；阻断社会支配才能还原个人本质，阻断个人支配才能还原社会本质。社会理念必须面向个人产生，这就是自由民主的根源；个人理念必须面向社会产生，这就是公平公正的本源。社会理念并不是对个人的恩赐，而是个人权利的回收；个人理念并不是对社会的恩赐，而是社会权利的回收。社会价值是保障个人权利的实施，个人价值是保障社会权利的实施；社会品格是自由平等公正法治，个人品格是自重自省自警自立。脱离社会的欲望和支配，个人才有人格；脱离个人的欲望和支配，社会才有品格。社会必须为个人承担责任，这就是尊重主体和权利；个人必须为社会承担责任，这就是尊重历史和现实。社会不能把个人变成名利的工具，个人不能把社会变成欲望的工具；社会需要重新确定主体，个人需要重新确定原则。

社会一直在争论个人善恶，其实是社会附加；个人一直在争论社会善恶，其实是个人附加。没有社会诱导，个人无法显示善恶；没有群体环境，个人无法实施善恶。没有个人操纵，社会无法显示善恶；没有个人欲望，社会无法实施善恶。社会定性是为了实施统治，个人定性是为了实施阴谋；理论沉默是为了掩盖事实的真相，现实沉默是为了难以辩解的道理。社会定性善恶有更深层次的现实考量，个人定性善恶有更深远意义的选项；社会区分才能产生高低贵贱，个人区分才能产生强弱大小。社会需要权力维持秩序，个人邪恶是建立权力的前提；个人需要利益维持生存，社会邪恶是索取利益的前提。社会必须有权力的分割，这就是层级关系的建立；个人必须有利益的分割，这就是类别关系的建立。社会不可能与所有的人分享权力，个人不可能与所有的人分享利益；在权力面前个人不可能有尊严，在利益面前社会不可能有尊严。权力让社会失衡，这就是公正的反向逻辑；利益让个人失衡，这就是公平的反向逻辑。社会把个人定性为邪恶，是为了攫取更多的权力；个人把社会定性为邪恶，是为了攫取更多的利益。社会隐藏着巨大的理论阴谋，个人隐藏着巨大的现实阴谋；社会不争论是怕揭穿权力的底牌，个人不争论是怕揭穿利益的底牌。社会定性为善良，个人无机可乘；个人定性为善良，社会无机可乘。个人善良必须摆脱社会羁绊，社会善良必须摆脱个人羁绊；个人最终目的是还原人类的优秀品质，社会最终目的是还原个人的优秀品质。社会恩怨是个人索取造成的，个人恩怨是社会索取造成的；没有名利不可能有社会恩怨，没有欲望不可能有个人恩怨。社会必须是善良的，不然永远结束不了个人争斗；个人必须是善良的，不然永远结束不了社会争斗。把社会引向邪恶是个人灾难，把个人引向邪恶是社会灾难；社会应该结束邪恶的循环，个人应该结束邪恶的认知。社会没有必要为权力牺牲个人，个人没有必要为利益牺牲社会；社会淡化权力是文明的昭示，个人淡化利益是文明的开启。

（二）制度的博弈。社会是制度的产物，个人是制度的产品；有什么样的制度就有什么样的社会，有什么样的社会就有什么样的个人。社会是对人类的理解，制度是对个人的理解；善良的理解是善良的制度，邪恶的理解是邪恶的制度。简单的理解是简单的关系，复杂的理解是复杂的关系；社会需要反向理解，个人需要复杂理解。社会一开始都是善良和简单的，最终却走向邪恶；个人一开始都是善良和简单的，最终却走向复杂。社会走向受制于权力，个人走向受制于利益；社会随着权力的增多由简单到复杂，个人随着利益的增多由善良到邪恶。社会不会为多数人服务，只能为少数人服务；制度不会针对正面设计，只能针对反面设计。社会架构越来越沉重，这就是经济成本；制度架构越来越烦琐，这就是管理成本。社会本来是廉价的，最终变成人类的奢侈品；制度本来是廉价的，最终变成个人的奢侈品。社会出现问题让制度矫枉过正，个人出现问题让社会矫枉过正；制度修补产生架构的沉重，个人修补产生道德的负担。社会目的是如何把个人管住，制度和法律就会产生；个人目的是如何把社会管住，体制和机制就会完善。社会目的是防范个人，结果增加了权力的负担；个人目的是防范社会，结果增加了利益的负担。社会出现偏差，个人会查缺补漏；个人出现偏差，社会会查缺补漏。社会措施是强化权力，然后建立制度与法律；个人措施是强化精神，然后建立道德与规则。权力的两面性让社会转向，利益的两面性让个人转向；制度不合理让社会背叛，需求不合理让个人背叛。制度的合理性在个人面前递减，道德的合理性在社会面前递减；社会进入个人是制度的衰退，个人进入社会是道德的衰减。制度衰减只能管住好人不能管住坏人，道德衰减只能舆论引导不能约束行为；制度越多越混乱，道德越多越沦丧。社会是制度的博弈，个人是道德的博弈；社会陷入制度怪圈，个人陷入道德怪圈。社会被制度所拖累，个人被道德所拖累；制度一旦混乱道德不可能发挥作用；道德一旦混乱制度不可能发挥作用。

制度不可能孤立存在，必定是社会长期的建立与灌输；道德不可能孤立存在，必定是个人长期的理解与培养。制度是社会接轨的密钥，道德是个人接轨的密钥；社会行为是制度对话，个人行为是道德对话。社会是制度的自律与他律，个人是道德的自律与他律；社会是制度的自成与他成，个人是道德的自成与他成。制度的重心在于底层和漏洞，使社会管理越来越烦琐；道德的重心在于上层和精神，让个人行为越来越叛逆。制度本来可以调节个人关系，最终变成名利的工具；道德本来可以调节社会关系，最终变成功利的工具。制度在管束行为的同时，主要是释放个人的活力；道德在修正意识的同时，主要是塑造社会风气。个人没有创造力，社会必定是死水一潭；社会没有创造力，个人必定是沉闷压抑。社会文明是个人的竞争，个人文明是社会的竞争；社会历史越长久个人活力越弱，个人固化越长久社会活力越差。制度的理想状态是既管得住又放得开，个人的理想状态是既有自由又有纪律；社会不能用制度窒息个人，个人不能用道德窒息社会。社会经常是一管就死，一放就乱；个人经常是一放就乱，一收就死。社会求稳怕乱想尽一切办法管死，个人贪生怕死想尽一切办法服从；社会利用个人的弱点专权专利，个人利用社会的弱点投机钻营。没有竞争对手管死比管活好，具有竞争对手管活比管死好；人类文明已经进入时间的竞争，社会文明已经进入空间的竞争。社会文明必须寻找空间与时间的坐标，时间决定空间；个人文明必须寻找自我与相互的坐标，相互决定自我。社会文明经历了自下而上的搭建，还必须经历自上而下的延伸；个人文明经历了自上而下的延伸，还必须经过自下而上的演变。社会演变需要个人活力，个人演变需要社会活力；社会活力是体制的作用，个人活力是机制的作用。体制解决群体问题，侧重点在于权力；机制解决个人问题，侧重点在于利益。体制是社会框架，必须有效压缩权力的滋生空间；机制是个人框架，必须有效压缩利益的滋生空间。

制度是面向权力建立的，有集中就有分解；道德是面向个人建立的，有浓缩就有释放。面向多数人的制度才能坚持下来，面向多数人的道德才能传播开来；制度的狭隘性是为权力服务，道德的狭隘性是为利益服务。制度不在多少，关键是理解和执行；道德不在大小，关键是认知和坚持。制度一旦撕破裂口，相当于打开社会大门；道德一旦出现裂痕，相当于敞开个人后门。制度最怕破坏，道德最怕毁伤；社会必须保护制度，个人必须爱护道德。制度的完整性是社会使命，道德的完整性是个人使命；制度的威严让个人有所收敛，道德的威严让社会有所收敛。社会习惯于权力但不习惯制度，个人习惯于名利但不习惯道德；社会需要公权而不是私权，个人需要公德而不是私德。制度决定社会，道德决定国民；破坏制度的往往是建立者，破坏道德的往往是倡导者。制度不是宽与严的问题，而是守与变的问题；共同的建立才能有共同的遵守，共同的认可才能有共同的变革。好制度可以转化坏人，坏制度可以诱导好人；社会需要好制度，个人需要好习惯。有解决问题的能力不如不产生问题，有惩戒错误的能力不如不惩戒；社会最终依赖制度，个人最终依赖环境。没有制度保障社会很难久存，没有环境造就个人很难久立；人类已经从道德文明走向制度文明，社会已经从制度文明走向体制文明。道德考验个人，制度考验社会；文化考验历史，文明考验未来。限制权力是社会文明的需要，限制利益是个人文明的需要；社会文明需要长期性，个人文明需要稳定性。制度是历史与现实的双向坐标，道德是个人与社会的双向评价；很难有超越时间的制度，很难有超越空间的道德。制度文明是社会之间的相互借鉴，道德文明是个人之间的相互借鉴；文明是共同的理解，道德是共同的执行。制度是社会的边线，道德是个人的底线；制度延伸到道德才能建立社会框架，道德上升到制度才能建立个人框架。放弃道德让制度虚脱，放弃制度让道德虚脱；放纵权力让社会虚脱，放纵利益让个人虚脱。

（三）权力的博弈。社会的主要载体是权力，权力的主要载体是利益；社会建立之初人们欢迎权力，社会强大以后人们排斥权力。社会并不神秘，是群体扩大的结果；权力并不神秘，是管理强化的结果。依附于主体的存在，最终演变为客体的力量；依托于服务的存在，最终蜕变为支配的力量。支配个人和群体是政治权力，支配资源和财富是经济权力；支配思想和意识是文化权力，支配战争与和平是军事权力。社会被权力重新分割，个人被权力重新组合；强化权力是支配的对象，弱化权力是被支配的对象。社会集中是权力的博弈，社会解放是个人的博弈；权力是社会的载体也是枷锁，利益是个人的自由也是牢狱。社会最大危害的是灾难和战争，个人最大危害的是暴力与贫穷；一部社会史就是争权夺利的艰难历程，一部奋斗史就是翻身脱贫的苦难过程。权力喜欢集中，这是群体争夺的主要原因；利益喜欢集中，这是个人争夺的主要原因。社会本来没有权力，是管理逻辑逐步推导的结果；个人本来没有利益，是需求逻辑逐步推导的结果。社会悲喜剧是权力导演的，个人悲喜剧是利益导演的；权力往往是悲剧的温床，利益往往是悲情的酵母。社会的喜剧不多而悲剧很多，大都是争权夺利带来的；个人的喜剧很多而悲剧也很多，大都是争名夺利带来的。权力本身就具有两面性，是社会之幸也是社会之害；利益本身就具有双重性，是个人之福也是个人之灾。社会不能没有权力，管理还没有替代的工具；个人不能没有利益，奋斗还没有替代的动力。权力的两面性让社会反复无常，利益的两面性让个人反复无常；社会发明了权力又受制于权力，个人发明了利益又受制于利益。既然社会没有替代的工具，只能让权力趋利避害；既然个人没有替代的工具，只能让利益扬长避短。限制权力有利于社会，限制利益有利于个人；放纵权力危害社会，放纵利益危害个人。社会最大的问题是没有认识到权力的危害，个人最大的问题是没有认识到利益的危害；权力至上最终会危害社会，利益至上最终会危害个人。

社会总想建立公平公正的权力，一旦与专权专利结合就很难实现；个人总想建立公平公正的利益，一旦与私权私利结合就很难实现。社会应该记取权力的残酷与利益的无耻，个人应该记取动物的丑陋与欲望的无止；社会扭曲是权力和利益的极端性，个人扭曲是本能和欲望的极度性。如果是权力的工具不可能有良心，如果是利益的工具不可能有道德；如果是动物的本能不可能有人格，如果是欲望的贪婪不可能有品行。为社会尽责需要人格，为个人尽责需要品格；结束利益的博弈让权力得到解脱，结束欲望的博弈让本能得到解脱。社会需要反思，个人需要反省；社会需要放手，个人需要收手。社会不需要名利的博弈，个人不需要欲望的博弈；社会解放是淡化到放弃名利，个人解放是淡化到放弃欲望。社会解放是从权力到利益的过程，必须破除名利的双重枷锁；个人解放是从社会到自我的过程，必须破除欲望和本能的双重障碍。社会只要集中权力必然集中利益，个人只要强化欲望必定强化本能；社会有巨大引力会改变个人结构，个人有巨大引力会社会结构。社会不是强者的高度而是弱者的地位，个人不是富贵的显摆而是平民的权利；社会不是豪强的张扬而是穷人的保障，个人不是傲视一切而是普世价值。社会是权力的抗争，个人是利益的抗争；权力伴随阴谋，利益伴随狡诈。社会阴暗主要是权力造孽，个人阴暗主要是利益造孽；聚集权力可能聚合阴谋，聚集利益可能聚合手段。权力让社会生死无常，利益让个人兴衰成败；社会悲剧有可能是权力的轮替，个人悲剧有可能是利益的得失。权力最怕民主，利益最怕公开；限制权力就是防止走向极端化与利益化，限制利益就是防止走向权力化与垄断化。

绝对的权力走向专制，绝对的利益走向腐败；专制需要分制，垄断需要分享。社会需要权力的妥协，个人需要利益的妥协；限制比劝导更重要，防范比惩治更现实。权力必须解决监督与责任问题，让它回归管理与服务；利益必须解决规则与道德问题，让它回归公平与阳光。

　　社会还没有进化到取消权力的阶段，即便一个社会取消世界权力仍然存在；个人还没有进化到取消利益的阶段，即便一个人放弃社会利益仍然存在。社会生命力在于权力的平衡，个人生命力在于利益的平衡；权力平衡是真正的分级分类，利益平衡是切实的保障分享。社会围绕权力而建立，文明就是权力的分解与分享；个人围绕利益而建立，文明就是利益的分配与分享。既然权力是社会的全覆盖，各级各层都应该分享权力；既然利益是个人的全覆盖，各色各类都应该分享利益。分享权力是社会文明，分享利益是个人文明；社会是权力基因的组合与消解，个人是利益基因的组合与消解。社会应该摆脱权力的排序，个人应该摆脱利益的排序；社会拥有巨大权力不会爱护个人，个人拥有巨大利益不会爱护社会。社会很难抵挡权力的冲动，个人很难抵挡利益的诱惑；权力会丧失社会的理性，利益会丧失个人的理性。没有的时候都会反对，拥有的时候都会热恋；贫穷的时候都会清高，富贵的时候都会堕落。依靠社会自觉是对个人的伤害，依靠个人自觉是对社会的伤害；战争是对平民的伤害，腐败是对社会的伤害。社会主要防范权力的威胁，权力主要防范吏治的腐败；个人主要防范利益的威胁，利益主要防范非法的腐败。防范权力需要刚性体制，防范利益需要刚性制度；约束权力才能约束社会，约束利益才能约束个人。约束社会不能挑战个人底线，约束个人不能挑战社会底线；社会底线是体制与法律，个人底线是道德与规则。权力回归于群体再到个体，利益回归于群体再到社会；权力回归是管理与服务，利益回归是创造与奉献。管理是人才问题，服务是能力问题；管理不需要官僚，服务不需要强势。管理是一种职业，需要职业能力和职业操守；服务是一种职责，需要职责反省和职责评价。官僚充斥的社会必定是权力横行，利益充斥的社会必定是物欲横流；失去约束的个人会为所欲为；失去道德的个人会人格缺陷。因为有权力的负面效应，社会并不可靠；因为有利益的负面效应，个人并不可信。

（四）利益的博弈。社会并没有原罪，大部分问题是权力造成的；个人并没有原罪，大部分问题是利益造成的。有权力就有群体的争夺，有利益就有个人的争夺；争夺权力是为了利益，争夺利益是为了占有。社会需要利益的发动，个人需要利益的驱动；利益是社会的发动机，也是个人的推进器。社会因为利益而强大，个人因为利益而强势；社会要发展得更快必须依靠利益，个人要生活得更好必须依赖利益。虽然对利益褒贬不一，但谁也离不开利益；虽然有义利之争，但最终都取决于利益。世界是利益主导，社会就得服从世界；社会是利益主导，个人就得服从社会。纷乱复杂的社会现象，无不都是利益的呈现；反复无常的个人现象，无不都是利益的再现。因为利益而亲，又因为利益而仇；因为利益而远，又因为利益而近。没有永恒的感情，只有永恒的利益；没有永恒的原则，只有永恒的取舍。在利益面前，任何坚固的原则都会被摧毁；在得失面前，任何坚定的诺言都会被改变。凡是被利益黏合的，都会被利益分割；凡是被利益驱散的，都会被利益组合。社会不敢放弃利益，失去动力会停滞不前；个人不敢放弃利益，失去动力会无所适从。利益不能简单地用好坏善恶来区分，就是一种客观存在；利用好了就是好的，使用不好就是坏的。国家没有利益不能巩固，个人没有利益不能生存；国家有钱可以走向世界，个人有钱可以走向社会。对权力可以评头论足，对利益不能说三道四；穷人需要利益改善生活，富人需要利益提高地位。国家之间除了原则更主要的是利益体现，个人之间除了感情更主要的是利益表现；国家趋向与个人诉求不一样，个人趋向与社会原则不一致。国家关系不能人格化，个人关系不能社会化；强大才有话语权，公平才有说服力。社会混乱是经济出了问题，个人混乱是分配出了问题；社会不想内乱就得照顾利益平衡，个人不想内讧就得照顾社会平衡。社会最担心的是经济弱化与分配不公，个人最担心的是生活贫穷与社会不公；社会必须尊重创造与坚持原则，个人必须努力拼搏与坚守人格。

利益是无原则的，可以无限发展；利益是有原则的，可以合理取舍。社会必须快速发展，不然不能解决所有的问题；个人不能快速致富，不然会遗留很多社会问题。国家集中财富具有社会意义，个人集中财富只是占有意义；社会不能被利益肢解，个人不能被欲望支配。社会倾轧对少数人是权力失衡，对多数人是利益失衡；个人倾轧对少数人是心理失衡，对多数人是生活失衡。社会需要利益，但不能片面追求利益；个人需要利益，但不能片面追逐利益。社会利益需要长期性，个人利益需要稳定性；长期性需要基础健康，稳定性需要人格健全。社会不能用权力获取利益，个人不能用手段获取利益；社会不能用暴力掠夺利益，个人不能用阴谋攫取利益。社会问题是权力倾斜造成的，权力公平才能保持社会稳定；个人问题是利益倾斜造成的，利益公平才能保持个人稳定。社会不倾斜不可能拥有权力，这就是纵向压差；个人不倾斜不可能拥有利益，这就是横向压差。社会压差必须有原则的隔离，个人压差必须有精神的隔离；纵向压差过大导致社会脆弱，横向压差过大导致个人脆弱。权力不可能否定，这是社会现实；利益不可能否定，这是个人现实。权力不能过度倾斜，社会需要文明；利益不能过度倾斜，个人需要文明。否定权力就是否定社会，中断利益就是中断文明；人类还没有进化到依靠精神生存的阶段，社会没有进化到绝对平均的个人阶段。利益永远是存在的，差别永远是存在的；利益的主要问题是垄断，社会的主要问题是差别。利益本身就是压差式的存在，过度平均就是过度贫穷；权力本身就是压差式的存在，过度分散就是过度混乱。多数人需要生存，少数人需要欲望；多数人需要保障，少数人需要抑制。权力需要考虑群体平衡，利益需要考虑个人平衡；社会需要稳定，个人需要安定。只要社会稳定，发展快一点慢一点都可以调整；只要个人安定，获得多一点少一点都可以承受。社会动乱让个人不得安宁，个人捣乱让社会不得安宁；社会不能折腾个人，个人不能折腾社会。

权力是一把双刃剑，既有利于社会也损害于社会；利益是一把双刃剑，既有利于个人也损害于个人。社会微笑与痛苦都有权力的原因，个人欢乐与苦恼都有利益的背景；淡化权力让社会安定，淡化利益让个人安静。发展经济没有错，关键是为了谁；限制利益没有错，关键是限制谁。社会是权力结构的支撑和利益结构的填充，个人是需求结构的支撑和心理结构填充；权力失衡社会没有纠偏能力，利益失衡个人没有纠偏能力。社会需要公平，个人需要公正；社会需要威信，个人需要公信。少数人的富足必定是多数人的贫穷，少数人的欢乐必定是多数人的痛苦；利益失衡比权力失衡更可怕，心理失衡比社会失衡更可悲。绝对平均是绝对贫困，绝对集中是绝对压迫；权力必须防止绝对集中与绝对民主，利益必须防止绝对富有与绝对贫穷。社会运动是在两个极端寻找相对平衡，个人运行是在两个极端寻找相对均衡；社会一旦平衡就会稳定下来，个人一旦平衡就会安定下来。社会聚集与释放都是缓慢的过程，个人习惯与选择都是缓慢的过程；急速改变社会必定是历史的反弹，急速改变个人必定是社会的反弹。社会不是虚拟的，就是权力与利益的博弈；个人不是虚拟的，就是欲望和本能的博弈。权力与利益必须有物理隔离，这就是体制和法律的存在空间；欲望与本能必须有精神隔离，这就是道德与信仰的存在空间。社会与个人需要实体隔离，个人与社会需要精神隔离；名利不能和欲望对接，本能不能与原则对接。社会与个人结合是历史关系，个人与社会结合是未来关系；以社会为模板是从属关系，以个人为模板是构建关系。历史只能告诉过程不能告诉答案，未来只能预示方向不能揭示过程；思维是虚拟的逻辑，现实是推导的逻辑。混乱的时候可以不顾一切稳定下来，稳定以后就得考虑权力平衡问题；贫穷的时候可以不顾一切发展经济，富裕以后就得考虑利益平衡问题。社会是发展与稳定的选项，个人是保障与满足的选项；社会选项是既整体富有又个体公平，个人选项是既物质满足也精神快乐。

（五）道德的博弈。个人存在必须有自我框架，社会存在必须有相互框架；自我框架以道德为核心，相互框架以规则为核心。个人以道德为底线，以规则为边线；社会以规则为底线，以道德为边线。道德上升为社会就是规则，规则沉降到个人就是道德；道德是规则的浓缩，规则是道德的浓缩。个人误区是孤立道德，以道德的制高点评判社会；社会误区是孤立规则，以规则的制高点评判个人。个人不是孤立的存在，必须与社会发生外在关系；社会不是孤立的存在，必须与个人发生内在关系。外在关系是权力与利益的链接，内在关系是道德与规则的运行；外在关系需要规则延伸，内在关系需要道德延伸。社会是物质积累，需要规则界定；个人是道德积累，需要精神派生。没有孤立的道德，它是规则的内化；没有孤立的规则，它是道德的外化。人们经常会指责社会沦陷，其实是个人的道德混乱；人们经常会指责个人沦陷，其实是社会的规则混乱。社会混乱往往从规则开始，个人混乱往往从道德开始；规则混乱权力是始作俑者，道德混乱利益是始作俑者。如果个人陷入道德混乱，再严密的社会规则都会千疮百孔；如果社会陷入规则混乱，再坚强的个人道德都是自作多情。个人是道德与规则的双重塑造，社会是规则与道德的双重打造；个人塑造是长期的社会过程，社会塑造是长期的个人过程。法制必须以德治为基础，德治必须以法制为前提；损害道德的最终恶果必须由规则承担，损害规则的最终恶果必须由道德承担。个人必须以道德为集结，社会必须以规则为集结；个人集结是道德实体，社会集结是规则实体。个人是道德屏蔽与规则坚守，社会是规则屏蔽与道德坚守；放弃道德而强调规则让个人混乱，放弃规则而强调道德让社会混乱。社会错误是强调规则而放弃道德，个人错误是强调道德而放弃规则；没有道德承接规则毫无作用，没有规则承接道德毫无作用。社会往往陷入规则的怪圈，制定了很多无用的制度；个人往往陷入道德的怪圈，聆听了很多无益的训导。

规则有人类和社会的通用性，道德有个人和社会的通用性；规则不是社会臆造，道德不是个人臆造。社会没有超越人类的文明，人类没有超越个人的文明；规则是社会的防火墙，道德是个人的紧箍咒。道德和规则是一个问题的两个方面，也是一个实体的两种表述；道德离开规则是个人的影子，规则离开道德是社会的影子。个人必须有道德与规则的双重约束，社会必须有规则与道德的双重约束；个人跨越道德门槛会遇到规则的纠正，社会跨越规则门槛会遇到道德的纠正。个人的低级错误是突破道德，高级错误是突破规则；社会的低级错误是突破规则，高级错误是突破道德。个人属性主要是道德体现，社会属性主要是规则体现；违背道德是低级动物，违背规则是低级社会。个人不能同时跨越两道门槛，这就是羞和怕；社会不能同时跨越两道门槛，这就是散与乱。道德需要精神的理解与浓缩，这就是人文的滋养与土壤；规则需要理论的阐释与诠释，这就是经典的著述与宣讲。个人不管用人还是神的形式，必须找到道德的立足点；社会不管用古还是今的内容，必须找到规则的立足点。社会必须有历史与现实的双重坐标，个人必须有物质与精神的双重坐标；社会必须敬畏历史而尊重现实，个人必须敬畏文明而尊重他人。启发是一种文明，借用也是一种文明；继承是一种形式，创新也是一种形式。道德有局限性也有通用性，差别正在缩小；规则有狭隘性也有普适性，边界正在缩短。人类文明的趋向性是一致的，社会文明的趋向性是相同的；道德是个人的身份证，规则是社会的通行证。道德发源于个人而积累于社会，规则发源于社会而积累于个人；社会是个人的双向文明，个人是社会的双向文明。物质是精神的双向文明，精神是物质的双向文明；社会文明需要个人回路，物质文明需要精神回路。个人需要道德自律和规则他律，社会需要规则自律和道德他律；没有不需要自省的个人，没有不需要反省的社会。自律是个人形象，他律是社会形象；个人需要道德奠定人格，社会需要规则奠定国格。

　　道德放大个人，规则才能起到社会作用；规则覆盖社会，道德才能起到个人作用。个人没有道德是丑陋的行为，社会没有规则是丑陋的作为；个人丑陋是道德与规则的双重缺失，社会丑陋是规则与道德的双重破坏。个人丑陋既有动物症状，也有社会症状；社会丑陋既有自我表现，也有相互表现。个人很难成为完人，正面与反面交替进行；社会很难成就完美，阳光与黑暗同时生成。个人缺陷会自我积累，也会释放到社会当中；社会缺陷会自我沉淀，也会释放到个人当中。个人缺陷与社会缺口吻合就是群体症状，社会缺陷与个人缺口吻合就是个体症状；个人是社会的传染病，社会是个人的传染病。任何人都有缺陷，批评指责并不能让社会清醒；任何社会都有缺陷，批判指责并不能让个人惊醒。个人问题是社会原因造成的，社会问题是个人原因造成的；纠正个人问题必须从社会入手，纠正社会问题必须从个人入手。个人经历越多越复杂，社会历史越长越曲折；负面效应的积累会吞噬个人道德，负面导向的积累吞噬会社会规则。社会丑陋远远超过个人，名利丑陋远远超过生活；政治丑陋远远超过经济，隐形丑陋远远超过显现。社会因为权力和利益而丑陋，个人因为本能和欲望而丑陋；社会丑陋被舆论掩盖，个人丑陋被语言掩盖。社会丑陋与时间空间成正比，人多地广问题自然会增多；个人丑陋与财富权力成正比，投机钻营行为自然会增多。社会是惯性思维，规则都是相对的；个人是惯性行为，道德都是相对的。规则有先天性缺陷，对外不对内；道德有先天性缺陷，对人不对己。规则不仅仅是执行问题，还有文明的理解；道德不仅仅是遵守问题，还有文化的熏陶。文明是长期培养的结果，文化是长期引导的结果；胡思乱想并不是文明，胡说八道并不是文化。社会文明有空间划分但没有人种分类，个人文明有文化分属但没有群体分类；文明不需要自卑，文化不需要自损。文明需要全人类的创造，文化需要全社会的创造；人类需要接受历史与现实的警示，社会需要接受个人与未来的警示。

（六）约束的博弈。社会需要约束，因为只有一个世界；个人需要约束，因为只有一个社会。社会不想受到约束，总想在名利的舞台上尽情起舞；个人不想受到约束，总想在欲望的平台上为所欲为。人类的欲望太强盛，总想拥有整个宇宙；社会的欲望太强盛，总想拥有整个世界。群体的欲望太强烈，总想占有整个社会；个人的欲望太强烈，总想占有所有名利。面对地球资源总会耗尽，人类要想生存必须约束自己；面对社会名利总是有限，个人要想发展必须约束自己。空间要求是对人类的约束，时间要求是对社会的约束；人类要承担社会责任，社会要承担个人责任。人类必须有纠错机制，让自然有喘息的时间；社会必须有纠错机制，让世界有安宁的空间。人类最大的误区是资源无限论，可以尽情掠夺；社会最大的误区是世界无限论，可以尽情占有。人类的狭隘性是只考虑今天不考虑明天，社会的狭隘性是只顾及自己不顾及别人；人类的短视行为造就自然病态，社会的短视行为造就个人病态。约束人类是地球的需要，约束社会是世界的需要；约束个人是群体的需要，约束群体是社会的需要。自上而下的约束是为了人类的整体利益，自下而上的约束是为了社会的整体利益；人类的约束必须立足于社会，社会的约束必须立足于群体。社会没有约束会肆无忌惮，个人没有约束会为所欲为；社会横行会破坏世界秩序，个人不法会破坏社会秩序。人类的约束是自然博弈，社会的约束是世界博弈；群体的约束是社会博弈，个人的约束是群体博弈。拯救地球约束人类的行为，拯救世界约束社会的行为；拯救社会约束群体的行为，拯救群体约束个人的行为。人类的创造与破坏同时进行，技术发明都有两面性；社会的进步与退步同时呈现，权力利益都有两面性。私有是无限的动力也是无尽的创伤，占有是无限的欲望也是无尽的悲凉；社会始终没有逃脱权力的魔咒，个人始终没有摆脱利益的魔咒。社会很难进入世俗的圣殿，约束名利促使人类反省；个人很难进入理想的天堂，约束行为促使社会反省。

　　人类的问题在于社会，社会的问题在于名利；名利的问题在于个人，个人的问题在于欲望。结束自然进化，人类进入自我的争斗；结束个体状态，社会进入名利的争斗。社会是权力的有序到无序，权力不依社会的意志为转移；个人是利益有序到无序，利益不依个人的意志为转移。人类只知道膨胀不知道收敛，社会只知道拓展不知道收缩；个人只知道索取不知道奉献，价值只知道有利不知道有用。人类发明了许多没用的东西，反映在个人当中就是价值；社会创造了很多没用的概念，表现在个人当中就是功能。人类既想掌握财富又想长生不老，个人既想不劳而获又想快乐终生；一个人可以放大为一个社会，一个社会可以浓缩为一个个人。个人跟随社会在无限放大，社会跟随个人在无限放大；个人贪婪是利己自私，社会贪婪是狂妄自大。在个人拥有智慧和手段的时候，没有约束是异常可怕；在社会拥有暴力和动机的时候，没有约束是异常可恨。动物可怕是为了生存，人类可怕是为了欲望；动物可以一饱而足，人类不会十饱而足。面对财富与资源，人类异常疯狂与邪恶；面对权力与利益，个人异常疯狂与无耻。人类没有约束是疯狂的自然动物，个人没有约束是疯狂的社会动物；人类面对自然要有罪恶感，个人面对名利要有羞耻感。自然没有无限的空间，人类总会走到尽头；社会没有无限的空间，个人总会走到尽头。人类在自然面前是相对的，社会在世界面前是相对的；群体在社会面前是相对的，个人在群体面前是相对的。没有绝对的人类，没有绝对的社会；没有绝对的群体，没有绝对的个人。人类不受约束会危害地球，社会不受约束会危害世界；群体不受约束会危害社会，个人不受约束会危害群体。自然承受不起人类的破坏，世界承受不起社会的破坏；社会承受不起群体的破坏，群体承受不起个人的破坏。约束社会恢复人类的理性，约束个人恢复社会的理性；约束行为恢复道德的理性，约束欲望恢复精神的理性。社会没有理由继续疯狂，人类是一个整体；个人没有理由继续疯狂，社会是一个整体。

　　权力并不可靠，必须有体制的约束；利益并不可靠，必须有机制的约束。社会并不可靠，必须有法律的约束；个人并不可靠，必须有道德的约束。社会崇拜权力必须有权力的规则，个人崇拜利益必须有利益的规则；权力不能自己制定规则，利益不能自己确定规则。社会是所有人的组成，每个人都有权利参与社会；权力是所有人的出让，每个人都有权利监督权力。利益是所有人的贡献，每个人都有分享的权利；文化是所有人的理解，每个人都有说话的权利。不是社会给予了什么，而是个人付出了什么；不是别人恩赐了什么，而是自己奉献了什么。颠覆传统是何等困难，改变观念是何等艰难；社会既需要英雄更需要民众，个人既需要名利更需要精神。权力崇拜应该转化为制度崇拜，利益崇拜应该转化为精神崇拜；社会崇拜应该转化为个人崇拜，道德崇拜应该转化为规则崇拜。人类不能重复社会的错误，社会不能重复权力的错误；权力不能重复利益的错误，利益不能重复贪婪的错误。人类需要约束，这是为历史负责；社会需要约束，这是为世界负责。权力需要约束，这是为百姓负责；利益需要约束，这是为贫穷负责。人类没有责任是对自然犯罪，社会没有责任是对世界犯罪；权力没有责任是对社会犯罪，利益没有责任是对人民犯罪。约束人类让自然文明得到延续，约束社会让人类文明得到延续；约束权力让社会文明得到延续，约束利益让个人文明得到延续。人类不自觉会吞下自然的苦果，社会不自觉会吞下世界的苦果；个人不自觉会吞下社会的苦果，行为不自觉会吞下法律的苦果。社会是自下而上的约束，个人是自上而下的约束；权力是机制到体制的约束，利益是规则到法律的约束。社会约束应该是全方面的，不能有娱乐性和真空地带；个人约束是全方位的，不应该有选择性和空白地带。社会是权力到利益的约束，个人是思维到行为的约束；放纵的时代已经过去，规范的文明已经开始。文明需要转折，社会需要修正；约束需要手段，修养需要养成。

（2016年8月）

三、个人的困惑与选择

社会既是历史标本也是现实标本，个人既是生活载体也是思维载体；社会有自己的欢乐与苦恼，个人有自己的困惑与选择。社会面对个人是艰难的选择，个人面对社会是艰难的选择；现实面对精神是艰难的选择，精神面对现实是艰难的选择。社会复杂个人不可能简单，个人复杂社会不可能简单；社会需要面对世界与个人的双重考验，个人需要面对自我与社会的双重选择。

（一）定位的选择。个人有自我定位，社会有个人定位；个人是生活到社会的定位，社会是政治到经济的定位。个人选择似乎是无限的，其实只有相对的社会空间；社会选择似乎是无限的，其实只有相对的个人空间。个人以生命为载体，生活占据大部分空间；社会以权力为载体，利益占据大部分空间。生命需要健康，生活需要保障；权力需要公正，利益需要公平。个人定位是生命的延长与生活的保障，是亲情的呵护与友情的互助；社会定位是权力的稳定与利益的充盈，是群体的维护与个人的付出。个人生活与工作必须延伸到社会，家庭与单位是基本单元；社会运行与管理必须延伸到个人，层级与行业是基本脉络。个人需要构建自我与社会两个载体，自我需要嵌入社会；社会需要构筑自我与个人两个载体，社会需要嵌入个人。个人接纳社会就是世界观，社会接纳个人就是人生观；个人的价值观是社会比值，社会的价值观是个人比值。个人价值观是社会的有限性，社会价值观是个人的有限性；个人不能无偿占有社会价值，社会不能无偿占有个人价值。每个人都是有限的，不能占有全部的社会价值；社会都是有限的，不能占有全部的个人价值。个人的有限性让社会健康发展，社会的有限性让个人健康发展；社会健康为个人提供机会，个人健康为社会提供机会。个人定位是生活的全部与社会的局部，社会定位是职责的全部与个人的局部；个人不能代替社会职能，社会不能代替个人职责。个人需要出让社会空间，让社会自由发展；社会需要出让个人空间，让个人自由发展。个人出让是社会弹性，社会出让是个人弹性；个人弹性是社会自由，社会弹性是个人自主。

个人的主要任务是处理自我与社会关系，社会的主要任务是处理名利与个人关系；个人关系都是相对形成，社会关系都是相对建立。个人萎缩必然带来社会空间的放大，社会萎缩必然带来个人空间的放大；个人放大是社会的无序化，社会放大是个人的无序化。个人无序对名利会无限索求，社会无序对功利会无限索求；个人需要阻止社会的高度置换，社会需要阻止个人的高度置换。个人必须有正确的社会定位，这就是生存与发展的相互协调；社会必须有准确的个人定位，这就是稳定与和谐的相互促进。个人定位不能超越社会允许，社会定位不能超越个人允许；社会阈值是名利的有限性，个人阈值是功利的有限性。个人定位困惑是社会的无限性，社会定位困惑是个人的无限性；个人的无限性是名利双收，社会的无限性是专利专权。只要有名利的吸引，个人会产生无限的社会冲动；只要有功利的吸引，社会会产生无限的个人冲动。正是名利的持续发酵，把个人吸附到社会的最深处；正是功利的持续发酵，把社会吸引到个人的最深层。个人本来没有那么多欲望，大部分动机都来自社会的引诱；社会本来没有那么多欲望，大部分动机都来自个人的鼓动。深入到名利的核心，让个人无法定位；深入到功利的核心，让社会无法定位。社会核心是名利的漩涡，个人只能随风飘荡；个人核心是欲望的漩涡，社会只能随风而动。社会是名利场，个人是名利源；社会需要个人助力，个人需要社会助力。社会定位偏移是个人作用，个人定位偏差是社会作用；社会需要为个人设置门槛，个人需要为社会设置门槛。名利泛滥必定会裹挟个人，功利泛滥必定会裹挟社会；欲望泛滥必定会丧失人性，本能泛滥必定会丧失理性。社会问题总能找到个人原因，名利泛滥左右摇摆；个人问题总能找到社会原因，功利泛滥上行下效。社会最怕伤风，个人最怕跟风；社会最怕妖风，个人最怕抽风。

个人幻觉是意识的错位，社会幻觉是能力的错位；意识诱发个人的贪婪，能力诱发社会的贪婪。没有社会资源，个人一文不名；没有个人资源，社会一钱不值。权力决定地位，利益决定财富；经济决定国力，军事决定实力。个人竞争取决于社会资源，社会竞争取决于世界资源；没有社会舞台个人只是小丑，没有个人舞台社会只是小菜。在社会的长期浸淫下，个人只是名利的工具；在个人的长期侵蚀下，社会只是功利的工具。在名利泛滥的情况下让个人保持节操，无异于痴人说梦；在功利泛滥的情况下让社会保持情操，无异于天方夜谭。无论是批判还是赞颂，社会本身就是名利的载体；不管是肯定还是否定，个人本身就是欲望的载体。个人不与社会发生反应，不可能产生名利的欲望；社会不与个人发生反应，不可能产生功利的欲望。批判与赞颂并不能改变社会轨迹，表扬与贬低并不能改变个人轨迹；语言规劝很难改变个人趋向，舆论引导很难改变社会趋势。社会需要名利的聚合，个人需要功利的聚合；个人加入名利的漩涡不会轻易退出，社会加入功利的飓风不会轻易消散。社会深入个人是寻找名利效应，个人深入社会是寻找功利效应；指责社会并不能改变名利的性质，指责个人并不能改变功利的性质。个人错位是社会误导，以为社会都是个人所有；社会错位是个人误导，以为个人都是社会所有。个人定位不能受社会干扰，每个人只是社会的一部分；社会定位不能受个人干扰，每个社会只是个人的一部分。个人不能霸占社会，社会不能霸占个人；个人与社会必须有利益隔离，社会与个人必须有权力隔离。利益隔离是机制的建立，权力隔离是体制的建立；个人定位的合理性是有效的社会距离，社会定位的合理性是有效的个人距离。减少名利的干扰让个人回归，减少功利的干扰让社会回归；个人不可能放弃功利但可以规范名利，社会不可能放弃名利但可以规范功利。

（二）框架的选择。社会应该是框架式的构成，有思想还得有制度；个人应该是框架式的构成，有生活还得有信念。社会的生命力在于框架合理，个人的生命力在于框架形成；社会框架是名利与个人的合理分解，个人框架是环境与生存的合理构成。社会面向个人是自由与管理的平衡，面向名利是激励与约束的平衡；个人面向发展是规则与道德的博弈，面向生存是利己与利他的博弈。如果社会是纯粹的名利实体，个人不可能有太多的选择；如果个人是纯粹的功利实体，社会不可能有太多的选择。社会与个人的距离是体制的美感，与名利的距离是机制的美感；个人与社会的距离是精神的美感，与功利的距离是道德的美感。社会不能丑陋，所有的丑陋都是名利的矮化；个人不能丑陋，所有的丑陋都是功利的矮化。社会是单面性构成必然插入个人，个人是单面性构成必然插入社会；社会插入让个人分裂，个人插入让社会分化。社会需要完整性，这是制度的建立与巩固；个人需要完整性，这是道德的建立与巩固。制度横向可以阻隔名利，纵向可以阻隔个人；道德横向可以阻隔本能，纵向可以阻隔欲望。社会必须面对两个敌人，那就是名利和个人的侵蚀；个人必须面对两个敌人，那就是欲望和本能的侵蚀。社会理念很容易确立，但制度与习惯的匹配并不容易；个人理念很容易建立，但道德与行为的匹配并不容易。社会停留在理念层面就是说教，个人停留在理念层面就是说辞；社会说教越多越空洞，个人说辞越多越空虚。社会是名利与个人的实体对接，虚拟认知并不能解决所有问题；个人是本能与欲望的实体运行，虚拟说教并不能纠正所有行为。社会是理论与制度的有机匹配，个人是道德与规则的有机匹配；虚拟社会可能误导个人，虚拟个人可能误导社会。社会误导让个人混乱，个人误导让社会混乱；社会混乱是规则打垮道德，个人混乱是道德打垮规则。

　　社会框架是刚性与柔性的结合，个人框架是感性与理性的结合；名利的刚性与个人的柔性是社会原则，欲望的刚性与情感的柔性是个人原则。社会需要屏蔽名利侵蚀与个人的索取，个人需要阻断欲望侵蚀与本能的堕落；社会框架是名利与个人的双重支撑，个人框架是现实与精神的双重作用。社会框架是对应权力建立的，还应该对应个人进行调整；个人框架是对应社会建立的，还应该对应道德进行调整。社会文明需要个人转折，个人文明需要精神转折；社会文明是个人调试的过程，个人文明是社会调试的过程。任何社会都需要不断调试，任何个人都需要不断调整；没有终极的社会文明，没有终极的个人文明。社会框架固化是权力对利益的包揽，个人框架固化是生存对欲望的默认；没有一厢情愿的权力与利益，没有一成不变的生活和欲望。社会纵向在调试权力关系，横向在调试利益关系；个人纵向在调试社会关系，横向在调试群体关系。有权力的调整必定有利益的调整，有需求的调整必定有心理的调整；时间调整服从空间安排，空间调整服从时间安排。社会框架既有历史继承也有个人参照，个人框架既有道德养成也有文明参照；制度是社会的相互参照，道德是个人的相互影响。社会框架并不是与生俱来，是历史漫长的演变过程；个人框架并不是先天决定，是文化缓慢的培养结果。文明需要相互借鉴，创造者就是完善者；文化需要相互促进，使用者就是创造者。文明不能隔绝，相互借鉴就是生命力的展现；文化不能隔绝，相互促进就是生命力的呈现。社会框架就是文明的展现，个人框架就是文明的体现；社会文明就是对权力和利益的约束，个人文明就是对欲望和本能的限制。权力和利益没有特殊性，约束是社会文明的标志；欲望和本能没有特别性，限制是个人文明的标志。社会可以是名利的舞台，但不能允许自由泛滥；个人可以是功利的舞台，但不能允许肆意妄为。

社会可以有闹剧，检验标准是自我修复能力；个人可以有丑闻，检验标准是自我恢复功能。社会功能的权力化会伴随闹剧，个人功能的利益化会伴随丑闻；社会结构被权力绑架会丑态百出，个人结构被利益绑架会忸怩作态。社会面对权力的困惑没有选择，个人面对利益的困惑没有选择；社会是权力的捆绑与反弹，个人是利益捆绑与反弹。社会想风清气正，但名利送来污泥浊水；个人想是非分明，但功利送来污秽不堪。名利压垮了社会结构，功利压垮了个人结构；名利改变了社会性质，功利改变了个人性质。名利的社会需要功利的个人，功利的个人需要名利的社会；社会需要打开了个人缺口，个人需要打开了社会缺口。社会缺陷的吻合让个人丧失理性，个人缺陷的吻合让社会丧失理想；社会悲哀是权力的直接过渡，个人悲哀是利益的直接索取。社会有名利的空隙，个人必定投机钻营；个人有欲望的空隙，社会必定投机钻营。社会框架被个人一点点掏空，个人框架被社会一点点掏空；社会坍塌个人无力承受，个人坍塌社会无力承受。社会阉割造成个人奴性，个人阉割造成社会奴性；社会奴性是权力的反复阉割，个人奴性是利益的反复阉割。原则对社会很重要，但不能因事而异；道德对个人很重要，但不能因人而异。社会框架需要个人觉醒，个人框架需要社会觉醒；社会需要个人高尚，个人需要社会高大。社会没有更多的选择，就是为个人建造宏宇大厦；个人没有更多的选择，就是为社会尽力增砖添瓦。社会不能被名利压垮，个人不能被功利压垮；社会不能窒息个人活力，个人不能窒息社会活力。社会活力是个人的自由，个人活力是社会的自由；社会自由是创新能力，个人自由是创造能力。社会需要创新，把所有的活力都激发出来；个人需要创造，把所有的能力都调动起来。创新需要社会力量，创造需要个人力量；社会需要个人创造，个人需要社会创新。

（三）内容的选择。每个人都有选择，因为要面对社会；每个社会都有选择，因为要面对世界。社会告诉个人都是美好的，但往往伴随着艰难曲折；世界告诉社会都是美好的，但往往伴随着屈辱动荡。社会有不可避免的谎言，现实都有残酷性；个人有不可避免的谎言，生存都有残酷性。理论与现实有矛盾，理想与追求有矛盾；理性与选择有矛盾，要求与行为有矛盾。社会并不是对称性的存在，这就是群体问题产生的原因；个人并不是对称性的存在，这就是社会问题产生的原因。社会需要引导，尽量让群体矛盾延缓爆发；个人需要引导，尽量让社会矛盾延缓爆发。社会本身是压差式的存在，不可能解决所有的问题；个人本身是差别式的存在，不可能解决所有的矛盾。合理的谎言是为了延缓矛盾，合理的解释是为了调和矛盾；社会没有必要扮演王者归来，个人没有必要扮演英雄出世。社会如果彻底解决矛盾自身也会解体，个人如果彻底解决矛盾自身也会消失；问题是社会的基本构成，困难是个人的基本元素。社会充其量是缓和矛盾，不至于造成严重的对立；个人充其量是回避矛盾，不至于产生严重的对峙。社会没有理想化的状态，缓和矛盾是比较现实的选择；个人没有理性化的状态，回避矛盾是比较现实的选择。社会误区是理想化，个人误区是理性化；理想化会造成社会对立，理性化会造成个人对立。一切现象都是过程而不是结果，所有的争论是结果而不是过程；过程允许多样性，结果产生排他性。社会已经具有名利，短时间内很难自行消失；个人已经具有欲望，短时间内很难自行消除。社会如果放弃，个人不可能放弃；个人如果放弃，社会不可能放弃。指责社会是个人的无知，指责个人是社会的无知；社会现象是个人堆积产生的，个人现象是社会叠加产生的。社会是名利的困惑，艰难逃脱个人选择；个人是功利的困惑，艰难逃脱社会选择。

人类是高级动物，因为有智慧和能力；人类是低级动物，因为有本能和欲望。每个人都有双重性，既是高级的也是低级的；每个社会都有双重性，既是理想的也是现实的。在动物性没有改变的前提下要求社会改变，这本身就是理论悖论；在名利性没有改变的前提下要求个人改变，这本身就是实践悖论。社会产生悖论的前提是圣人逻辑，个人产生悖论的前提是君子逻辑；社会不存在圣人复出的前提，个人不存在君子再生的预兆。社会是现实的，名利交织构成了个人所有的矛盾；个人是现实的，功利交织构成了社会所有的矛盾。社会只有平衡功能没有解决问题的能力，个人只有平复功能没有解决问题的能力；让社会解决所有的矛盾肯定是陷阱，让个人解决所有的矛盾肯定是圈套。社会矛盾是激化的结果，个人矛盾是演化的结果；社会不能激化权力和利益的矛盾，个人不能催化欲望和本能的矛盾。激化权力矛盾会带来对抗，激化利益矛盾会带来反抗；激化欲望矛盾会带来抵抗，激化本能矛盾会带来顽抗。集中权力会伴生暴力，集中利益会伴随投机；社会应该结束恶性循环，个人应该结束冤冤相报。有战争才需要和平，有动荡才需要稳定；有争斗才需要和谐，有自私才需要奉献。社会理想都是反面警示，个人理性都是反面警觉；动物的社会化让人类进化，社会的动物化让人类退化。人类摆脱了原始状态，又进入了野蛮状态；社会摆脱了散乱状态，又进入了强权状态。人类是社会结构的改变，社会是名利结构的改变；群体是组织结构的改变，个人是心理结构的改变。社会围绕权力而建立，又要围绕权力而解放；个人围绕利益而建立，又要围绕利益而解放。社会解放必然遭遇权力的真空与反弹，个人解放必然遭遇利益的真空与反弹；社会解放是缓慢的过程，个人解放是缓慢的结果。权力释放会伴随混乱，利益释放会伴随贪婪；本能释放会伴随低俗，欲望释放会伴随投机。

社会误区是净化个人，个人误区是净化社会；社会有名利不可能彻底净化，个人有功利不可能彻底净化。社会有一层漂亮的外壳，深入进去都惨不忍睹；个人有一身漂亮的外衣，深入进去都污秽不堪。不能过多指责社会，这当中包含了名利与个人的动机；不能过多指责个人，这当中包含了社会和心理的因素。社会本身就是名利的载体，聚集与争夺是社会的基本过程；个人本身就是欲望的载体，获取与占有是个人的基本过程。社会获取的基本路径是暴力或武力，个人获取的基本路径是阴谋或手段；社会不可能放弃获取的前提，个人不可能放弃获取的结果。历史会恶性循环，现实会恶性循环；社会陷入固定模式，个人陷入固定套路。社会本来是原则的化身与理想的产物，但最终被个人欲望所绑架；个人本来是精神的产物与道德的化身，但最终被社会名利所绑架。社会所有的理想和制度，都是为了解决个人问题；个人所有的理性和道德，都是为了解决社会问题。如果制度是刚性的，个人问题会得到部分解决；如果制度是弹性的，个人问题会更加复杂。如果道德是坚固的，社会问题会得到部分解决；如果道德是弹性的，社会问题会更加复杂。社会很难割裂名利与个人的关系，个人很难割裂社会和欲望的关系；社会文明是探索个人的距离关系，个人文明是探索社会的距离关系。社会理想并不是虚拟的，归根到底是如何解决自身矛盾；个人理性并不是虚设的，归根到底是如何解决自我矛盾。社会制度是与个人的物理隔离，个人道德是社会的精神隔离；社会必须有精神与制度的保护层，个人必须有道德与规则的保护圈。社会不能轻易进入个人的深层，个人不能轻易深入社会的核心；社会置换个人有可能呈现生理属性，个人置换社会有可能呈现动物属性。社会理想是如何处理个人关系，制度是社会的防火墙；个人理性是如何处理社会关系，道德是个人的保护层。

（四）标准的选择。社会标准都是相对的，因为要维护权力的运行；个人标准都是相对的，因为要维护利益的运行。社会对权力的理解是绝对的，不会允许个人有任何挑战；个人对利益的理解是绝对的，不会允许别人有任何侵占。社会标准以权力为核心，个人标准以利益为核心；权力释放是个人递减，利益释放是社会递减。权力的末梢是个人，但个人与社会诉求并不一致；利益的末梢是社会，但社会与个人诉求并不一致。社会是权力的级差，个人是利益的位差；社会级差必须避让利益，个人位差必须避让权力。社会包揽利益会产生个人矛盾，个人包揽权力会产生社会矛盾；权力涉足利益是社会困惑，利益涉足权力是个人困惑。社会标准是建立权力的秩序，维护利益的秩序；个人标准是维护权力的秩序，建立利益的秩序。社会必须有正确的站位，理顺权力关系是自己的主要任务；个人必须有正确的站位，理顺利益关系是自己的主要任务。社会是权力布局，个人是利益布局；权力必须为个人留有通道，利益必须为社会留有通道。社会问题是关闭权力通道，合并利益通道；个人问题是关闭利益通道，合并权力通道。社会混乱的初始原因是权力作祟，终极原因是利益作祟；个人混乱初始原因是利益作怪，终极原因是权力作怪。社会首先要防范权力的混乱，然后要防范利益的混乱；个人首先要防范利益的混乱，然后要防范权力的混乱。权力混乱失去社会标准，利益混乱失去个人标准；社会混乱失去个人标准，个人混乱失去社会标准。社会标准是个人对权力的评判，个人标准是社会对利益的评判；维护权力对社会至关重要，维护利益对个人至关重要。社会公正依赖权力的正确行使，个人公平依赖利益的正确行使；权力倒向利益是社会灾难，利益倒向权力是个人灾难。社会没有更多的选择，就是坚持权力的正确导向；个人没有更多的选择，就是坚持利益的正确导向。

权力标准需要制度的完善，利益标准需要规则的完善；社会是制度的完善过程，个人是道德的完善过程。制度不是孤立的，需要以个人为前提；道德不是孤立的，需要以社会为前提。没有体制的保护与个人拥护，制度不可能长期坚持下去；没有制度的保护与精神培养，道德不可能长久存在下去。社会似乎要建立很多标准，只要理顺权力的关系就可以确立基准；个人似乎要建立很多标准，只要理顺利益的关系就可以确立基准。社会标准的混乱是涵盖太多，个人标准的混乱是内容太广；社会不应该面面俱到，个人不应该泛泛而谈。社会要管住自己，最主要的侧重点在于权力；个人要管住自己，最主要的侧重点在于利益。约束和理顺权力是社会的主要任务，约束和理顺利益是个人的主要任务；权力外溢必定侵占利益空间，利益外溢必定侵占权力空间。权力要防止利益外溢，利益要防止权力外溢；社会要防范权力风险，个人要防止利益风险。不要认为权力都是正确的，利益会伺机入侵；不要认为利益都是正确的，权力会伺机入侵。没有利益的诱惑，权力何必会跃跃欲试；没有权力的庇护，利益何必会为虎作伥。权力的标准被利益改变，利益的标准被权力改变；社会的标准被个人改变，个人的标准被欲望改变。权力有良知会苦恼利益，利益有良知会苦恼权力；社会有良知会苦恼个人，个人有良知会苦恼社会。因为权力轨迹的改变，让利益陷入恶性循环；因为利益轨迹的改变，让权力陷入恶性循环。因为社会轨迹的改变，让个人陷入恶性循环；因为个人轨迹的改变，让社会陷入恶性循环。参照物是好的，对照结果可能是好的；参照物是坏的，对照结果可能是坏的。运行系统是好的，运行结果可能是好的；运行系统是坏的，运行结果可能是坏的。社会发生偏差个人无能为力，个人发生偏差社会无能为力；社会需要走正道和大道，个人需要养正气和浩气。

　　社会没有具体标准，很大程度上是靠表象维护；个人没有具体标准，很大程度上是靠面子维持。社会最终是权力交换，个人最终是利益交流；社会是实力的对比，个人是名利的对比。没有超越社会的原则，没有超越个人的标准；社会只有维护自己的原则，个人只有维护自己的标准。社会依靠坚硬的外壳在维护自己，个人依靠坚强的形象在维持自己；打破社会外壳都有不可告人的目的，捅破个人外衣都有不可见人的想法。社会是沉淀的过程，污泥浊水都在深层；个人是沉淀的过程，龌龊不堪都在心底。社会不能轻易打破个人的外壳，让卑鄙的东西流向社会；个人不能轻易打破社会的外壳，让龌龊的东西流向个人。社会要有边线和底线，个人必须爱护边线维护底线；个人要有边线和底线，社会必须爱护边线维护底线。社会泄露会污染个人，个人泄露会污染社会；社会污染个人很难清除，个人污染社会很难消除。真善美是表层的，只能横向缓慢提取；假丑恶是底层的，可能纵向快速运动。社会要小心翼翼维护个人，个人要小心翼翼维护社会；社会破裂个人不得善终，个人破裂社会不得善终。革命总是暂时的，治理是长久的任务；破坏总是暂时的，建设是长久的任务。破坏社会很容易，治理社会很困难；破坏个人很容易，培养个人很困难。推倒重来很难建立新秩序，打破重塑很难呈现新形象；社会必须学会权力的妥协，个人必须学会利益的妥协。权力妥协让社会得到修复的机会，利益妥协让个人得到修复的机会；历史让社会学会妥协，现实让个人学会妥协。人类并没有走到终点，任何社会都有优点和缺点；社会并没有走到尽头，任何个人都有长处和短处。社会是所有个人的组成，不能让社会服从个人意志；个人是所有社会的构成，不能让个人服从社会意愿。社会应该摆正自己的位置，就是要为个人服务；个人应该摆正自己的位置，就是要为社会服务。

（五）行为的选择。社会并没有那么大的能力，办好自己的事情就不错了；个人并没有那么大的能耐，过好自己的日子就不错了。社会始终想扮演救世主，这就是历史反复的重要原因；个人始终想扮演救命郎，这就是现实反复的重要原因。社会本来是有限的构成，因为世界放大产生了野心；个人本来是很小的构成，因为社会的放大产生了野心。没有世界依托，社会就是弹丸之地；没有社会依托，个人就是南柯一梦。社会张狂来自于自我放大，个人张狂来自于自我放纵；世界必须打压社会的威风，社会必须挫败个人的锋芒。离开世界社会并没有存在的余地，离开社会个人并没有存在的空间；世界需要让社会吃点苦头，社会需要让个人吃点苦头。世界就那么大，不需要社会霸权霸主；社会就那么大，不需要个人称王称霸。社会喜欢英雄，历史不得安宁；个人喜欢英雄，社会不得安宁。社会强大必定聚集权力与利益，战争与和平绝对不是一厢情愿；个人强势必须拥有权力和利益，道德与修养绝对不会相伴而行。社会不能拥有绝对的权威，一旦拥有会走向个人的反面；个人不能拥有绝对的权力，一旦拥有会走向社会的反面。社会混乱是权力的反复碾压，个人混乱是道德的反复碾压；社会没有能力在短时间内修复个人碎片，个人没有能力在短时间内修复社会碎片。社会破碎需要时间重新黏合，个人破碎需要空间重新黏合；社会黏合是文化的恢复，个人黏合是意识的恢复。社会最终目的是取消权力，重新回归小国寡民；个人最终目的是取消利益，重新回归自给自足。社会被权力逼迫走了很多弯路，让历史曲曲折折；个人被利益逼迫走了很多弯路，让生活风风雨雨。只要有权力的存在，社会还在重复某一个历史过程；只要有利益的存在，个人还在重复某一个社会阶段。社会应该压制权力的冲动，有荣耀就有灾难；个人应该压抑利益的冲动，有幸福就有痛苦。

社会总想拥有巨大的权力和利益，最终的结果是军事对抗；个人总想拥有巨大的权力和利益，最终的结果是社会对抗。世界不能纵容社会的无限扩展，社会不能纵容个人的无限扩容；社会走向巨无霸道义不可能制约，个人走向巨无霸道德不可能制约。社会拥有巨大权力不可能与个人分享，个人拥有巨大利益不可能与社会分享；权力的绝对化是社会危机，利益的绝对化是个人危机。社会不能走向权力的极端，个人不能走向利益的极端；权力不受约束是想尽情榨取个人自由，利益不受约束是想尽情盘剥社会资源。霸道的权力造就霸道的社会，霸道的利益造就霸道的个人；社会走向霸权是内外双重痛苦，个人走向霸道是上下双重伤害。面对权力，社会总想强大；面对利益，个人总想富有。舆论引导社会走向权力的极端，思维引导个人走向利益的极端；正确的道理往往包含着错误的结果，正面的说教往往包含着反面的结论。英雄出世是社会苦难的铺垫，少数成功是多少失败的结果；社会都是英雄必定天下大乱，个人都会成功必定社会瘫痪。社会不能误导个人，安分守己才是本分；个人不能误导社会，平平安安才是幸福。社会往往被英雄所误导，辉煌与苦难相辅相成；个人往往被社会所误导，成功与失败相随相伴。社会需要励志，历史必须付出代价；个人需要励志，社会必须付出代价。盲目鼓动社会是历史罪人，盲目鼓动个人是社会罪人；只要社会正常发展个人都是受益者，只要个人正常发展社会都是受益者。社会应该有长远打算，不能是舆论的受害者；个人应该有长远打算，不能是说教的受害者。社会不能鼓励不劳而获，个人不能追求坐享其成；社会需要长期积累，个人需要长期养成。社会投机会带坏风气，个人投机会带坏作风；鼓励诚实是社会需要，鼓励诚信是个人需要。社会必须有正确的导向，这就是公平与公正；个人必须有正确的导向，这就是诚实与诚信。

社会是解决问题的利器，也是制造问题的工具；个人是平息矛盾的源头，也是制造矛盾的根源。社会不制造问题就是个人的幸运，个人不制造矛盾就是社会的幸运；社会解决问题又会制造新的问题，个人摆脱麻烦又会制造新的麻烦。社会总想有所作为，其实是在为个人制造麻烦；个人总想有所作为，其实是在为社会制造麻烦。社会作为无非就是发挥权力的作用，其结果是机构臃肿和人浮于事；个人作为无非就是利益的作用，其结果是财富垄断和贫富不均。社会没有更多的选择，只能依赖权力；个人没有更多的选择，只能依赖利益。社会是权力的沉重，个人是利益的沉重；社会是权力的麻烦，个人是利益的麻烦。权力让社会拥有磁场，然后再去吸附个人；利益让个人拥有磁场，然后再去吸附社会。社会磁场形成权力的核心，个人磁场形成利益的核心；社会通过两级转换调动个人，个人通过两个转换调动社会。社会运行是权力的转换，个人运行是利益的转换；社会通过权力调动利益，个人通过利益调动权力。社会去掉权力会失去磁场，个人去掉利益会失去磁性；社会强化权力是为了吸附个人，个人强化利益是为了吸附社会。社会通过权力吸附利益，然后再同化个人；个人通过利益吸附权力，然后再同化社会。社会其实就是权力运行的神秘性，个人其实就是利益运行的神秘性；揭开权力的面纱社会没有秘密可言，揭开利益的面纱个人没有秘密可言。社会没有必要装神弄鬼，个人没有必要妖言惑众；社会是权力的不自觉运行，个人是利益的不自觉运行。社会所有的谜底都是权力作怪，个人所有的谜底都是利益作祟；去掉权力社会不可能兴风作浪，去掉利益个人不可能兴妖作法。社会被权力的假象所迷惑，个人被利益的假象所掩盖；社会假象是权力不透明，个人假象是利益不透明。权力最怕公开，利益最怕阳光；监督社会需要权力公开，监督个人需要利益公开。

（六）追求的选择。社会必须追求正义，个人必须追求正派；社会放弃追求是历史断层，个人放弃追求是现实断层。社会对现实的追求要大于道义，个人对物质的追求要大于精神；社会发展往往基于反作用，个人进取往往基于反动力。社会用苦难激励个人，个人用苦难激励社会；社会动力是苦难的反弹，个人动力是苦难的反转。社会是生于忧患死于安乐，个人是生于贫困死于富贵；社会的现实循环很难进入精神层面，个人的物质循环很难进入道德层面。社会不过是权力的相互报复，个人不过是利益的相互报复；社会是权力到利益的双重报复，个人是利益到权力的双重报复。社会失衡会报复个人，个人失衡会报复社会；权力失衡会报复利益，利益失衡会报复权力。社会报复是短期行为，失去动力会走向没落；个人报复是短视行为，失去动力会走向堕落。回望历史社会都有苦难，回味生活个人都有艰辛；社会以苦难为动力就意味着更大的没落，个人以苦难为动力就意味着更大的堕落。社会要报复历史，历史必然会报复社会；个人要报复社会，社会必然会报复个人。社会走向报复会目光短浅，个人走向报复会心胸狭隘；社会报复是权力的暴发户，个人报复是利益的暴发户。社会走向浮躁，个人走向浅薄；社会走向张狂，个人走向狂妄。社会选择是单向性，个人选择是单面性；社会需要更大的权力，个人需要更多的利益。社会走向可怕，个人走向可恶；社会张牙舞爪，个人为虎作伥。社会选择必须跳出历史周期，个人选择必须跳出社会周期；社会不能扮作怨妇，个人不能扮作冤魂。社会可以富足但不一定强悍，个人可以富有但不一定强势；社会发展要有平常心，个人发展要有平常力。社会没有必要与历史赌气，个人没有必要与社会赌气；社会不能与个人赌博，个人不能与社会赌博。只要社会导向正确，个人会良好发展；只要个人导向正确，社会会正常发展。

社会选择应该从权力转化为利益，个人选择应该从物质转化为精神；社会是侧重点的转移，个人是关注点的转移。权力盛行是社会灾难，利益盛行是个人灾难；淡化权力才能过渡到经济，淡化欲望才能过渡到精神。权力主导已经过去，经济主导已经到来；欲望主导已到极致，精神主导已到临界。社会应该构筑权力与利益双层空间，个人应该构筑物质与精神两个世界；社会与个人多层对接，个人与社会多层交叉。社会是权力到利益的圆满，个人是物质到精神的充实；社会追求应该多样化，个人追求应该多面性。失去经济涵养，权力必定生硬；失去精神涵养，财富必定生病。社会的物质追求是权力到利益，精神追求是公平到公正；个人的物质追求是财富到权力，精神追求是道德到信仰。社会统一与富足是对外形象，公平与公正是对内诉求；个人勤劳与富裕是对外形象，守德与守法是对内诉求。社会形象是个人诉求，个人形象是社会诉求；社会优劣取决于个人，个人优劣取决于社会。好社会才能造就好公民，好公民才能造就好社会；社会好坏是制度的检验，个人好坏是道德的检验。社会不能脱离经济强化权力，脱离基层强化上层；个人不能脱离精神强化物质，脱离道德强化行为。社会需要个人对称，物质与精神必须契合；个人需要社会对称，道德与规则必须契合。在社会经历苦难之后，对个人要有精神抚慰；在个人经历苦难之后，对社会要有精神抚慰。社会抚慰是物质到精神的平衡，个人抚慰是精神到物质的平衡；社会抚慰是供给的多样性，个人抚慰是选择的多样性。社会不能盲目排斥物质，个人不能盲目排斥精神；任何物质形式都有存在的依据，任何精神形式都有存在的理由。人类的多元化形成社会，文明的多样性有历史原因；社会的多元化形成个人，文化的多样性有社会原因。社会是自由的，可以有多种形式的组合；个人是自由的，可以有多种形式的链接。

社会选择是艰难的，不知道文明的走向在哪里；个人的选择是艰难的，不知道社会的走向在何方。道理似乎都明白，但不知道哪种道理是正确的；选择似乎都清楚，但不知道哪种选择更有利。社会往往被道理所迷惑，个人往往被说教所迷惑；社会道理往往似是而非，个人道理往往似懂非懂。社会不能乱开药方，个人不能乱抓药方；社会就是富足公平，个人就是勤劳奉献。社会不能鼓励投机钻营，个人不能鼓励一夜暴富；社会倾斜会仇富仇官，个人倾斜会仇人仇己。无论社会多么艰难，理想信念不能放弃；无论个人多么艰辛，道德信仰不能放弃。国家需要民族精神，个人需要道德情操；社会不能自暴自弃，个人不能自毁自灭。历史是公平的，有痛苦就有欢笑；社会是公平的，有付出就有收获。只要社会不投机，个人总是有机会；只要个人不投机，社会总是有机遇。社会经历苦难才能觉醒，个人经历苦难才能清醒；社会苦难是推进器，个人苦难是强心剂。物质可以毁灭，精神不可能毁灭；群体可以消失，文化不可能消失。社会是物质与精神的双重支撑，个人是生命与道德的双重塑造；社会久远取决于精神，个人久存取决于道德。只要有精神和文化的存在，社会不会毁灭；只要有生命与道德的存在，个人不会毁灭。社会没有必要自卑，因为有文化的存在；个人没有必要自卑，因为有精神的存在。社会需要良好的政治生态，个人需要良好的经济生态；政治生态就是精神信仰，经济生态就是公平公正。社会既不需要自卑，也不需要自大；个人既不需要自恋，也不需要自损。社会要以健康的心态发展壮大，个人要以健康的心理生存发展；社会不需要世界攀比，个人不需要社会攀比。社会机会是均等的，关键看自己有没有能力；个人机会都是均等的，关键看自己有没有作为。世界大门并没有关闭，任何社会都可以参与；社会大门并没有关闭，任何个人都可以参加。

（2016年12月）